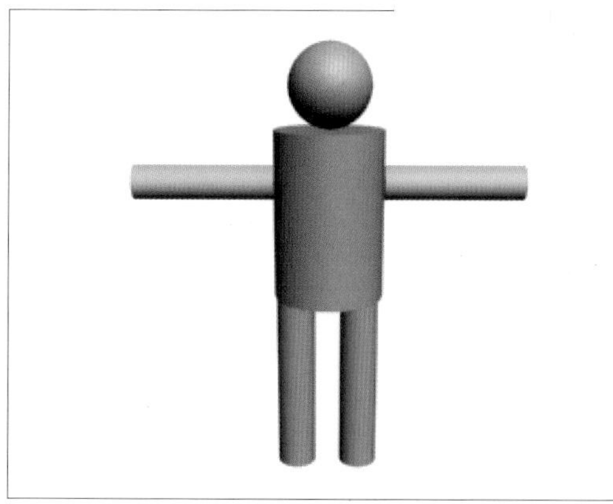

图1-13 木偶人物效果

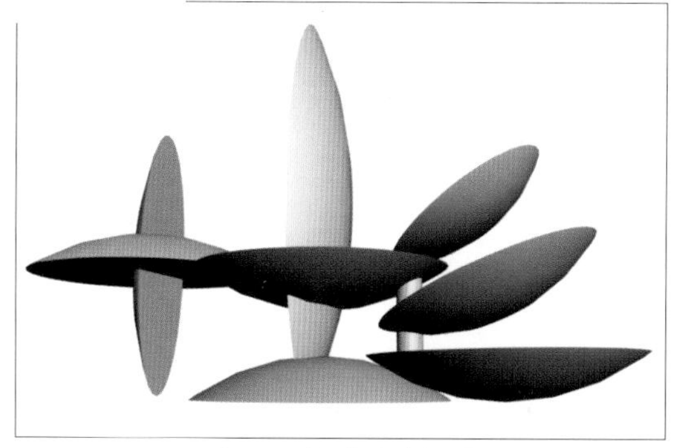

图1-23 搭建雕塑场景

图2-8 制作台灯

图2-14 茶几效果

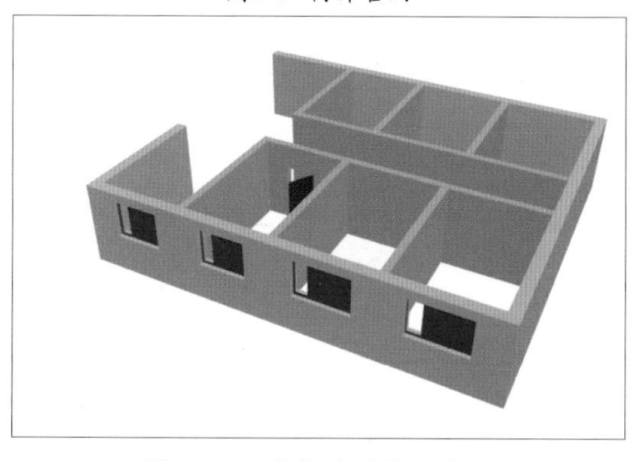

图2-26 门窗与墙的结合结果

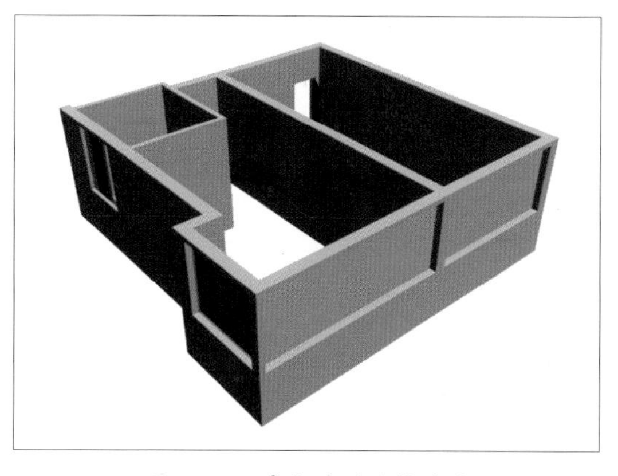

图2-43 门窗与墙的链接结果

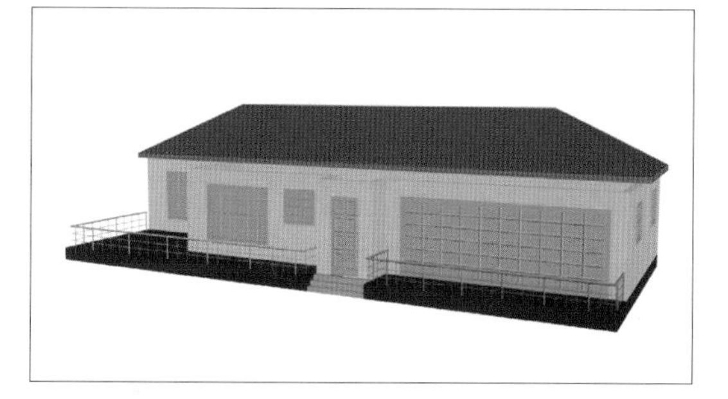

图2-68 为室外场景添加栏杆

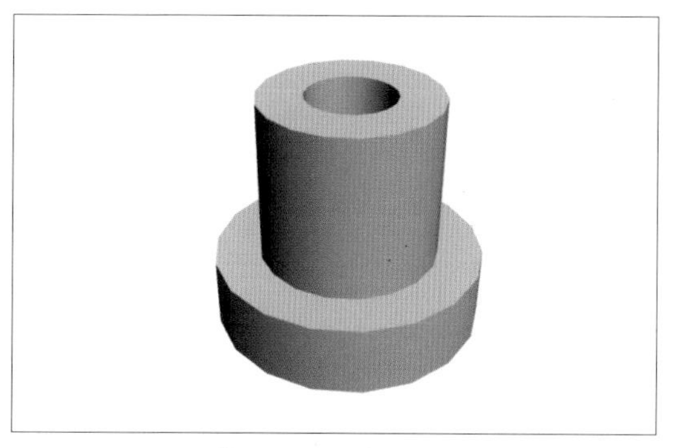

图3-1 同心圆环效果

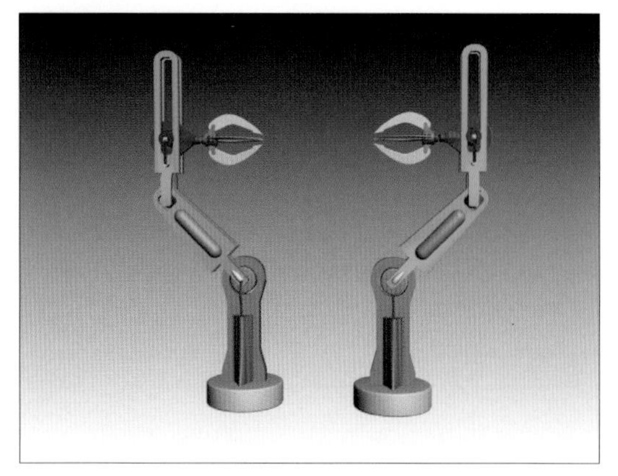

图3-4 镜像复制结果

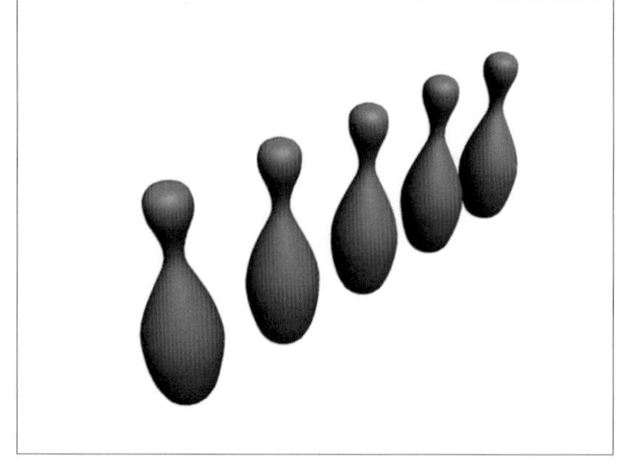

图3-6 保龄球瓶物体

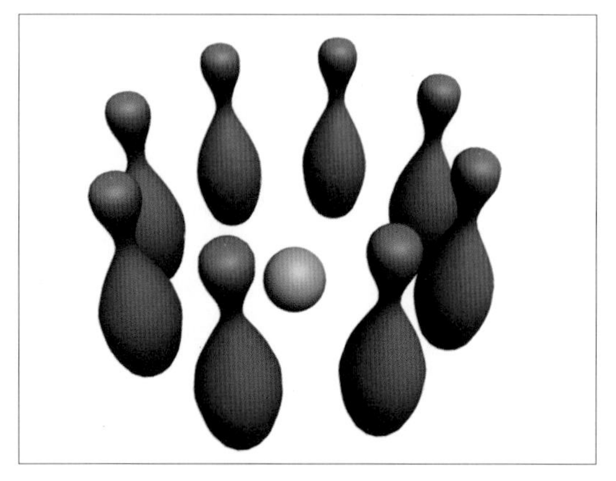

图3-8 环形保龄球瓶场景

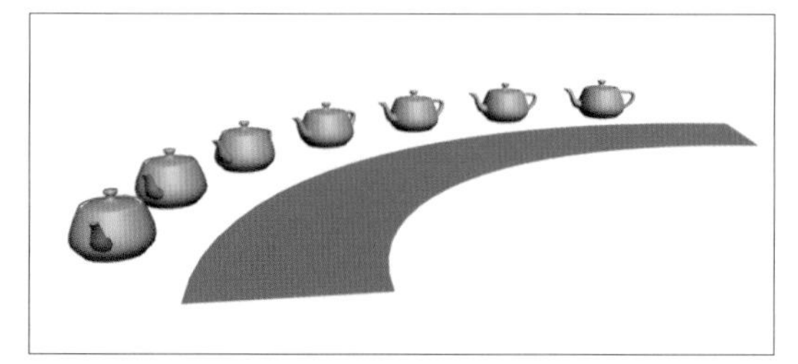

图3-10 茶壶场景

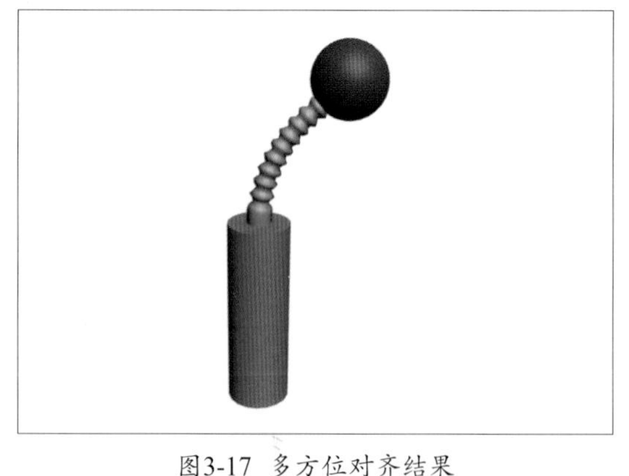

图3-17 多方位对齐结果

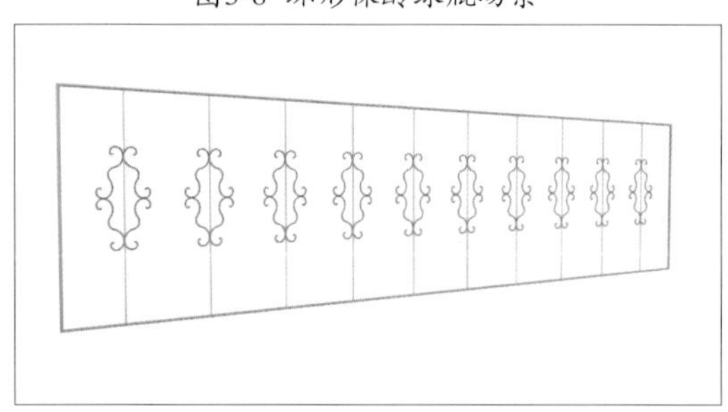

图3-14 栏杆渲染效果

图3-23 克隆并对齐结果

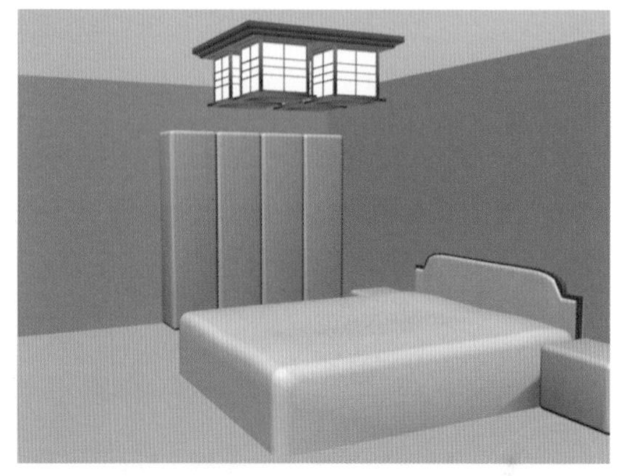

图3-26 场景对齐效果

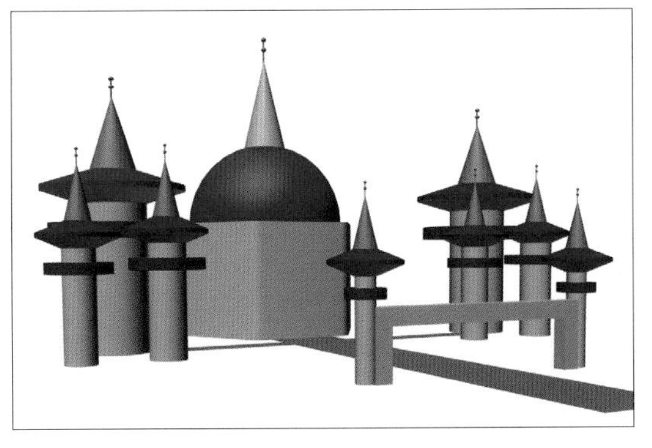

图4-1 卡通城堡场景效果

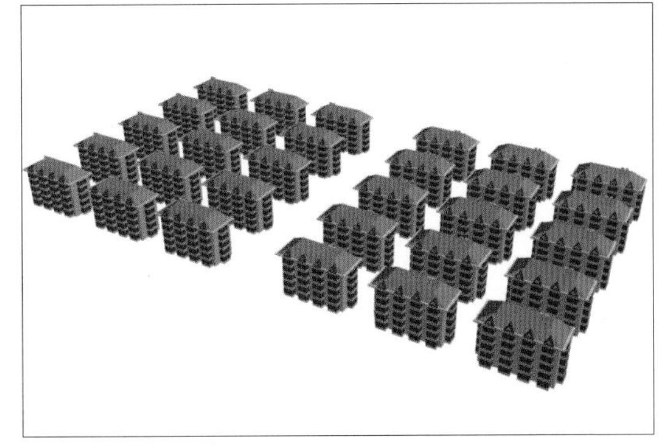

图4-8 居民小区鸟瞰场景效果

图6-62 仿古椅效果

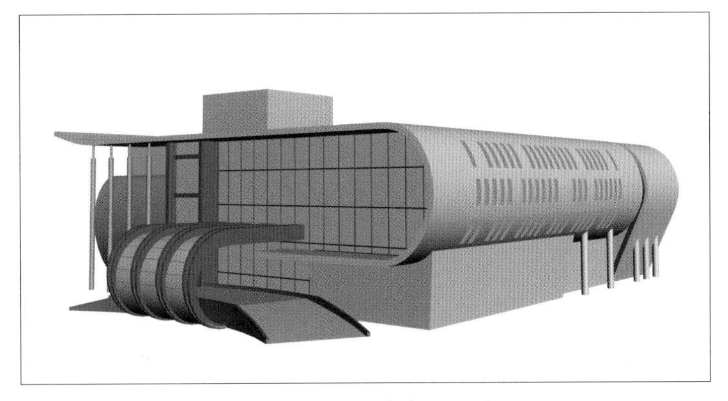

图7-5 完成后的商务楼体外观

图8-12 各种基础材质效果

图8-25 包装纸效果

图9-43 光能传递布光效果

图9-55 添加镜头光斑特效

图9-60 夜景效果

图10-1 室内场景赋材质

图10-11 全局照明渲染效果

图11-4 渲染效果

图11-17 标准雾效果

图11-50 喷泉效果

图12-7 字幕片头效果

图12-12 文字轨迹动画效果

中等职业学校计算机系列教材

zhongdeng zhiye xuexiao jisuanji xilie jiaocai

3ds Max 9 中文版 三维动画设计

詹翔 主编 段林峰 张继辉 副主编

人 民 邮 电 出 版 社

北 京

图书在版编目（CIP）数据

3ds Max 9中文版三维动画设计 / 詹翔主编. -- 北京 : 人民邮电出版社, 2009.10
（中等职业学校计算机系列教材）
ISBN 978-7-115-21308-2

Ⅰ. ①3… Ⅱ. ①詹… Ⅲ. ①三维－动画－图形软件，3DS MAX 9－专业学校－教材 Ⅳ. ①TP391.41

中国版本图书馆CIP数据核字(2009)第167153号

内 容 提 要

3ds Max 是功能强大的三维动画设计软件，它在影视动画及广告制作、计算机游戏开发、建筑装潢与设计、机械设计与制造、军事科技、多媒体教学以及动态仿真等领域都有着非常广泛的应用。

本书以三维制作为主线，全面介绍 3ds Max 9 的二维、三维建模过程及编辑修改，放样物体的制作及编辑修改，材质的制作和应用，灯光和摄影机的应用及粒子效果的应用内容。书中全部的制作实例都有详尽的操作步骤，内容侧重于操作方法，重点培养学生的实际操作能力，并且在各讲均设有练习题，使学生能够巩固各讲中所学的知识与操作技巧。

本书适合作为中等职业学校“三维动画制作”课程的教材，也可作为培训学校的用书。

中等职业学校计算机系列教材

3ds Max 9 中文版三维动画设计

◆ 主　　编　詹　翔
　副 主 编　段林峰　张继辉
　责任编辑　王　平

◆ 人民邮电出版社出版发行　北京市崇文区夕照寺街 14 号
　邮编　100061　电子函件　315@ptpress.com.cn
　网址　http://www.ptpress.com.cn
　北京鑫正大印刷有限公司印刷

◆ 开本：787 × 1092　1/16
　印张：13.25　　彩插：2
　字数：345 千字　　2009 年 10 月第 1 版
　印数：1 – 3 000 册　　2009 年 10 月北京第 1 次印刷

ISBN 978-7-115-21308-2

定价：24.00 元

读者服务热线：(010)67170985　印装质量热线：(010)67129223
反盗版热线：(010)67171154

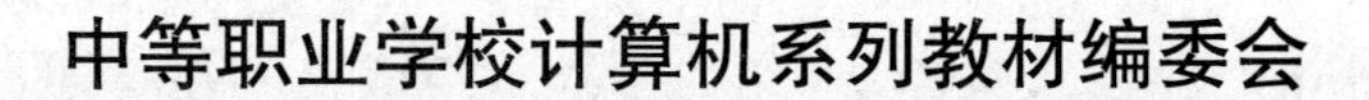

中等职业学校计算机系列教材编委会

序

中等职业教育是我国职业教育的重要组成部分，中等职业教育的培养目标定位于具有综合职业能力，在生产、服务、技术和管理第一线工作的高素质的劳动者。

中等职业教育课程改革是为了适应市场经济发展的需要，是为了适应实行一纲多本，满足不同学制、不同专业和不同办学条件的需要。

为了适应中等职业教育课程改革的发展，我们组织编写了本套教材。本套教材在编写过程中，参照了教育部职业教育与成人教育司制订的《中等职业学校计算机及应用专业教学指导方案》及职业技能鉴定中心制订的《全国计算机信息高新技术考试技能培训和鉴定标准》，仔细研究了已出版的中职教材，去粗取精，全面兼顾了中职学生就业和考级的需要。

本套教材注重中职学校的授课情况及学生的认知特点，在内容上加大了与实际应用相结合案例的编写比例，突出基础知识、基本技能，软件版本均采用最新中文版。为了满足不同学校的教学要求，本套教材采用了两种编写风格。

- “任务驱动、项目教学”的编写方式，目的是提高学生的学习兴趣，使学生在积极主动地解决问题的过程中掌握就业岗位技能。
- “传统教材+典型案例”的编写方式，力求在理论知识“够用为度”的基础上，使学生学到实用的基础知识和技能。
- “机房上课版”的编写方式，体现课程在机房上课的教学组织特点，学生在边学边练中掌握实际技能。

为了方便教学，我们免费为选用本套教材的老师提供教学辅助资源，包括内容如下。

- 电子课件。
- 按章（项目或讲）提供教材上所有的习题答案。
- 按章（项目或讲）提供所有实例制作过程中用到的素材。书中需要引用这些素材时会有相应的叙述文字，如“打开教学辅助资源中的图片‘4-2.jpg’”。
- 按章（项目或讲）提供所有实例的制作结果，包括程序源代码。
- 提供两套模拟测试题及答案，供老师安排学生考试使用。

老师可登录人民邮电出版社教学服务与资源网（http://www.ptpedu.com.cn）下载相关教学辅助资源，在教材使用中有什么意见或建议，均可直接与我们联系，电子邮件地址是wangping@ptpress.com.cn。

中等职业学校计算机系列教材编委会

2009年7月

前 言

本书针对中职学校在机房上课的这一教学环境编写而成，从体例设计到内容编写，都进行了精心的策划。

本书编写体例依据教师课堂的教学组织形式而构建：知识点讲解→范例解析→课堂练习→课后作业。

- 知识点讲解：简洁地介绍每讲的重要知识点，使学生对软件的操作命令有大致的了解。
- 范例解析：结合知识点，列举典型的案例，并给出详细的操作步骤，便于教师带领学生进行练习。
- 课堂练习：在范例讲解后，给出供学生在课堂上练习的题目，通过实战演练，加深对操作命令的理解。
- 课后作业：精选一些题目供学生课后练习，以巩固所学的知识，达到举一反三的目的。

本教材所选案例是作者多年教学实践经验的积累，案例由浅入深，层层递进。按照学生的学习特点组织知识点，讲练结合，充分调动学生的学习积极性，提高学习兴趣。

为了方便教师教学，本书配备了内容丰富的教学资源包，包括所有案例的素材、重点案例的演示视频、PPT 电子课件等。老师可登录人民邮电出版社教学服务与资源网（www.ptpedu.com.cn）免费下载使用，或致电 67143005 索取教学辅助光盘。

本课程的教学时数为 72 学时，各讲的参考课时见下表。

讲	课 程 内 容	课 时 分 配
第 1 讲	3ds Max 9 中文版基础	2
第 2 讲	三维基本体与建筑构件	6
第 3 讲	常用工具	4
第 4 讲	基本体建模综合应用	8
第 5 讲	三维造型的编辑与修改	4
第 6 讲	二维画线与三维生成	4
第 7 讲	复杂物体建模综合应用	8
第 8 讲	材质应用与实例分析	8
第 9 讲	标准灯光与光度学灯光的应用	8
第 10 讲	材质与灯光综合应用	8
第 11 讲	摄影机与环境特效	4
第 12 讲	动画综合应用	8
课 时 总 计		72

本书由詹翔担任主编，段林峰、张继辉任副主编，参加本书编写工作的还有沈精虎、黄业清、宋一兵、谭雪松、向先波、冯辉、郭英文、计晓明、滕玲、董彩霞、郝庆文、田晓芳等。

本书审稿老师有广州市电子信息学校温晞老师、成都财贸职业高级中学龙天才老师、长沙电子工业学校胡爱毛老师，在此表示衷心感谢。

由于编者水平有限，书中难免存在错误和不妥之处，恳切希望广大读者批评指正。

编　者

2009 年 7 月

目 录

第1讲

3ds Max 9 中文版基础

【学习目标】

• 利用客厅场景熟悉3ds Max 9的界面操作与划分。	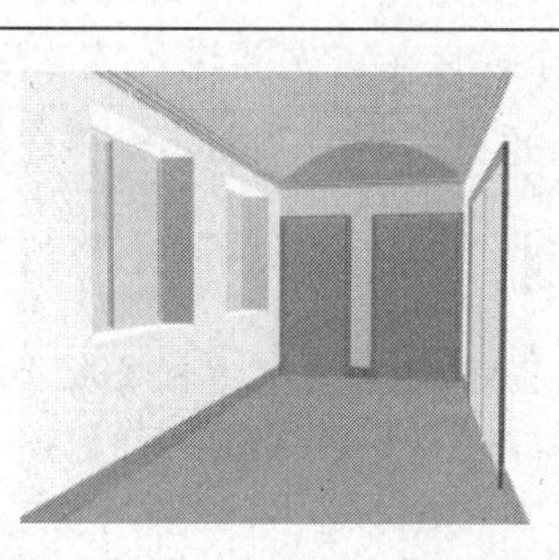
	• 利用变动修改制作木偶模型。
• 利用变动修改搭建雕塑模型场景。	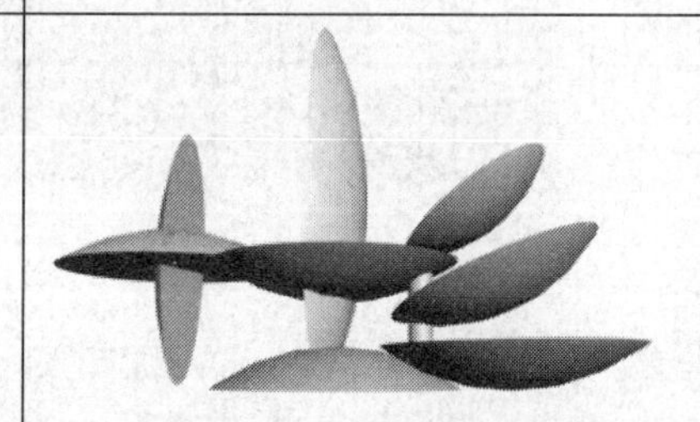

1.1 3ds Max 9 中文版系统入门

3ds Max 9 是一个标准的 Windows 系统通用程序，该软件的基本操作方法与其他 Windows 系统下的程序相同。正确安装好该软件后，可以通过桌面图标或者【开始】菜单调用该程序。3ds Max 9 的文件操作也和其他的 Windows 通用程序一样，以后缀名为“.max”的方式进行保存和编辑修改。

1.1.1 知识点讲解

- 打开：打开一个场景文件。
- 视图转换：利用快捷键完成各视图之间的转换。
- 视图显示方式：物体有多种显示方式，包括【平滑+高光】显示方式、【线框】显示方式等。
- 视图导航控制区：利用视图导航控制区中的各按钮改变视图的显示角度。

1.1.2 范例解析——3ds Max 9 系统界面操作与划分

通常使用一个软件，首先要进入该软件的界面，然后才能调用该软件的命令进行操作。本小节将介绍如何启动 3ds Max 9 系统以及系统界面操作与划分。

范例操作

1. 单击 Windows XP 界面左下方任务栏上的 开始 按钮。
2. 选择【所有程序】/【Autodesk】/【Autodesk 3ds Max 9 32-bit】/【Autodesk 3ds Max 9 32 位】命令，此时 3ds Max 系统自动启动。3ds Max 9 中文版的启动界面如图 1-1 所示。

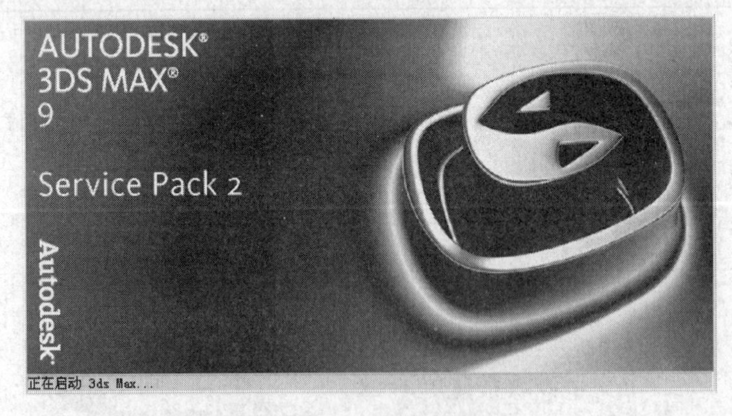

图1-1 3ds Max 9 中文版的启动界面

要点提示 另一种启动方法是，双击 Windows 桌面上的快捷方式图标。本书介绍的是 3ds Max 9 SP2 版本，读者可以到官方网站下载 SP2 安装补丁。

3ds Max 9 中文版采用了传统的 Windows 用户界面，其菜单栏、工具栏、状态栏与其他 Windows 应用软件大致相同，使熟悉其他 Windows 软件的用户使用起来更方便。启动 3ds Max 9 中文版系统后，就进入了它的主界面，其界面划分如图 1-2 所示。

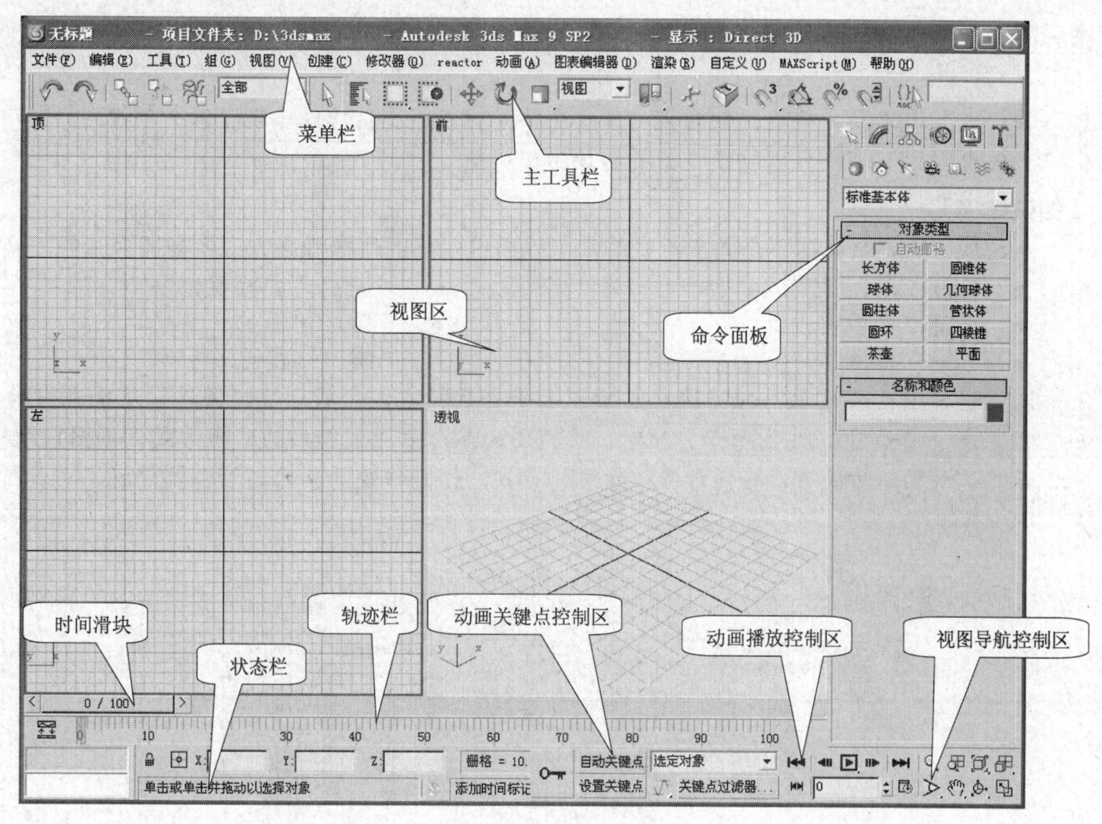

图1-2　3ds Max 9 中文版系统界面划分

各区域的主要作用参见表 1-1 所示。

表 1-1　　各区域的名称及功能简介

名称	功能简介
菜单栏	每个菜单的标题表明该菜单中命令的用途。单击某个菜单项，即可弹出相应的下拉菜单，用户可以从中选择所要执行的命令
主工具栏	主工具栏位于菜单栏之下，它包括常用的各类工具的按钮
视图区	视图区是系统界面中面积最大的区域，是主要的工作区，默认设置为 4 个视图
命令面板	它的结构比较复杂，内容也非常丰富。在 3ds Max 9 中主要依靠它来完成各项操作
时间滑块	通过鼠标拖动动作，利用时间滑块可以到达动画的某一个特定点，方便地观察和设置不同时刻的动画效果
状态栏	提供有关场景和活动命令的提示和状态信息
轨迹栏	显示当前动画的时间总长度及关键点的设置情况
动画关键点控制区	主要用于进行动画的记录和动画关键点的设置，是创建动画时最常用的区域
动画播放控制区	主要用来进行动画的播放以及动画时间的控制
视图导航控制区	主要用于控制各视图的显示状态，可以方便地移动和缩放各视图

3. 选择菜单栏中的【文件】/【打开】命令，打开教学资源中“Scenes”目录下的“01_01.max”文件，这是一个已搭建好的走廊场景。
4. 将鼠标指针放在前视图区域内，单击鼠标右键将其激活，激活的视图边框会显示为亮黄色（在以后各讲中就将此操作简称为“激活××视图”）。

要点提示 单击鼠标左键也可以激活视图，但有时会出现误操作情况，为了保险起见，建议使用鼠标右键激活视图。

5. 按键盘上的T键，前视图便转换为顶视图，此时在视图区中就出现了两个顶视图。
6. 按键盘上的F键，可以将顶视图再转换为前视图。

【知识链接】

系统默认的 4 个视图不是固定不变的，可以通过以下的快捷键来完成各视图之间的转换。

- T键：顶视图。
- B键：底视图。
- L键：左视图。
- U键：用户视图。
- F键：前视图。
- P键：透视图。

7. 激活透视图，在左上角的【透视】标识上单击鼠标右键，打开快捷菜单，选择其中的【线框】命令，如图1-3左图所示。此时，透视图的显示方式便转换为线框方式，如图1-3右图所示。这种显示方式可以降低计算机系统的负担，在制作较复杂的场景时较常用。

图1-3 快捷菜单及透视图的线框显示方式

8. 利用相同的方法，在快捷菜单中选择【平滑+高光】命令，将透视图恢复到实体显示方式。其他正交视图也可以进行相同的显示方式的转换。
9. 将鼠标指针放在视图分界线的十字交叉中心点上，按住鼠标左键向左上方拖动黄色视图分界线，拖曳状态如图1-4左图所示。此时右下角的透视图扩大了，而其他视图被缩小了，如图1-4右图所示。

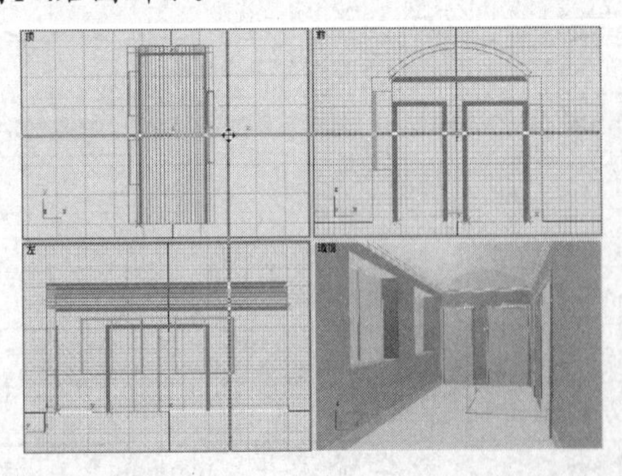
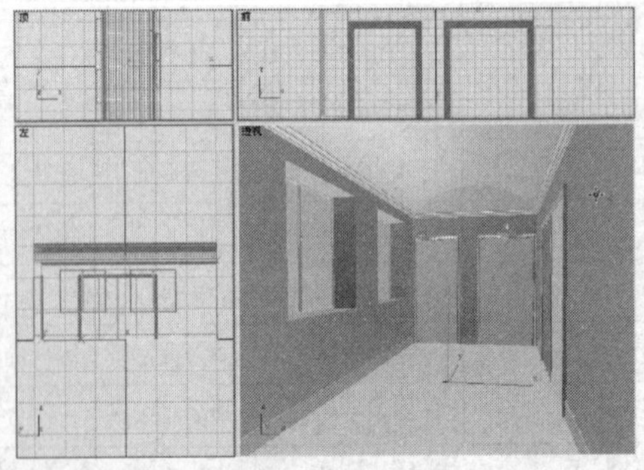

图1-4 扩大透视图的显示尺寸

要点提示 用相同的方法可以改变任意视图的大小，若将鼠标指针放在水平或垂直的分界线上，则只能单一地改变视图的水平或垂直尺寸。

10. 在视图分界线上单击鼠标右键，选择【重置布局】命令，恢复视图的均分状态，如图1-5所示。

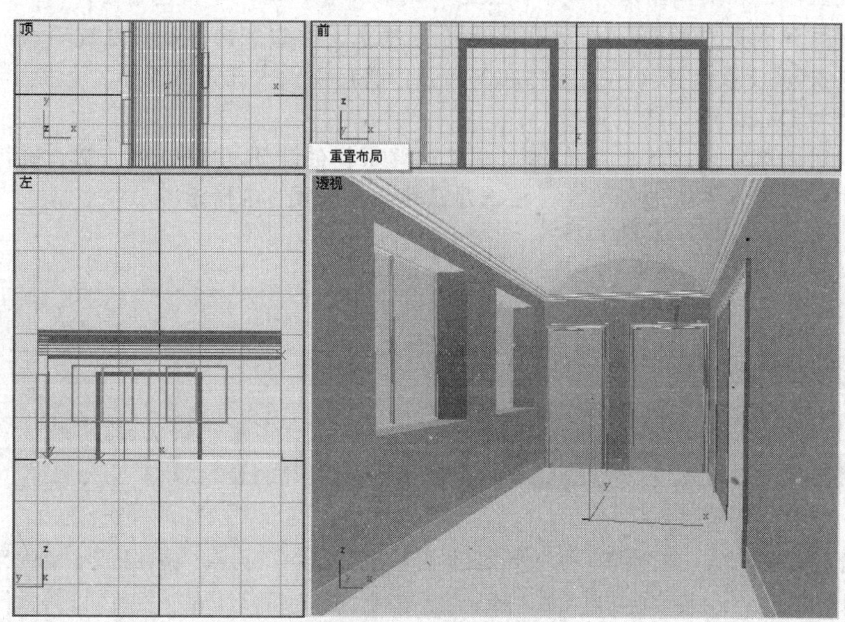

图1-5 【重置布局】命令的位置

11. 单击视图导航控制区中的 (缩放)按钮，此时，鼠标指针变为放大镜形状，如图1-6左图所示。在透视图中按住鼠标左键向下移动一段距离，此时透视图中的视景被推远了，如图1-6右图所示。完成视图缩放操作后，应单击鼠标右键退出该功能。

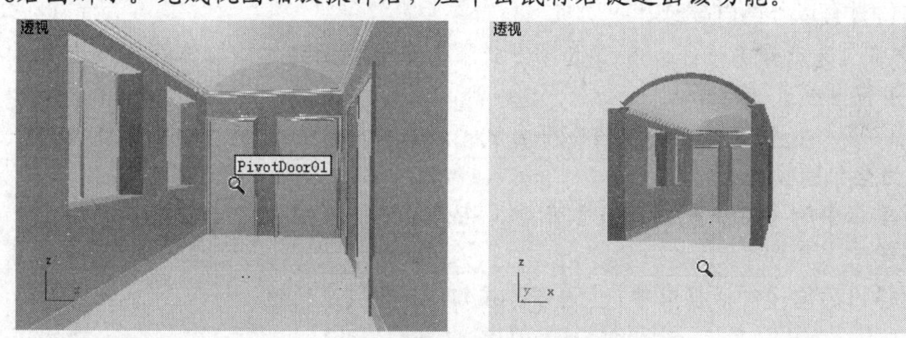

图1-6 改变视图中的视景远近效果

要点提示：在进行视图缩放操作时，系统默认的鼠标运动轨迹为上下移动，如果左右移动鼠标，缩放效果则不明显。

12. 按键盘上的 Shift + Z 快捷键，恢复当前视图的原始显示状态。

【知识链接】

视图导航控制区中还有几个较常用的按钮，说明如下。

- (缩放区域)按钮：单击此按钮，在任意一个视图中拖出一个矩形框以框选某个区域，被框选的区域就会放大至视图满屏显示。
- (最大化视图切换)按钮：单击此按钮，当前视图会满屏显示，这有利于进行精细的编辑操作。再次单击它可返回到原来的状态。
- (平移视图)按钮：单击此按钮，在任意视图中拖动鼠标，可以平移该视图。

13. 在透视图中的左侧门上单击鼠标左键，将其选择，被选择的物体在线框显示方式下以白色线框方式显示，在实体显示方式下，被选择的物体会出现一个白色套框。
14. 在视图导航控制区中的 (最大化显示选定对象）按钮上按住鼠标左键不放，在弹出的按钮组中单击 (最大化显示选定对象）按钮，将门以最大化方式显示，如图 1-7 所示。
15. 按键盘上的 Delete 键，将其删除。
16. 激活前视图，单击主工具栏中的 (交叉选择）按钮，使其变为 (窗口选择）形态。在前视图中按住鼠标左键进行拖曳，框选屋顶物体，如图 1-8 所示。

图1-7　最大化显示门

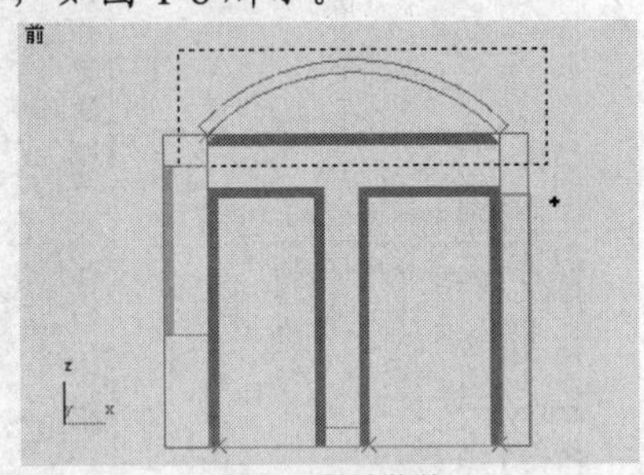

图1-8　框选物体

要点提示　在进行框选操作时，鼠标指针的起始位置是矩形选框的第一个角点，按住鼠标左键进行拖曳时，鼠标指针的移动轨迹为该选框的对角线。松开鼠标左键，系统自动选择被该矩形框全部框住的物体，并且矩形框随即消失。

17. 在前视图中的任意空白处单击鼠标左键，取消所有物体的选择状态。

【知识链接】

框选物体时有以下两种模式。

- (交叉选择）按钮：在该选择方式下，选择框所经过的物体都将被选择（也称为半包围模式）。
- (窗口选择）按钮：在该选择方式下，选择框全部包括的物体才能被选择（也称为全包围模式）。

18. 选择菜单栏中的【文件】/【重置】命令，在弹出的是否保存对话框中单击 否(N) 按钮，不保存场景。
19. 在随后弹出的询问对话框中单击 是(Y) 按钮，如图 1-9 所示。

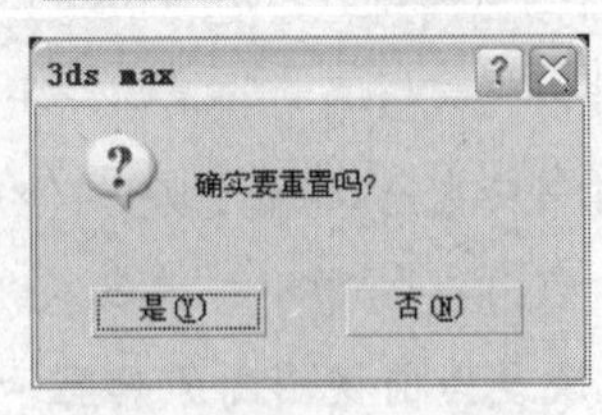

图1-9　弹出的询问对话框

【知识链接】

【重置】命令与【退出】命令的区别如下。

- 【重置】：清除全部数据，恢复到系统的初始状态。该命令常用于制作新的场景之前的初始化操作，等同于退出系统后重新启动系统。
- 【退出】：退出系统。执行该命令后将无法进行其他任何 3ds Max 9 的操作，等同于单击窗口右上角的 按钮。

1.1.3 课堂练习——调用并修改场景文件

下面调用已有场景并对其进行修改，将图1-10左图所示的场景修改为图1-10右图所示的形态。

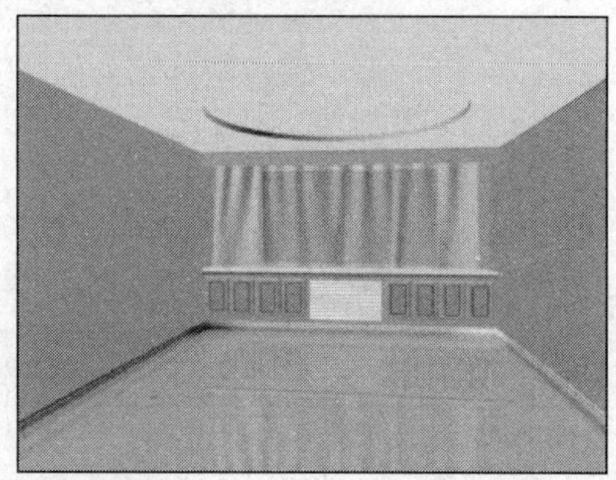

图1-10 场景修改前后的效果比较

操作提示

1. 重新设定系统。选择菜单栏中的【文件】/【打开】命令，打开教学资源中“Scenes”目录下的“01_02.max”文件，这是一个已搭建好的客厅场景。
2. 选择对开窗帘和窗帘绳物体，按键盘上的 Delete 键将其删除。
3. 选择菜单栏中的【文件】/【另存为】命令，将场景另存为“01_02_ok.max”文件。此场景文件以相同的名字保存在教学资源中的“Scenes”目录下。

1.2 三维空间的概念与操作

3ds Max 9 内置了一个几乎无限大而又全空的虚拟三维空间，这个三维空间是根据笛卡儿坐标系构成的，因此 3ds Max 9 虚拟世界中的任何一点都能够用 *x*、*y*、*z* 这 3 个值来精确定位，如图 1-11 所示。

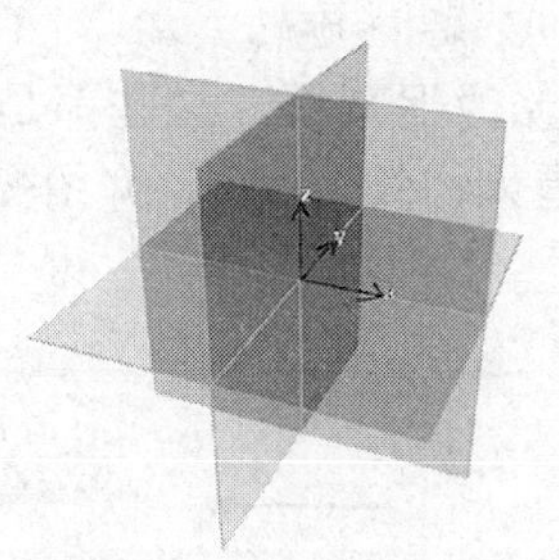

图1-11 笛卡儿空间中的 *x*、*y*、*z* 轴

x、*y*、*z* 轴中的每一根轴都是一条两端无限延伸的不可见的直线，且这 3 根轴在三维空间中是互相垂直的。*x* 轴方向为从左至右，*y* 轴方向为从前至后，第 3 根为 *z* 轴，它在原点向上垂直穿过 *xy* 平面。3 根轴的交点就是虚拟三维空间的中心点，称为世界坐标系原点。每两根轴组成一个平面，包括 *xy* 面、*yz* 面和 *xz* 面，这 3 个平面在 3ds Max 9 中被称为“主栅格”，它们分别对应着不同的视图。在默认情况下，通过鼠标拖动方式创建模型时，都将以某个主网格平面为基础进行创建。

3ds Max 9 的视图区默认设置为 4 个视图，顶视图、前视图和左视图为正交视图，它们能够准确地表现物体的高度和宽度以及各物体之间的相对关系，而透视图则是与日常生活中的观察角度相同，符合近大远小的透视原理，如图 1-12 所示。

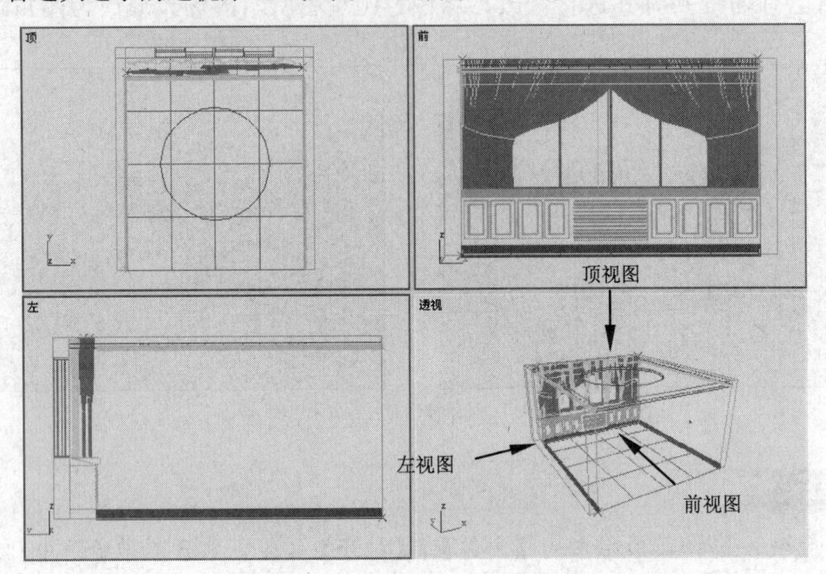

图1-12 默认的 4 视图划分效果

1.2.1 知识点讲解

- （移动）：改变物体的位置。
- （旋转）：改变物体的方向。
- （缩放）：改变物体的比例。

1.2.2 范例解析——物体变动套框的使用方法

物体的基本操作包括（移动）、（旋转）和（缩放），这些操作统称为物体的变动修改。每一种操作都对应一种变动修改器套框，这些都是搭建场景必备的工具，必须熟练掌握。下面就以制作图 1-13 所示的木偶人物效果为例，介绍变动修改的操作方法。

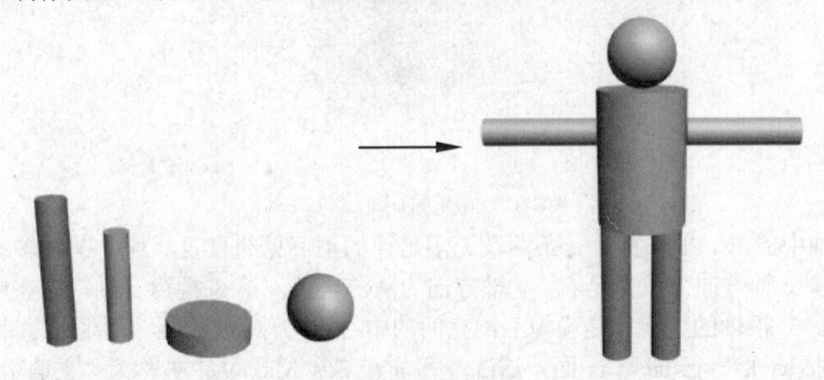

图1-13 木偶人物效果

1. 选择【文件】/【打开】命令，打开教学资源中“Scenes”目录下的“01_03.max”文件。
2. 在前视图中选择圆柱体，单击主工具栏中的按钮，将其沿 y 轴二维扩大至原大小的600%，如图 1-14 所示。

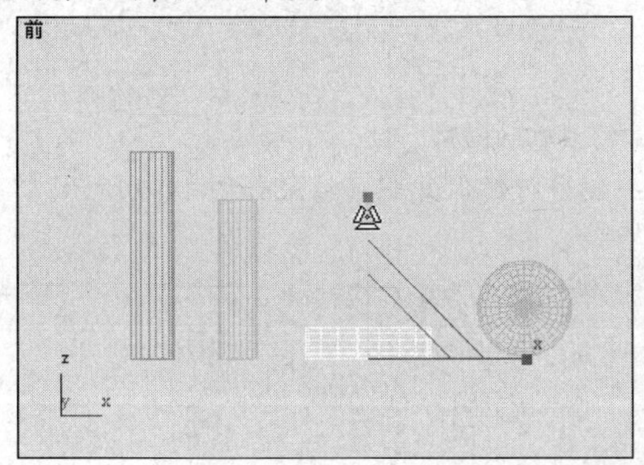

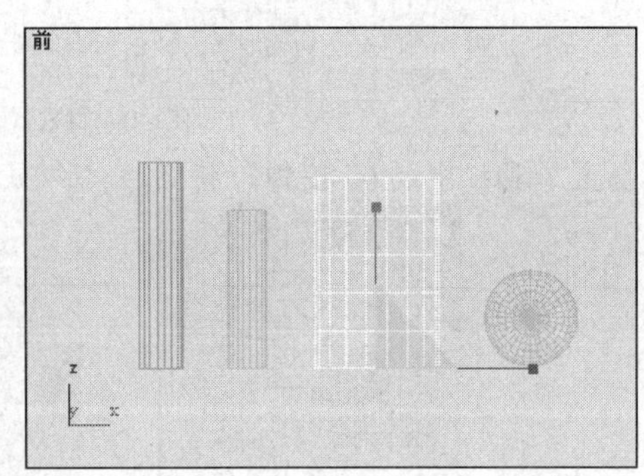

图1-14 物体扩大前后的效果比较

3. 选择球体，单击按钮，将其移动到大圆柱的上方，位置如图 1-15 右图所示，然后在顶视图中移动，摆正其位置，结果如图 1-15 左图所示。

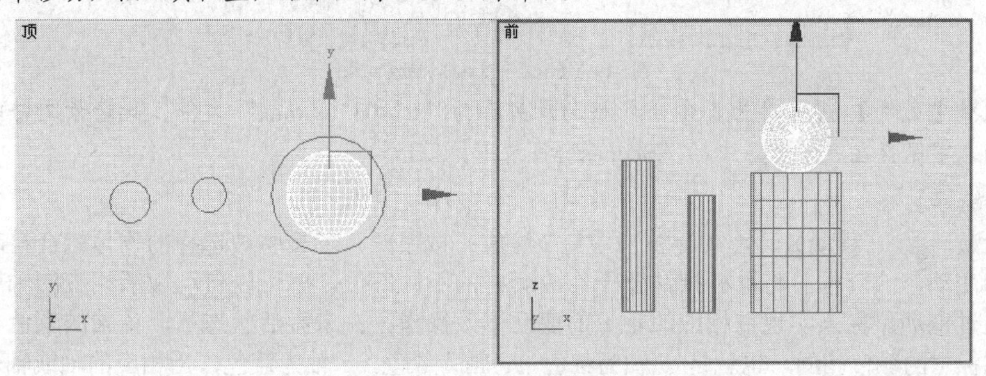

图1-15 球体在顶、前视图中的位置

4. 在前视图中选择最左侧的圆柱体，将其移动至大圆柱体的底部，当做木偶的腿，位置如图 1-16 所示。
5. 按住键盘上的 Ctrl 键，将圆柱体沿 x 轴向右以【复制】方式复制一个，结果如图 1-17 所示。

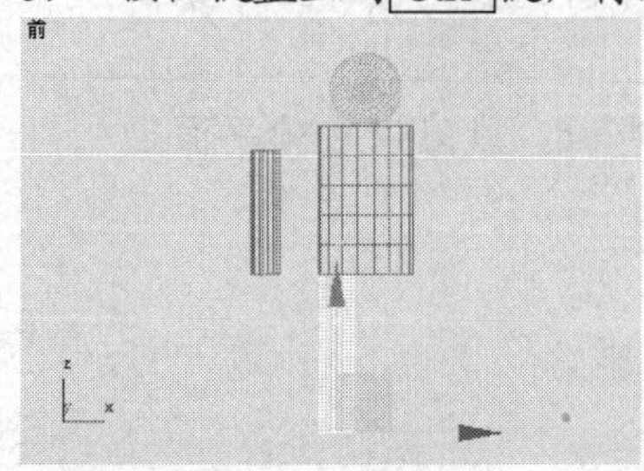

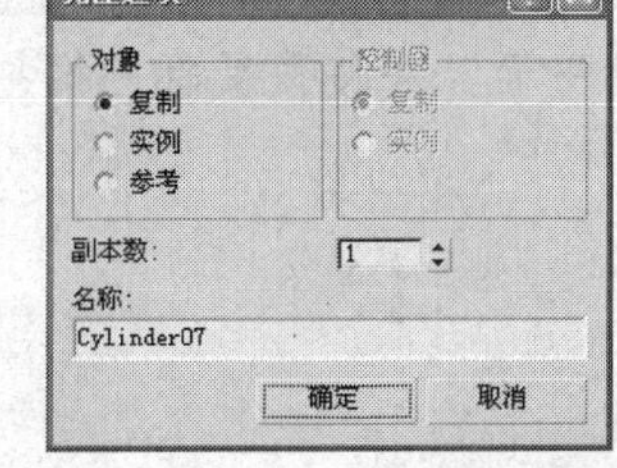

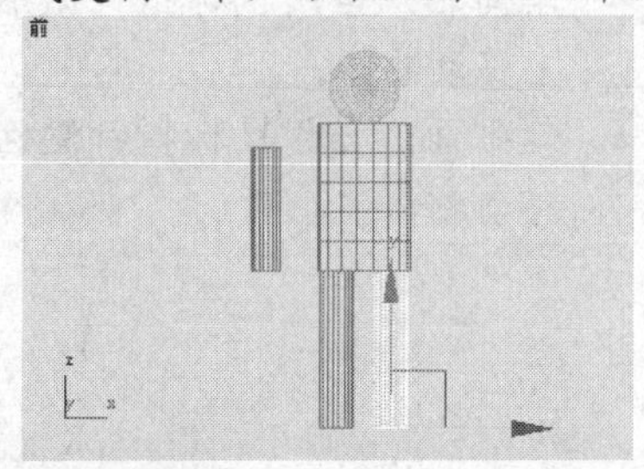

图1-16 圆柱体移动后的位置　　图1-17 圆柱体复制后的位置

6. 在前视图中选择左侧的小圆柱体，单击主工具栏中的（角度捕捉切换）按钮，使用角度锁定功能。再单击主工具栏中的按钮，将其沿 z 轴旋转 90°，结果如图 1-18 左图所示，然后把它移动到图 1-18 右图所示的位置，当做木偶人物的胳膊。

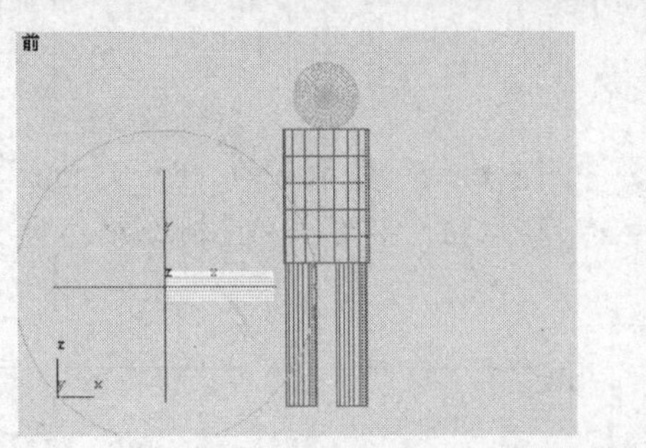
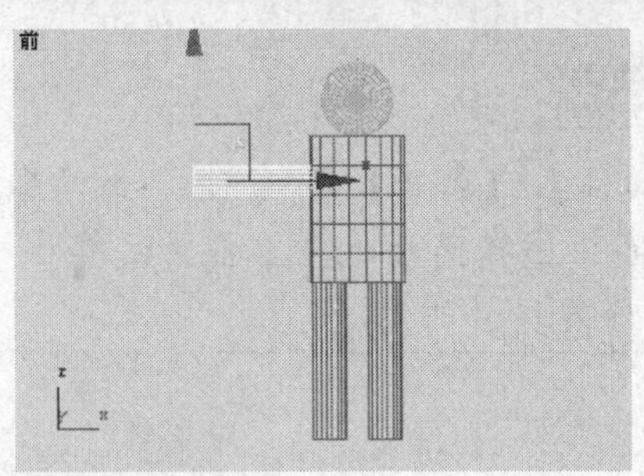

图1-18　圆柱体旋转、移动后的位置

7. 单击主工具栏中的 按钮，将圆柱体向另一侧进行镜像复制，结果如图 1-19 所示。

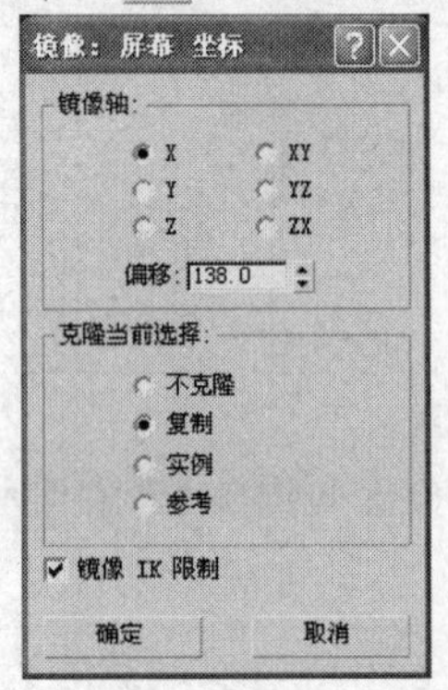

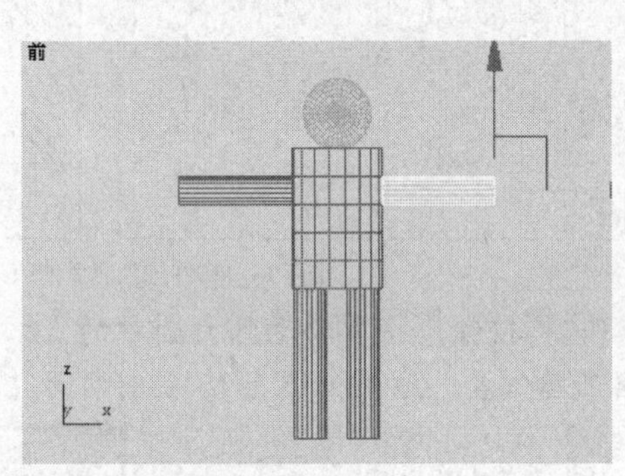

图1-19　【镜像】对话框及镜像结果

8. 选择【文件】/【另存为】命令，将场景另存为“01_03_ok.max”文件。此场景文件以相同的名字保存在教学资源中的“Scenes”目录下。

【知识链接】

当激活 （移动）、 （旋转）、 （缩放）按钮时，场景中被选择的物体就会自动出现相应的变动修改套框。将鼠标指针置于修改套框的不同部位，就可以自动激活相应的轴或轴平面，通过拖动鼠标来实现在相应的轴上的变动修改操作。在未激活状态下，各轴的颜色与世界坐标系标志的颜色相同，也就是 x 轴为红色，y 轴为绿色，z 轴为蓝色，当相应的轴或轴平面被激活时则显示为亮黄色。

(1) （移动）修改套框

移动修改套框的形态如图 1-20 所示。

- 单向轴：当用鼠标指针激活单向轴，并按住鼠标左键拖曳时，就可以在单个轴向上移动物体。
- 轴平面：当用鼠标指针激活轴平面，并按住鼠标左键拖曳时，就可以在轴平面上移动物体。

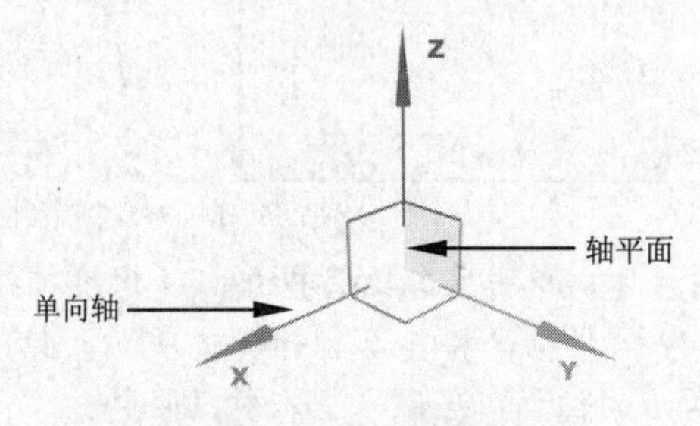

图1-20　移动修改套框的形态

(2) （旋转）修改套框

旋转修改套框的形态如图1-21所示。

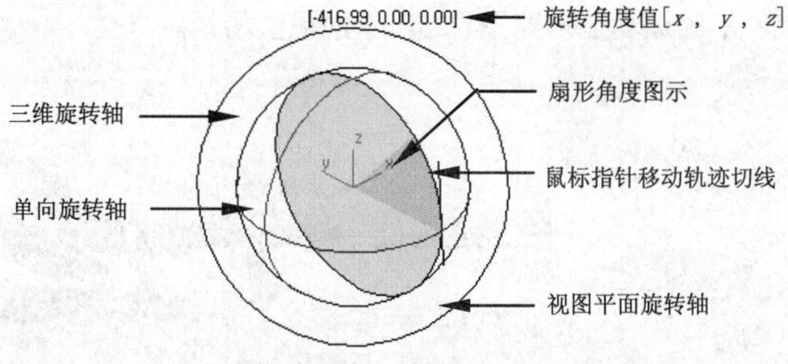

图1-21　旋转修改套框的形态

- 单向旋转轴：当激活任一单向旋转轴，并按住鼠标左键拖曳时，就可以在单个轴向上旋转物体。
- 三维旋转轴：当激活三维旋转轴，并按住鼠标左键拖曳时，就会以被旋转物体的轴心为圆心进行三维旋转。
- 视图平面旋转轴：当激活视图平面旋转轴，并按住鼠标左键拖曳时，就会在当前视图平面上进行旋转。
- 鼠标指针移动轨迹切线：当按住鼠标左键拖曳时，会出现以鼠标指针的初始位置为切点，沿旋转轴绘制的一条切线。该切线分为两截，它们分别表示此次旋转操作中鼠标指针可以移动的两个方向，一截为灰色（鼠标指针未在此方向上移动），一截为黄色（鼠标指针正在移动的方向）。
- 旋转角度值：该值会显示本次旋转的相对角度变化，只有在开始旋转时才会出现。
- 扇形角度图示：以扇形填充区域来显示旋转的角度范围。

(3) （缩放）修改套框

缩放修改套框的形态如图 1-22 所示。

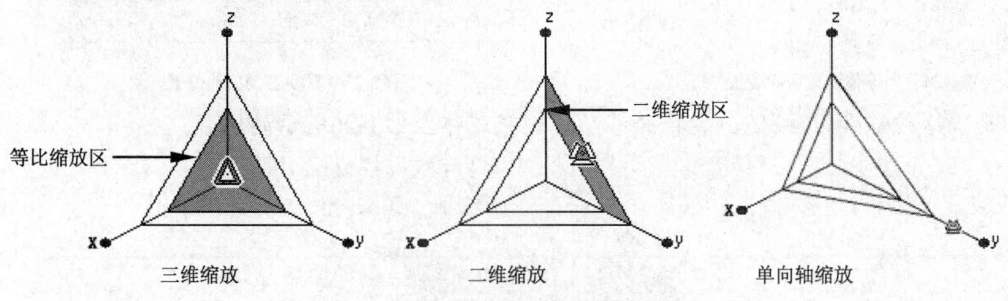

图1-22　缩放修改套框的形态

- 等比缩放区：当激活等比缩放区，并按住鼠标左键拖曳时，物体会在 3 个轴向上进行等比缩放，只改变体积大小，不改变外观比例，这种缩放方式属于三维缩放。
- 二维缩放区：当激活二维缩放区，并按住鼠标左键拖曳时，物体会在指定的坐标轴向上进行非等比缩放，物体的体积和外观比例都会发生变化，这种缩放方式属于二维缩放。
- 单向轴缩放：当激活任一单向轴，并按住鼠标左键拖曳时，物体会在指定轴向上进行单轴向缩放，这种缩放方式也属于二维缩放。

1.2.3 课堂练习——搭建雕塑模型

利用移动、旋转和缩放功能搭建图1-23所示的雕塑场景。

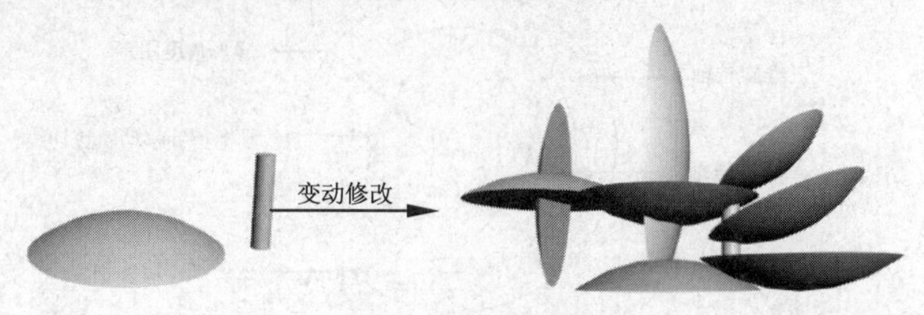

图1-23 搭建雕塑场景

操作提示

1. 打开教学资源中“Scenes”目录下的“01_04.max”文件。
2. 在前视图中选择半球体，单击按钮，沿y轴向上镜像复制，然后移动位置，位置如图1-24所示。
3. 单击主工具栏中的按钮，在前视图中将顶部半球体移动复制一个，位置如图1-25所示。

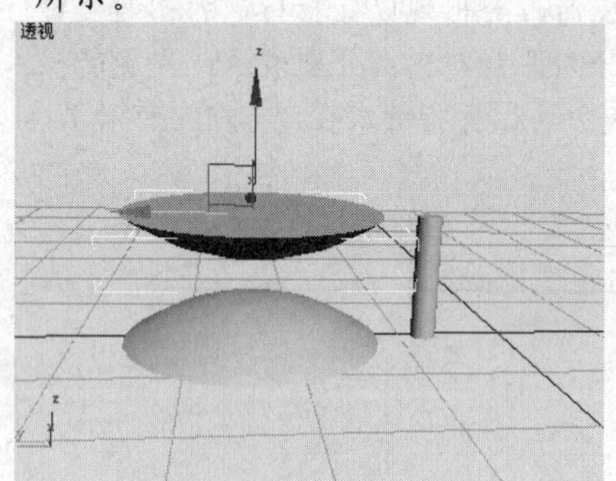

图1-24 半球体镜像后的位置

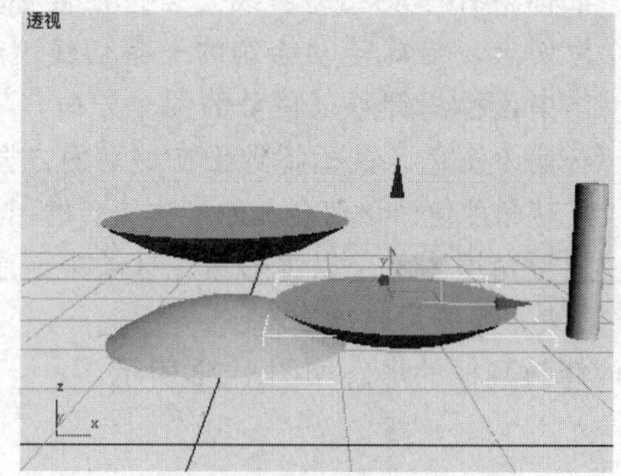

图1-25 移动复制后的位置

4. 分别利用按钮和按钮，旋转并移动复制半球体至图1-26所示的位置。

图1-26 旋转、移动复制半球体

5. 在顶视图中选择图1-27左图所示的半球体，单击主工具栏中的按钮，将其沿y轴缩小至50%，然后在前视图中将其沿y轴扩大120%，再向上移动一下位置，结果如图1-27右图所示。

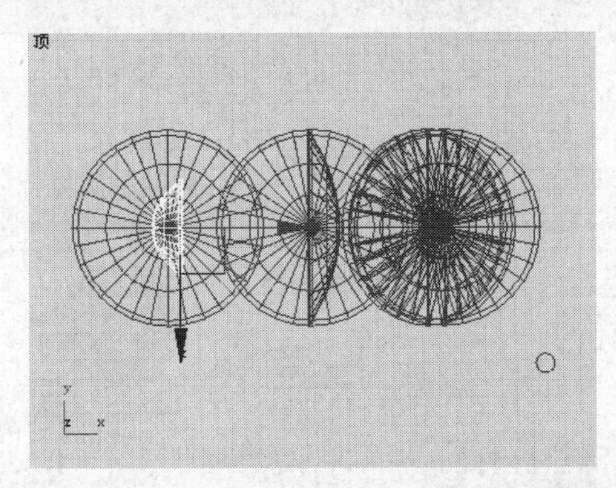

图1-27　半球体缩放、移动后的位置

6. 分别利用二维缩放和移动功能修改其他位置上的半球体，最后移动圆柱体的位置，将其放在右侧半球体的连接处，结果如图 1-23 右图所示。
7. 选择菜单栏中的【文件】/【另存为】命令，将场景另存为“01_04_ok.max”文件。此场景文件以相同的名字保存在教学资源中的“Scenes”目录下。

1.3 课后作业

一、操作题

打开教学资源中“LxScenes”目录下的“01_01.max”文件，场景如图1-28左图所示，利用变动修改工具将其修改为图1-28右图所示的形态。

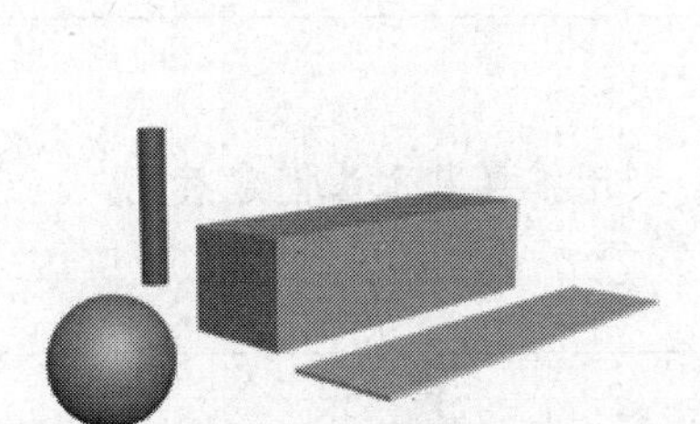

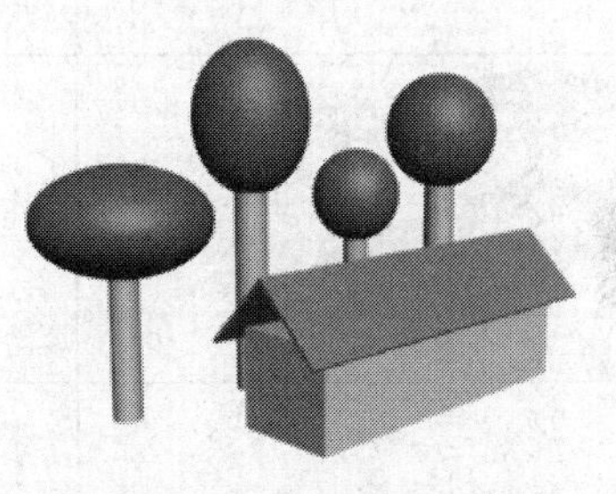

图1-28　场景形态及修改后的效果

二、思考题

1. 启动 3ds Max 9 共有哪几种常用的方法？
2. 3ds Max 9 的视图区默认设置为哪 4 个视图？
3. 等比缩放与二维缩放有何区别？
4. 【重置】命令与【退出】命令有何区别？

第2讲

三维基本体与建筑构件

【学习目标】

• 利用标准基本体，配合复制创建台灯造型。	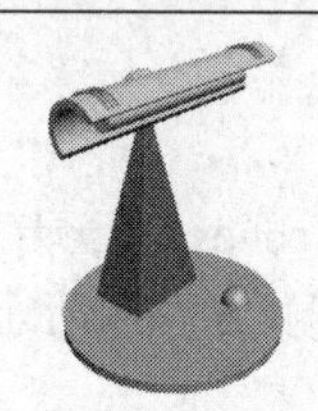
	• 利用扩展基本体创建茶几。
• 利用标准基本体和扩展基本体搭建一个小亭子场景。	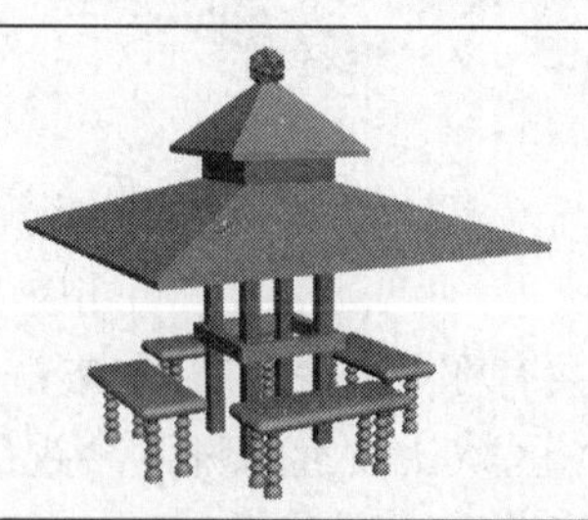
	• 利用 链接方式为墙体添加门窗。
• 为室外场景添加栏杆物体。	

2.1 创建标准基本体

标准基本体的创建是通过创建命令面板来进行的。系统的初始创建命令面板的外观如图2-1所示。

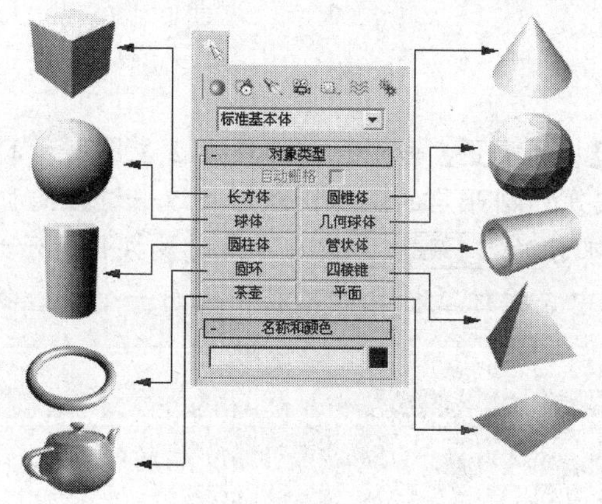

图2-1 初始创建命令面板

2.1.1 知识点讲解

一、 标准基本体的类型

- 长方体：用来创建一个基本的方体，可以控制其长、宽、高尺寸。
- 圆锥体：用来创建一个基本的圆锥体或圆台，也可经参数调节来创建任意多边形锥体或台体。
- 球体：用来创建一个基本的球体，经参数调节可产生任意厚度的半球体。此球体的表面由许多四角面片组成。
- 几何球体：用来创建一个基本的几何球体，此球体的表面由许多三角面片组成，外观与球体类似。
- 圆柱体：用来创建一个基本的圆柱体，经参数调节可生成任意多边形柱体。
- 管状体：用来创建一个基本的圆管状物体，经参数调节可生成任意多边形的管状体。
- 圆环：用来创建一个基本的圆环状物体，可调整其参数，使其表面产生扭曲、旋转。
- 四棱锥：用来创建一个基本的四棱锥，形状类似金字塔。
- 茶壶：用来创建一个标准的茶壶，茶壶的组成部分可任意选择是否创建。
- 平面：用来创建一个基本的平面片状物体，高度为“0”，可控制其渲染比例和密度。

二、 自动栅格

3ds Max 9默认是在基础网格上创建物体，也就是在视图中所看到的灰色网格上。当先后创建两个方体时，它们的底面都在一个平面上。在【对象类型】参数面板中，有一个自动栅格选项，勾选该复选框可以自动定义基准网格，允许以任意网格物体的某个表面作为基准，以垂直于该面的法线为 z 轴来创建其他物体。

2.1.2 范例解析——标准基本体的创建过程

由于茶壶的创建方法简单又具代表性，其他标准基本体的许多参数调节方法与之类似，因此本小节将详细介绍茶壶的创建方法与原始参数的修改过程。

范例操作

1. 选择菜单栏中的【文件】/【重置】命令，弹出图 2-2 左图所示的对话框。单击 是(Y) 按钮，3ds Max 9 系统便恢复到刚开启的状态，以后将这一过程简称为“重新设定系统”。
2. 单击【对象类型】面板下方的 茶壶 按钮，此时该按钮显示为黄色激活状态。
3. 激活透视图，在透视图中央按住鼠标左键不放，拖出一个茶壶物体。它在透视图中的形态如图 2-2 中图所示。

要点提示　图 2-2 右图所示的是新创建的茶壶物体更改参数前的随机数值，可以单击右侧按钮的上下箭头更改数值，也可以直接用键盘输入数值。

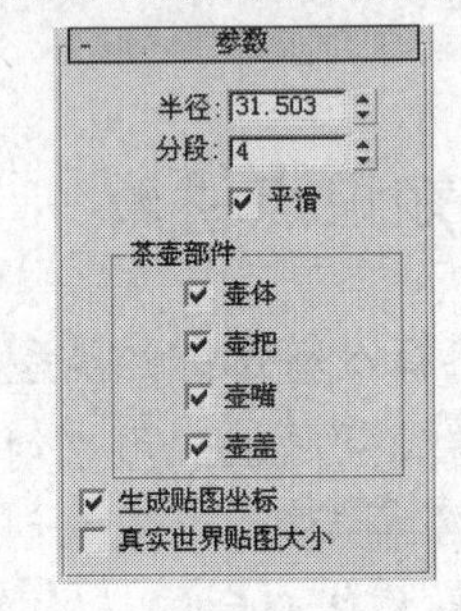

图2-2　创建的茶壶及其参数面板

4. 单击按钮，进入修改命令面板。
5. 将鼠标指针置于【参数】面板中的【半径】文本框内，按住鼠标左键拖曳，使原始数值“31.503”变成蓝色反白显示，然后输入新的数值“30”，按 Enter 键确定。

要点提示　该操作与一般的文本框操作相同，也可以实现复制和粘贴操作，但操作内容必须是数字，当输入字母等非数字字符时，按 Enter 键确定后系统会自动恢复为前一数值。在调整数值的过程中会发现，视图中方体的形态会同步发生变化。

6. 将鼠标指针置于物体名称【Teapot01】右侧的颜色框内，如图 2-3 所示。
7. 单击鼠标左键，会弹出【对象颜色】对话框。在选择框内把颜色换为黄绿色，如图 2-4 所示，单击 确定 按钮，茶壶的颜色同步变为黄绿色。用同样的方法也可以将茶壶改为其他颜色。

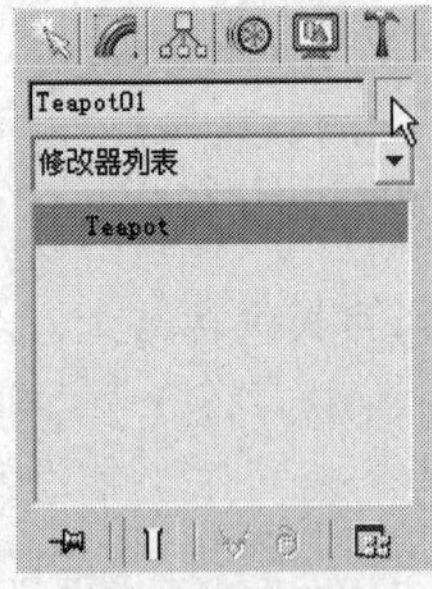

图2-3　颜色框的位置

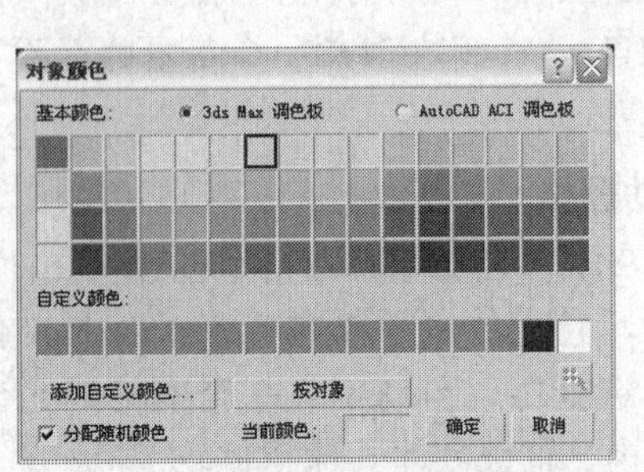

图2-4　【对象颜色】对话框

8. 将鼠标指针移到透视图的【透视】标识上，单击鼠标右键，在弹出的快捷菜单中选择【线框】命令，这样视图中的物体就以线框方式显示。
9. 在【参数】面板中，将【分段】的数值改为“5”。此时，茶壶线框的段数也会随着数值的修改发生相应的变化。修改后透视图中的茶壶形态及参数设置如图 2-5 所示。

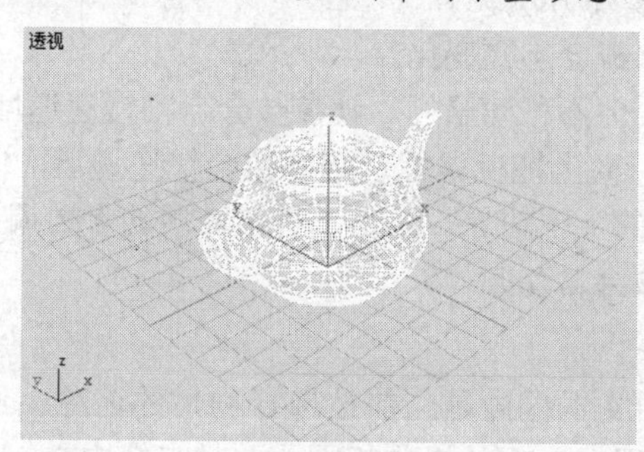

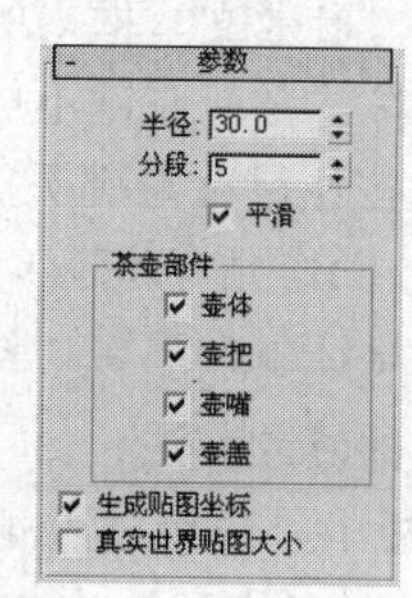

图2-5　修改后的茶壶形态及参数设置

10. 单击视图导航控制区中的按钮，将鼠标指针移回到透视图内，按住鼠标左键并拖曳，通过视图的视角变化，可以从不同的角度观察物体的形态。
11. 将鼠标指针移到透视图的【透视】标识上，单击鼠标右键，在弹出的快捷菜单中选择【平滑+高光】命令。
12. 单击按钮进入创建命令面板，再单击 球体 按钮，并勾选【参数】面板中的【轴心在底部】复选框，勾选自动栅格 ☑ 复选框，然后将鼠标指针放在透视图中的茶壶盖顶面，位置如图 2-6 所示。

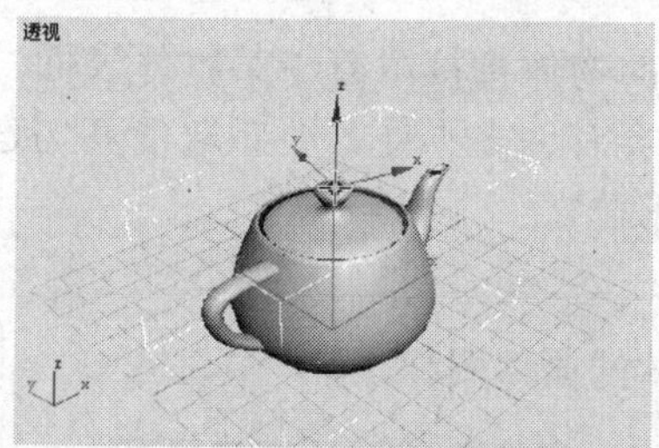

图2-6　鼠标指针在透视图中的位置

要点提示 此时会有一个轴心点跟随着鼠标指针移动，此轴心点便是所要创建物体的网格中心，它会自动附着在鼠标指针所触及到的网格物体的表面，轴心点的 z 轴与表面的法线平行，即垂直于此表面。

13. 按住鼠标左键向下拖动，观察透视图，发现在原茶壶盖顶面出现一个黑色网格，它便是系统自动生成的新的坐标网格，如图 2-7 左图所示。然后按住鼠标左键并拖曳，生成球体，如图 2-7 右图所示。

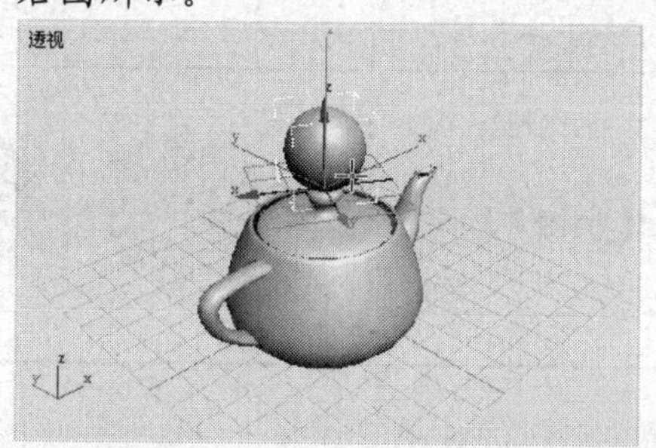

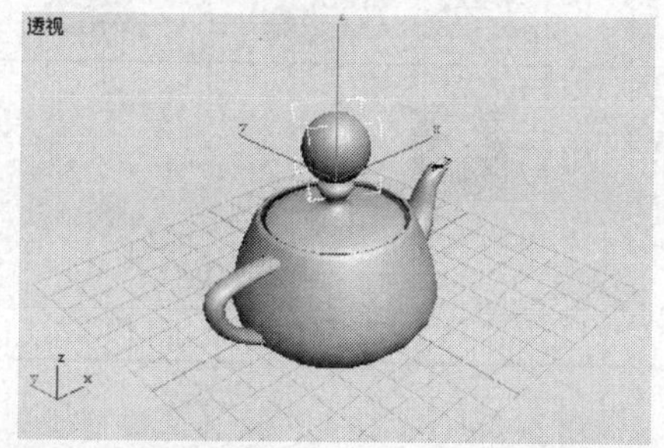

图2-7　自动栅格及透视图中生成的球体形态

【知识链接】

一、 按钮

参数文本框右侧的按钮是由两个按钮组成的，单击向上的箭头时参数递增，单击向下的箭头时参数递减。按钮有以下 4 种鼠标操作方法。

① 单击该按钮，参数文本框内的参数会小幅变化。

② 在该按钮上按住鼠标左键不放，但不移动鼠标，则参数会自动慢速递增或递减。

③ 在该按钮上按住鼠标左键不放，向上拖曳鼠标，则参数会快速递增，向下拖曳鼠标，则参数会快速递减。该操作允许超越屏幕的上下边界，这是一种最常用的参数调节方法。

④ 在该按钮上单击鼠标右键，参数会自动归“0”。

二、 物体名称的修改方法

在修改命令面板中，颜色框左侧的文本框内是当前被选择物体的名称，通过编辑该文本框中的内容可以修改物体的名称，它与一般文本框的操作相同，并且支持中文。

三、 物体颜色

修改物体颜色时最好不要选用白色与黑色，因为系统默认白色为当前被选择物体的颜色，黑色为被冻结物体的颜色。

四、 物体的段数

物体的段数会直接影响物体的细腻程度，同时也会间接影响物体变形修改的效果。段数过少，则无法实现弯曲等变形修改。段数过多，则会占用过多的内存空间，影响操作速度。

五、 关于自动栅格

自动栅格功能可以使新创建的物体直接附着于某物体表面，在使用后应注意及时取消其勾选状态，否则在以后创建物体时会有许多不便。要想取消其勾选状态，必须先激活任意几何物体选项按钮，然后才能对其进行操作。

六、 其他标准基本体

表 2-1 列出了其他标准基本体的典型图样。

表 2-1　　其他标准基本体的典型图样

名称	图样	名称	图样
【长方体】		【圆锥体】	
【球体】		【几何球体】	

续　表

名称	图样	名称	图样
【圆柱体】		【管状体】	
【圆环】		【四棱锥】	
【平面】			

2.1.3 课堂练习——利用标准基本体制作台灯

利用标准基本体搭建图 2-8 所示的台灯。

操作提示

1. 利用圆柱体制作底座，球体制作开关，四棱锥制作支架，制作流程如图 2-9 所示。

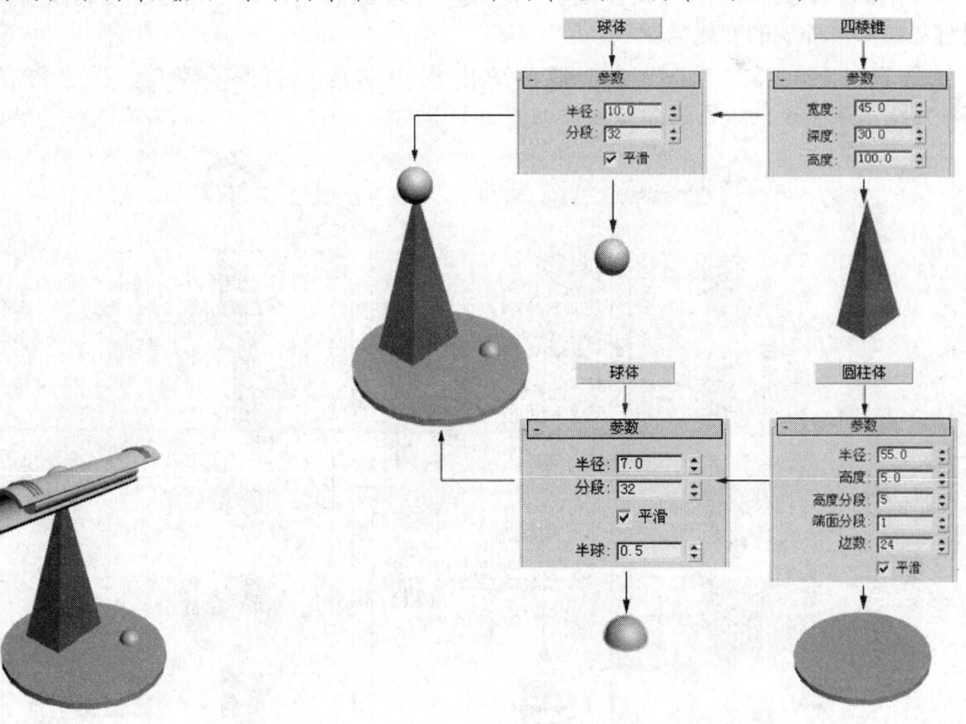

图2-8　制作台灯

图2-9　支架物体的制作流程

2. 利用管状体制作灯罩，圆柱体制作灯管，圆环制作装饰物体，制作流程如图 2-10 所示。

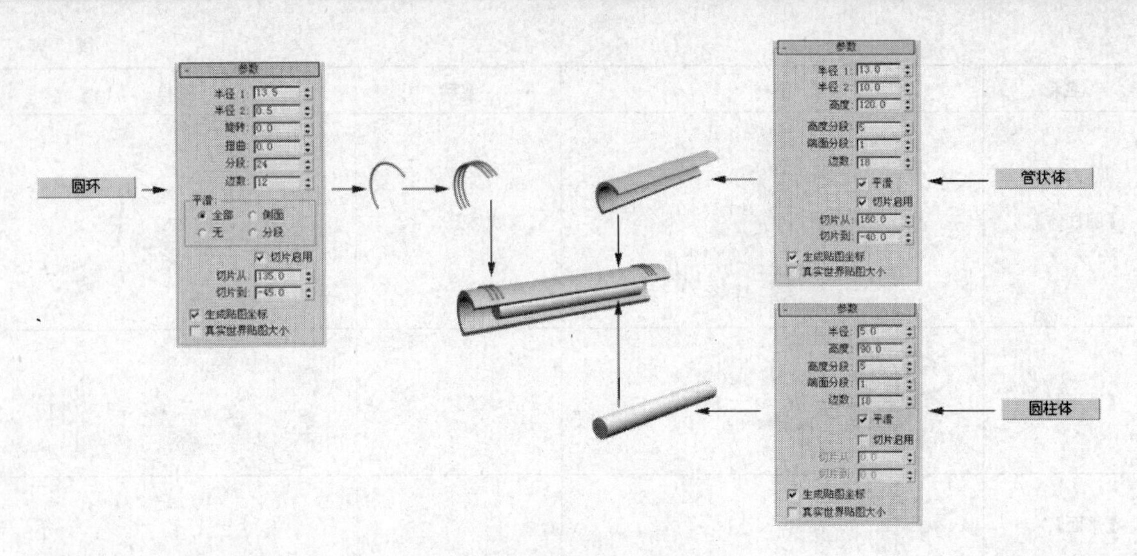

图2-10　灯罩及灯管的制作流程

3. 选择菜单栏中的【文件】/【保存】命令，将场景保存为“02_01.max”文件。此场景文件以相同的名字保存在教学资源中的“Scenes”目录中。

2.2 创建扩展基本体

3ds Max 9 除了可以创建一些标准基本体外，还可以创建扩展基本体。所谓扩展基本体是指一些更加复杂的三维造型，其可调参数较多，物体造型较复杂，在学习过程中可反复调整各参数，同时观察物体外观的变化情况。

扩展基本体的创建，是在创建命令面板中通过选择标准基本体下拉列表框中的扩展基本体选项来实现的，创建命令面板如图 2-11 所示。

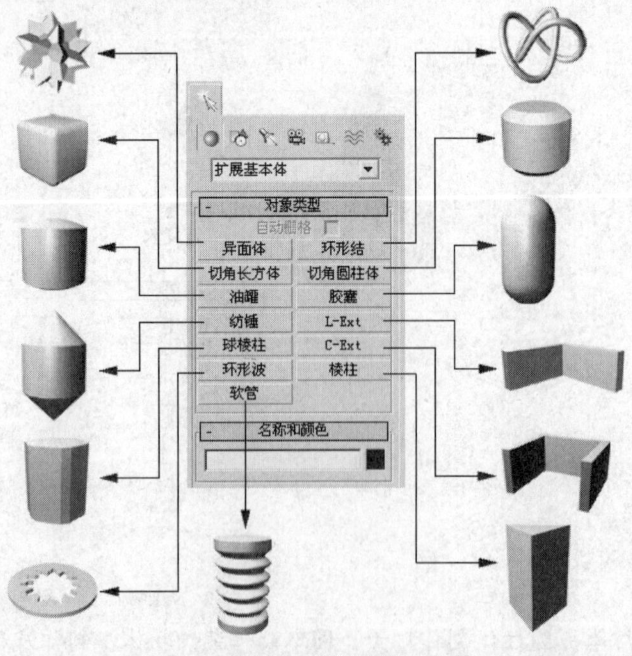

图2-11　扩展基本体的创建命令面板

2.2.1 知识点讲解

- 异面体：创建一些造型奇特的异面体，或者一些有棱角的球状物体。
- 环形结：可以创建一些缠绕状、管状、带囊肿类的造型。
- 切角长方体：可直接产生带切角的立方体。
- 切角圆柱体：制作带有切角的柱体。
- 油罐：制作带有球状顶面的柱体，如油罐、药片、飞碟等。
- 胶囊：制作两端带有半球的圆柱体，类似胶囊的形状。
- 纺锤：制作两端带有圆锥尖顶的柱体，如钻石等。
- L-Ext（L 形挤出）：可用来建立 L 形夹角的立体墙模型。
- C-Ext（C 形挤出）：制作 C 形夹角的立体墙模型。
- 球棱柱：制作带有倒角棱的柱体，直接在柱体的边棱上产生平滑的倒角。
- 环形波：制作内、外断面为波浪状的圆管，如齿轮等。
- 棱柱：制作等腰和不等边的三棱柱体。
- 软管：制作类似软管状的柔性物体。

2.2.2 范例解析（一）——扩展基本体的创建过程

下面以异面体的创建为例，讲解扩展基本体的创建过程。

范例操作

1. 重新设定系统。单击 / /标准基本体 下拉列表框，在弹出的下拉列表中选择扩展基本体选项，如图 2-12 所示。

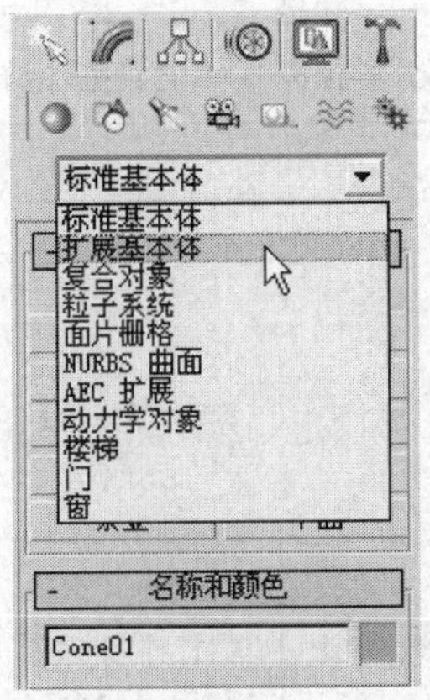

图2-12 【扩展基本体】选项的位置

2. 单击【对象类型】面板中的 异面体 按钮。
3. 把鼠标指针置于透视图中，按住鼠标左键，向下拖曳至合适位置，松开鼠标左键，完成创建。

【知识链接】

一、 参数解释

异面体的参数面板形态如图 2-13 所示。

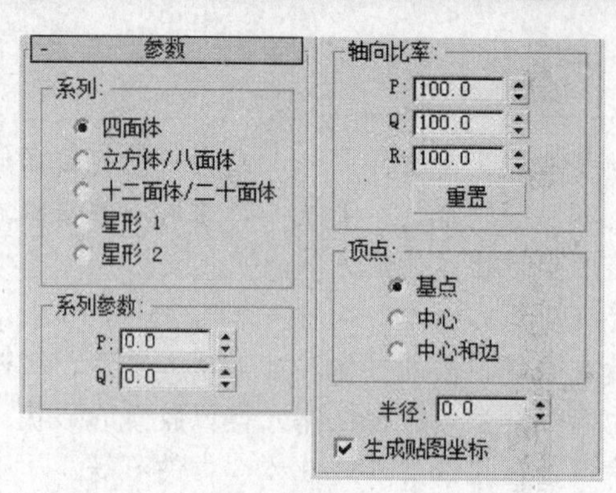

图2-13 异面体的参数面板形态

- 【系列】栏：提供了 5 种基本形体，其中包括【四面体】、【立方体/八面体】、【十二面体/二十面体】、【星形 1】和【星形 2】。
- 【系列参数】栏：【P】、【Q】项分别以 P、Q 两种途径，对异面体的顶点和面进行双向调整，从而产生不同的造型。
- 【轴向比率】栏：异面体都是由三角形、矩形、五边形拼接而成的，【P】、【Q】、【R】作为调节器就是分别调节它们各自的比例的。
- 重置按钮：单击此按钮可恢复其默认轴向的设置。
- 【顶点】栏：用来确定异面体内部顶点的建立方式，各选项的作用是决定异面体的内部结构，使用【中心】或【中心和边】方式会产生较少的顶点，得到的异面体也比较简单。
- 【半径】：设置异面体的大小。

二、 其他扩展基本体

表 2-2 列出了部分常用扩展基本体的典型图样。

表 2-2 部分扩展基本体的典型图样

名称	图样	名称	图样
【环形结】		【切角长方体】	
【油罐】		【L-Ext】（L 形挤出）	

2.2.3 范例解析（二）——利用扩展基本体创建茶几

利用扩展基本体创建一个茶几，效果如图 2-14 所示。

图2-14 茶几效果

范例操作

1. 重新设定系统。单击 / /标准基本体▼下拉列表框，在弹出的下拉列表中选择扩展基本体▼选项。
2. 单击 切角长方体 按钮，在透视图中创建一个切角长方体，形态及参数设置如图 2-15 所示。

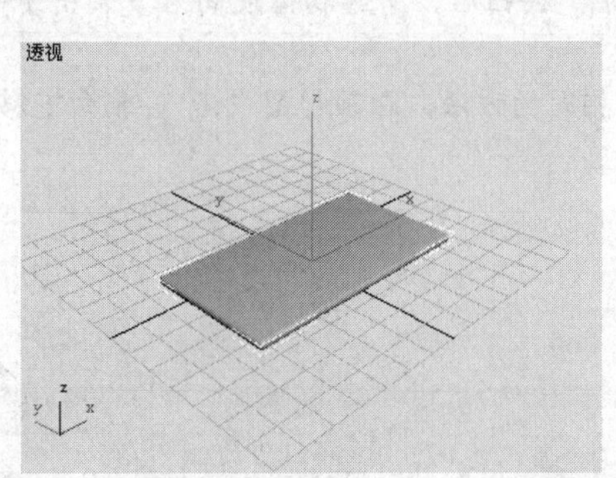

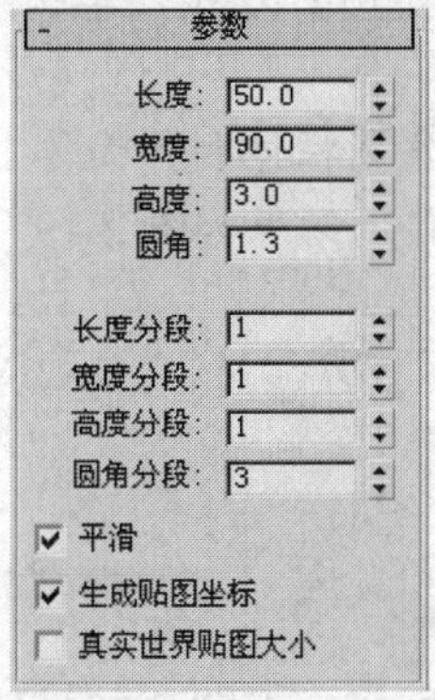

图2-15 切角长方体的形态及参数设置

3. 单击 切角圆柱体 按钮，在顶视图中创建一个切角圆柱体，位置及参数设置如图 2-16 所示。

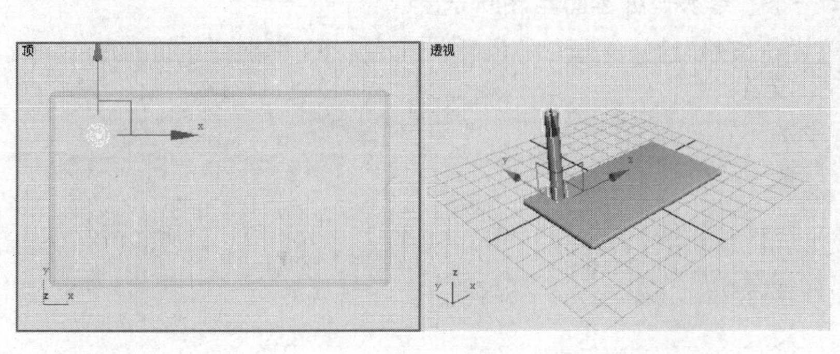

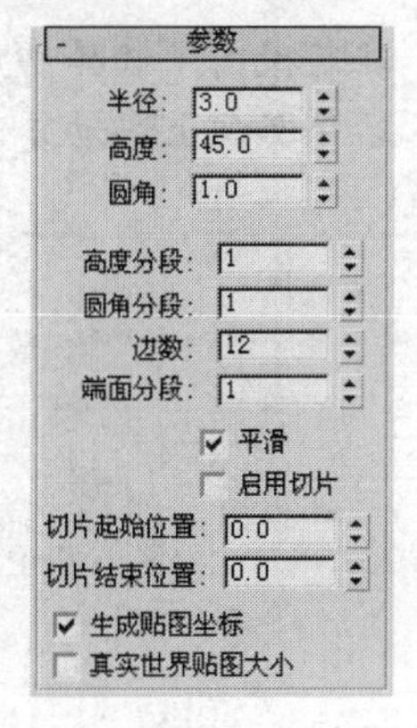

图2-16 切角圆柱体的位置与参数设置

4. 单击 异面体 按钮，在顶视图中创建一个异面体，在前视图中将其旋转一定的角度，使其长边平行于切角圆柱体的顶面，位置形态及参数设置如图 2-17 所示。

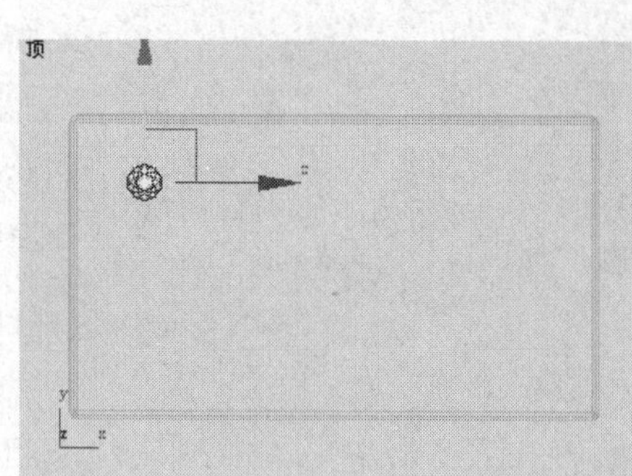

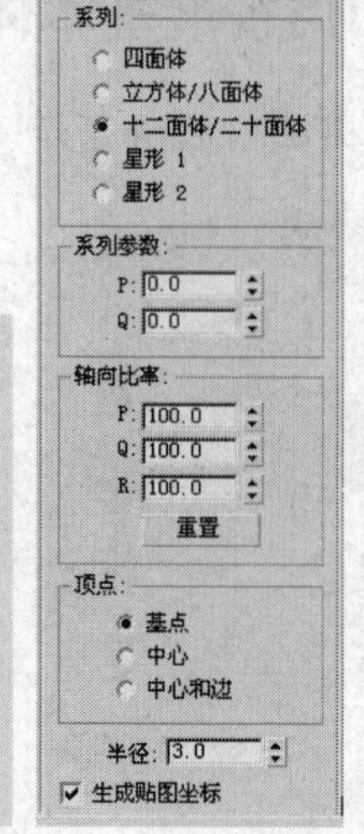

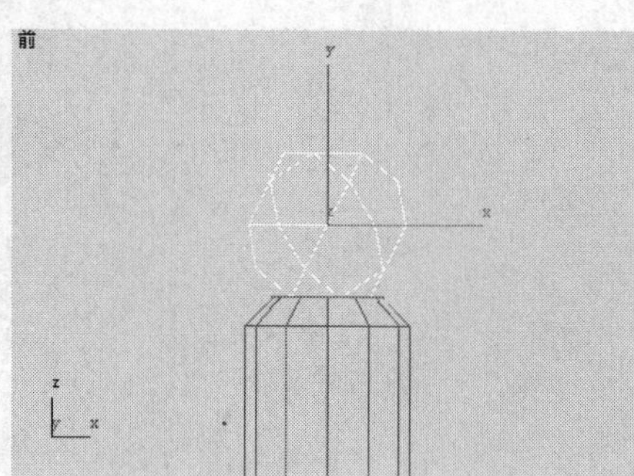

图2-17 异面体在顶、前视图中的形态及参数设置

5. 激活顶视图，选择切角圆柱体和异面体，单击主工具栏中的按钮，按住键盘上的 Shift 键，同时按住鼠标左键沿 *x* 轴向右移动，然后松开鼠标左键，在弹出的【克隆选项】对话框中选择【实例】方式，单击 确定 按钮后，所选物体便向右复制出了一个，如图 2-18 所示。
6. 选择两组切角圆柱体和异面体，用相同的方法，在顶视图中沿 *y* 轴向下移动一段距离，再复制两组物体，结果如图 2-19 所示。

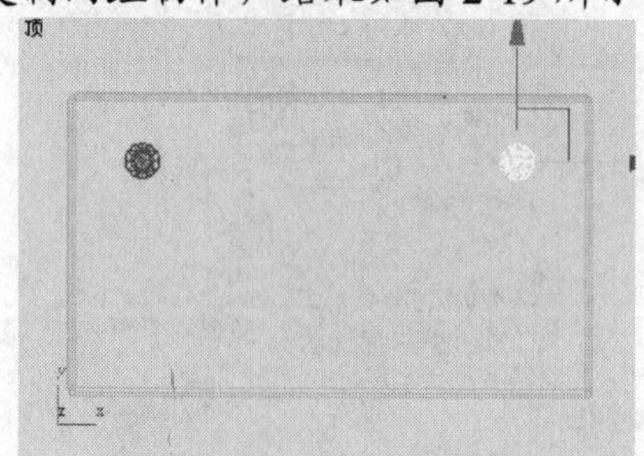

图2-18 物体向右移动复制结果

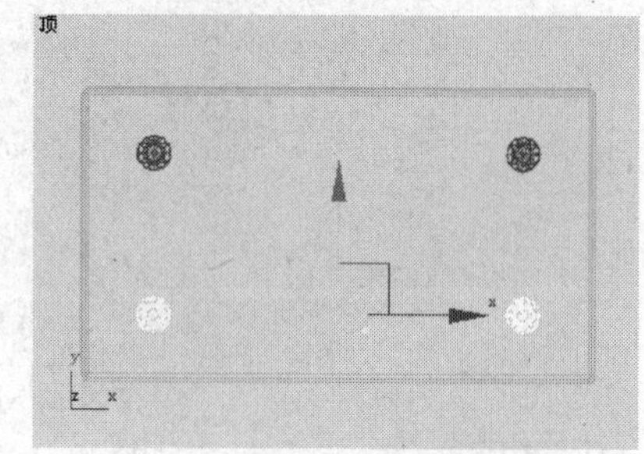

图2-19 物体向下移动复制结果

7. 在前视图中选择切角长方体，将其沿 *y* 轴向上移动一段距离，位置如图 2-20 左图所示，然后将其向上移动复制一个，结果如图 2-20 右图所示。

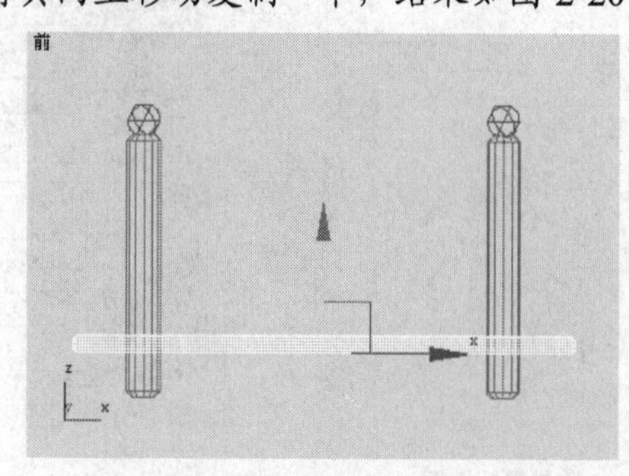

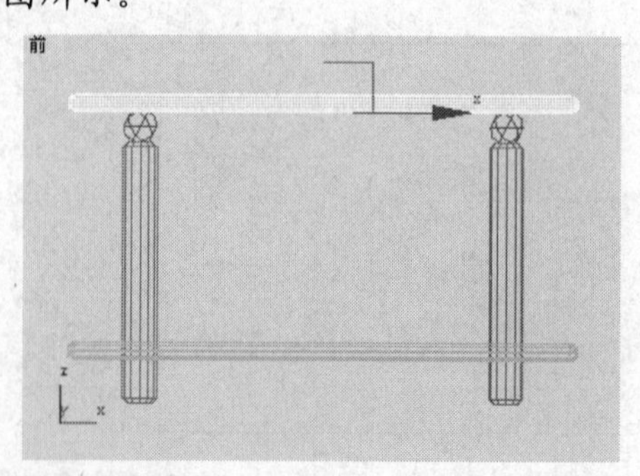

图2-20 切角长方体移动和复制结果

8. 选择菜单栏中的【文件】/【保存】命令，将场景以“02_02.max”为名进行保存。此场景文件以相同的名字保存在教学资源中的“Scenes”目录中。

2.2.4 课堂练习——基本体建模强化训练

利用标准基本体和扩展基本体创建命令面板中的各按钮，搭建一个小亭子场景，效果如图2-21所示。本场景的线架文件为教学资源中“Scenes”目录下的“02_03.max”文件。

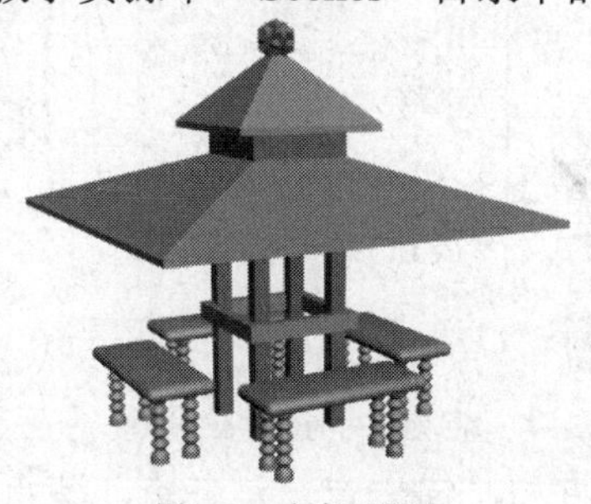

图2-21 小亭子场景

操作提示

1. 利用基本体搭建亭子的外观。
2. 利用长方体制作亭柱，并进行移动复制，制作过程如图2-22所示。

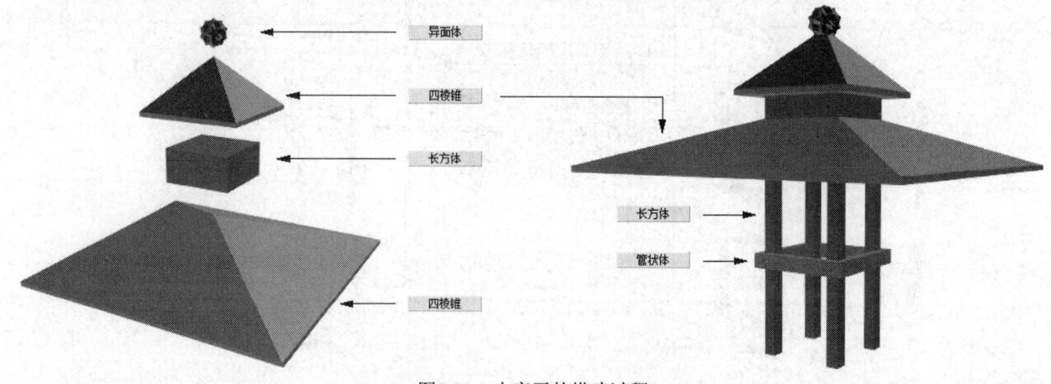

图2-22 小亭子的搭建过程

3. 利用软管和切角长方体制作凳子。

2.3 门窗墙构件的应用

3ds Max 9专门为用户提供了面向建筑工程设计（AEC）行业的建模工具，如门、窗、墙和楼梯等，使得设计创意在3ds Max 9中能够更容易地用三维方式表现出来。这些建筑构件都有完备的参数，可以精确地调整各部分的尺寸，非常适合建筑设计领域使用。这些构件还有一些智能化的功能，例如在墙物体上安装门窗时，系统会自动在墙物体上抠出门窗洞，而且位置会随着门窗的移动而自动变化。

2.3.1 知识点讲解

- 【门】：包括枢轴门、推拉门和折叠门，门的创建是在创建命令面板中通过选择“标准基本体”下拉列表框中的“门”选项来实现的，创建命令面板形态如图2-23所示。

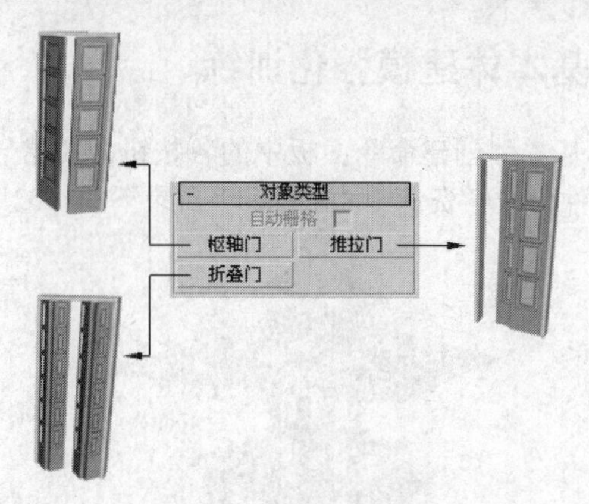

图2-23　门的创建命令面板

- 【窗】: 有遮蓬式窗、平开窗、固定窗、旋开窗、伸出式窗和推拉窗。窗的创建是在创建命令面板中通过选择标准基本体下拉列表框中的窗选项来实现的，创建命令面板如图 2-24 所示。

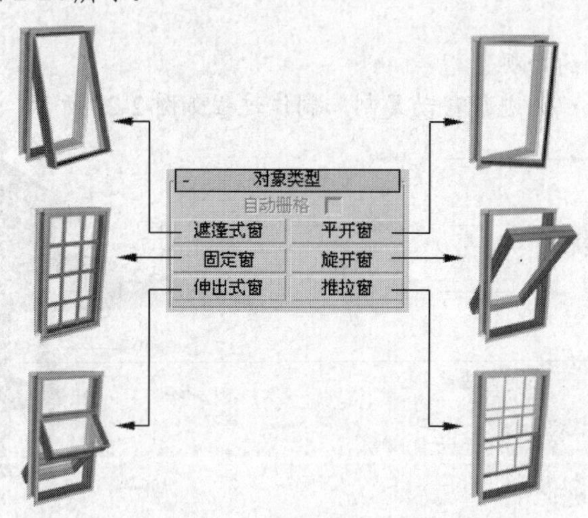

图2-24　窗的创建命令面板

- 【墙】: 墙的创建是在创建命令面板中通过选择标准基本体下拉列表框中的AEC 扩展选项来实现的，创建命令面板如图 2-25 所示。

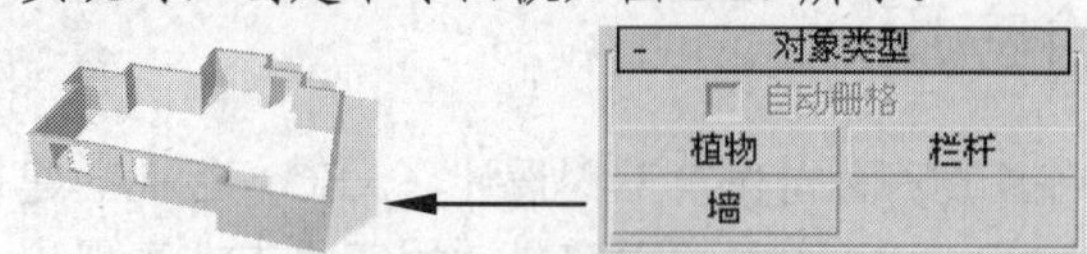

图2-25　墙的创建命令面板

2.3.2 范例解析——门、窗与墙的结合

在墙体上安装门窗，是建筑建模中最常用的操作之一。若想使墙体自动产生匹配的门窗洞，在创建门窗时可使用两种方法：一种是打开三维【边/线段】捕捉方式，然后捕捉墙体的某个边进行创建；另一种是直接创建门窗物体，然后将其移动至墙体的正确位置上，并确保嵌入墙体中，再利用按钮与墙体进行链接。后一种方法更易于操作，所以本小节将主要介绍这种方法，效果如图 2-26 所示。

图2-26 门窗与墙的结合结果

范例操作

1. 重新设定系统。选择菜单栏中的【文件】/【导入】命令，打开【选择要导入的文件】对话框，在【文件类型】右侧选择【AutoCAD 图形（*.DWG,*.DXF）】文件格式，打开教学资源中“Scenes”目录下的“平面图.dwg”文件。
2. 在弹出的【AutoCAD DWG/DXF 导入选项】对话框中，将【传入的文件单位】选项设为【英寸】，确认【重缩放】选项处于勾选状态，其他设置如图 2-27 所示。

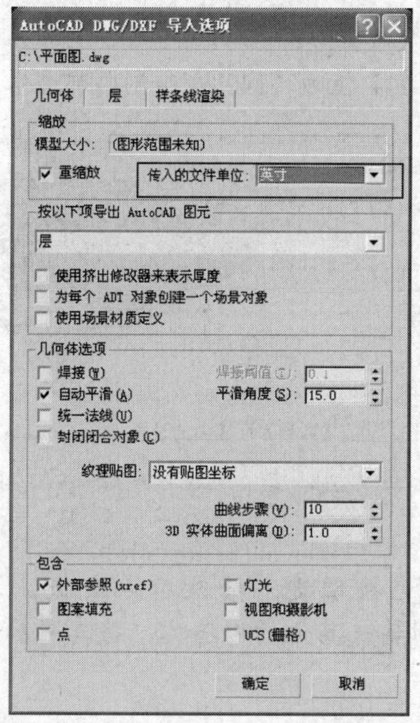

图2-27 导入选项对话框中的设置

3. 单击 确定 按钮，将平面图导入到 3ds Max 9 场景中，为了显示得更清楚，可适当修改线条颜色，结果如图 2-28 所示。

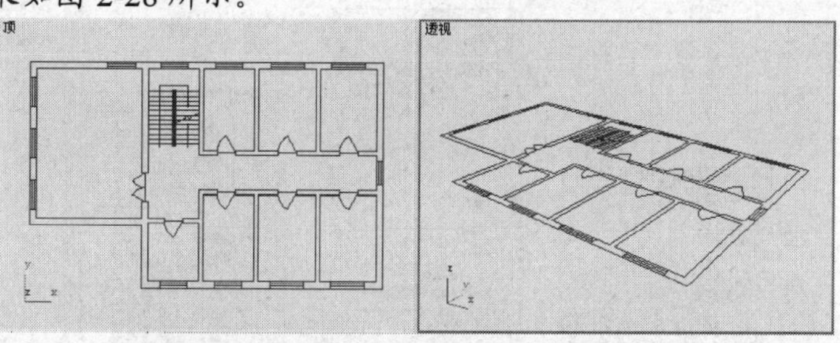

图2-28 平面图文件导入到 3ds Max 场景中的结果

4. 单击主工具栏中的 按钮，并在此按钮上单击鼠标右键，弹出【栅格和捕捉设置】窗口，勾选【顶点】捕捉方式。
5. 单击 / / 标准基本体 下拉列表框，选择其中的 AEC 扩展 选项。单击【对象类型】面板中的 墙 按钮，在【参数】面板中设置各项参数，如图 2-29 左图所示，然后捕捉顶点绘制一段墙体，结果如图 2-29 右图所示。

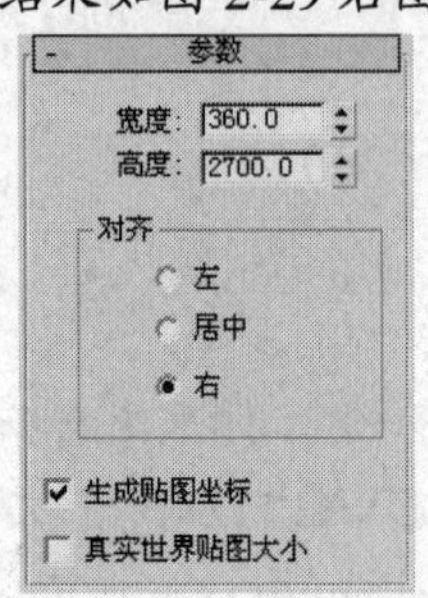

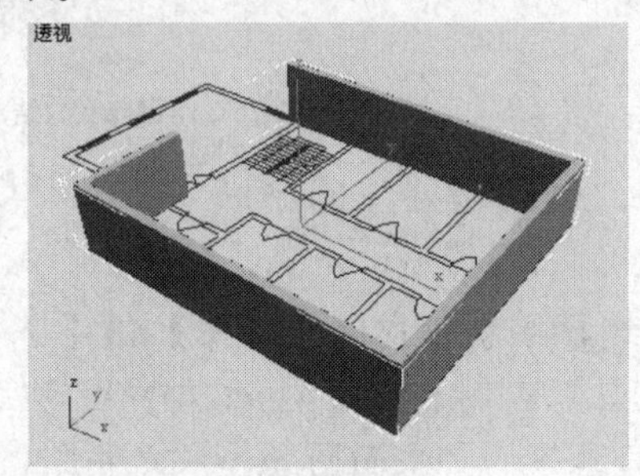

图2-29 【参数】面板中的设置及墙体效果

要点提示 在绘制开放墙体时，系统会弹出【是否要焊接点】询问对话框，这时要单击 否(N) 按钮，不要焊接点，否则会出现墙体走形情况。

6. 在【参数】面板中设置【宽度】值为“240”，绘制内部墙体，结果如图 2-30 所示。

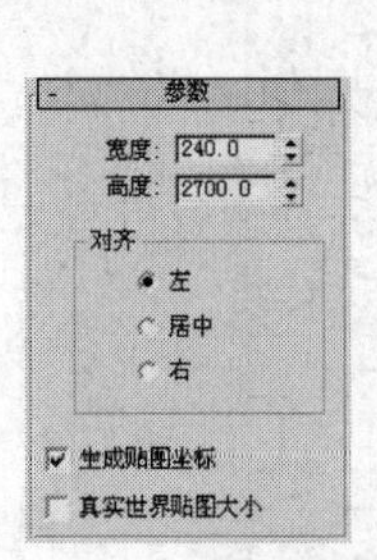

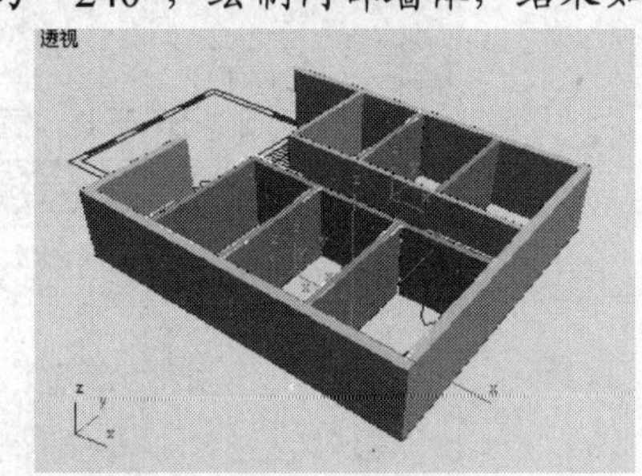

图2-30 【参数】面板中的设置及内墙体效果

要点提示 在绘制内墙体时，应及时调节【参数】面板中【对齐】栏内的对齐方式，这样才能得到正确的效果。

7. 选择一段内墙体，单击 按钮进入修改命令面板。单击【编辑对象】面板中的 附加 按钮，然后分别单击其他的内墙体，将其附加到当前选择的墙体中，使选择的墙体成为一体。

【知识链接】

在墙的修改器堆栈面板中选择墙体的不同子对象层级，修改命令面板中会出现不同的参数面板，各层级的参数面板形态如图 2-31 所示。

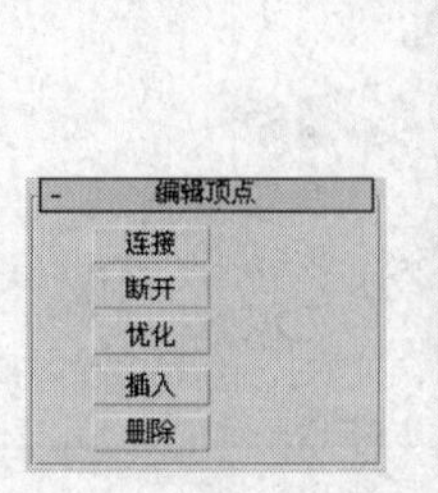

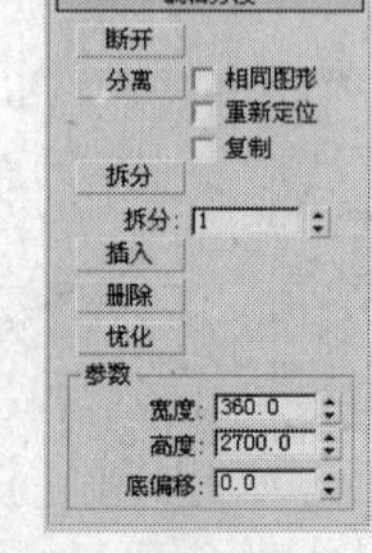

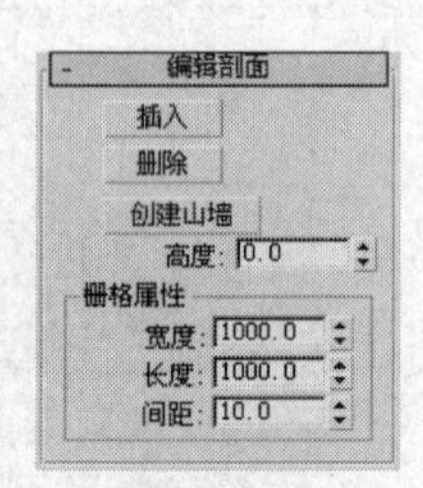

图2-31 各层级参数面板形态

(1) 【编辑顶点】参数面板

单击【顶点】子对象层级，该子对象层变为亮黄色。本层主要是针对节点编辑而设的。

- 连接：在开放式的墙体中，选择任意一个点，将其连接到另一个点后，在这两个点之间就会生成一面新墙，效果如图 2-32 左图所示。
- 断开：选择墙拐角处相连的交点，单击此按钮可在交点处将墙体打断，生成两面墙，效果如图 2-32 右图所示。

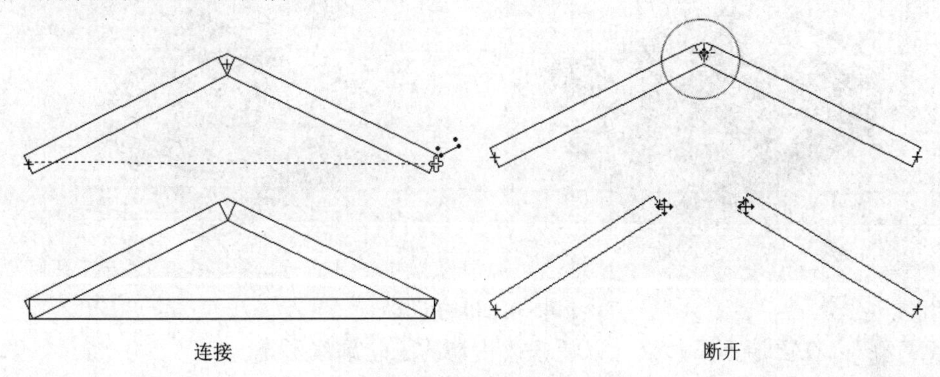

图2-32 连接与断开效果

- 优化：单击此按钮，在墙线的任意处单击鼠标左键，会在该处添加一个节点，并将这面墙分为两段，调整该节点可以随意改变这两面墙的夹角，效果如图 2-33 左图所示。
- 插入：单击此按钮，先在墙线的任意处单击鼠标左键，然后移动鼠标指针，通过不断地单击，可在原墙体上插入多段新墙。单击鼠标右键，可结束插入操作。插入的效果如图 2-33 右图所示。

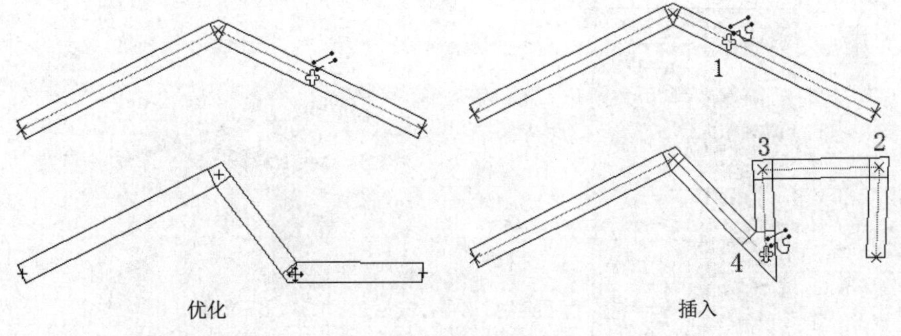

图2-33 优化和插入效果

(2) 【编辑分段】参数面板

单击【分段】子对象层级，该子对象层变为亮黄色。本层主要是针对墙体分段编辑而设的。

- 分离：分离选择的墙线段，并利用它们创建一个新的墙对象。有以下 3 种分离方式。

  【相同图形】：分离所选择的墙线段，使其成为一个独立的墙个体，但仍保持为墙物体的一部分。如果配合【复制】选项，则会在原墙线段上生成一个相同的复制品。

  【重新定位】：将分离出来的墙线段作为新的墙物体，继承原线段的自身坐标系统，并使其与世界坐标系统一致。

  【复制】：复制分离的墙线段。

- 拆分：通过设置拆分值来设置插入点的个数，插入点的个数等于该段墙体的分段数减 1。如拆分值为 1，则墙体被分为两段。

(3) 【编辑剖面】参数面板

单击【剖面】子对象层级，该子对象层变为亮黄色显示。本层主要是针对墙体的顶边进行编辑。通过此面板可创建具有复杂山墙结构的墙体，形态如图 2-34 所示。

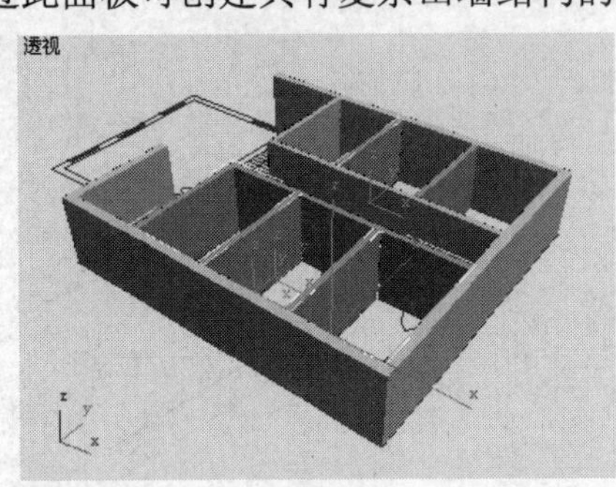

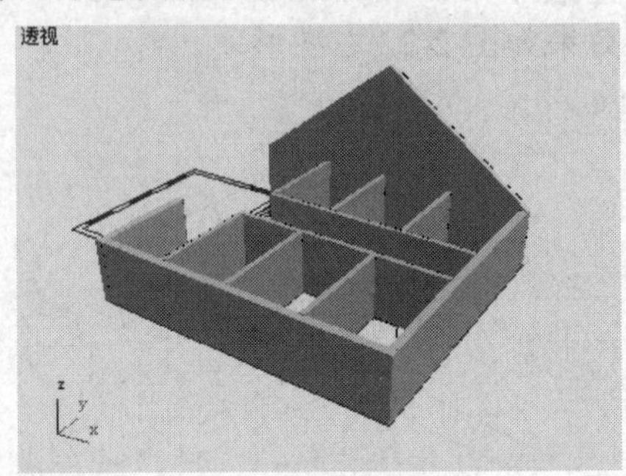

图2-34　山墙的形态

- 插入：在山墙上添加点，以便修改山墙的上轮廓线形态。
- 删除：删除山墙上的插入点。
- 创建山墙：首先选择要创建山墙的一段墙体，系统自动激活一个虚拟栅格，设置其下的高度值后单击该按钮，选定墙体即生成山墙。

8. 选择所有墙体，将其隐藏起来。
9. 单击 / 按钮，在 标准基本体 下拉列表框中选择 门 选项，单击【对象类型】面板中的 枢轴门 按钮，在顶视图中捕捉门线的位置创建一扇枢轴门，参数设置如图 2-35 左图所示，然后将其移动至墙中间的位置，结果如图 2-35 右图所示。

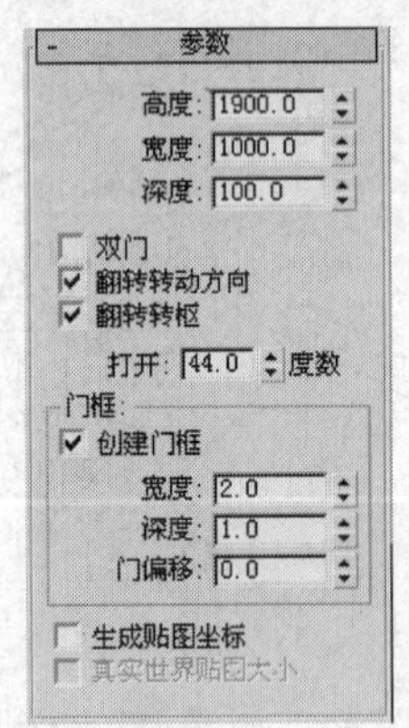

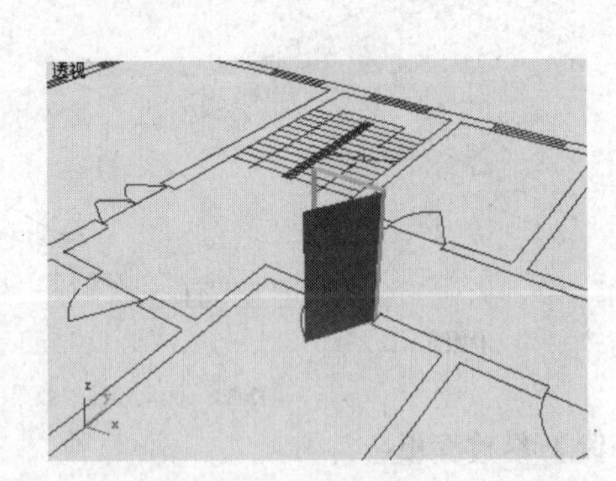

图2-35　枢轴门的参数设置及位置

10. 在 门 下拉列表框中选择 窗 选项，并单击其下的 推拉窗 按钮，在平面图中窗的位置上创建一个推拉窗，参数设置如图 2-36 左图所示。
11. 单击 按钮，在左视图中将其沿 y 轴向上移动 1 200，结果如图 2-36 右图所示。

要点提示 移动推拉窗时可将底部状态栏中的 按钮转换为 按钮，然后在 y 轴右侧的文本框内输入移动距离，进行精确移动。

12. 在顶视图中将推拉窗沿 x 轴向右以【复制】方式复制几个，然后修改右侧两个窗户的长度为“1 800”，结果如图 2-37 所示。

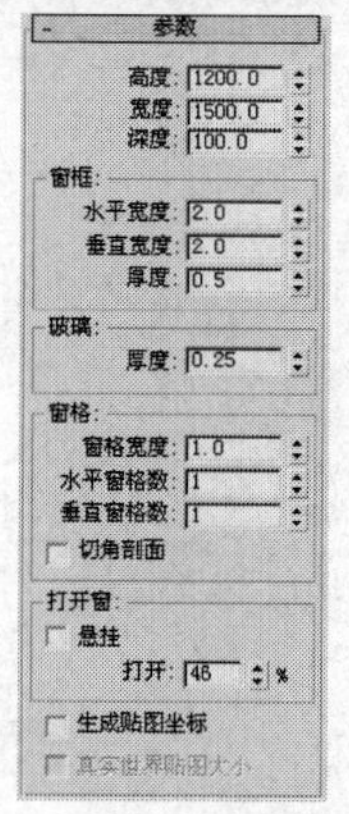

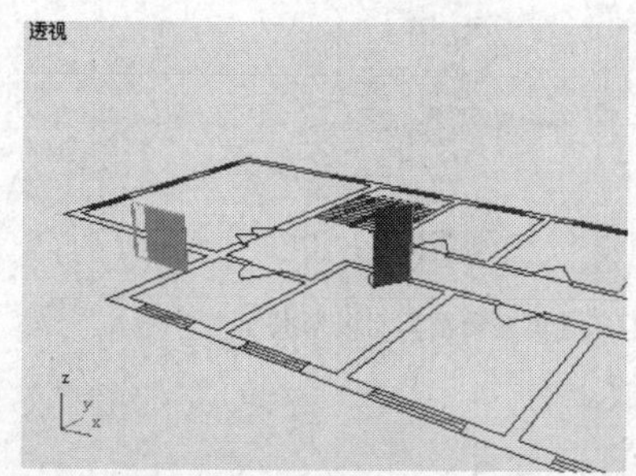
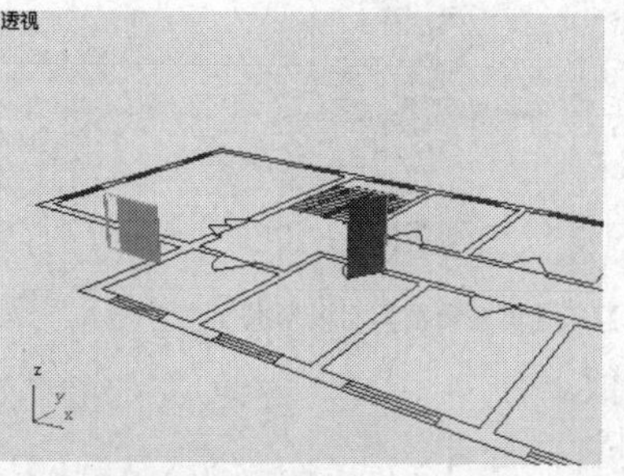

图2-36　推拉窗的参数设置及位置

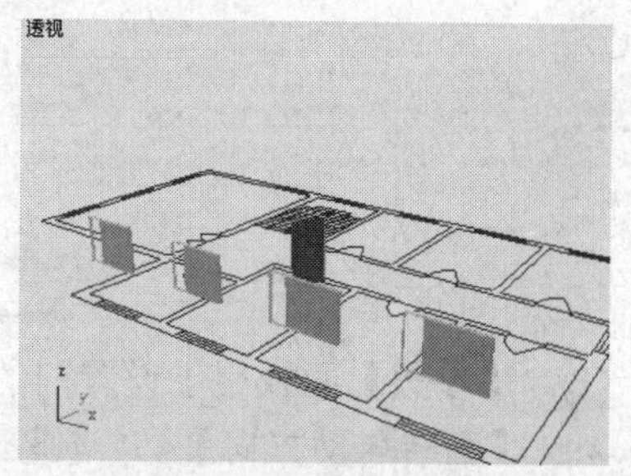

图2-37　复制窗的结果

13. 选择枢轴门，将隐藏的内墙体显示出来。单击主工具栏中的按钮，将其链接到墙体上，此时门物体和墙体会自动进行抠洞处理，操作过程和结果如图 2-38 所示。

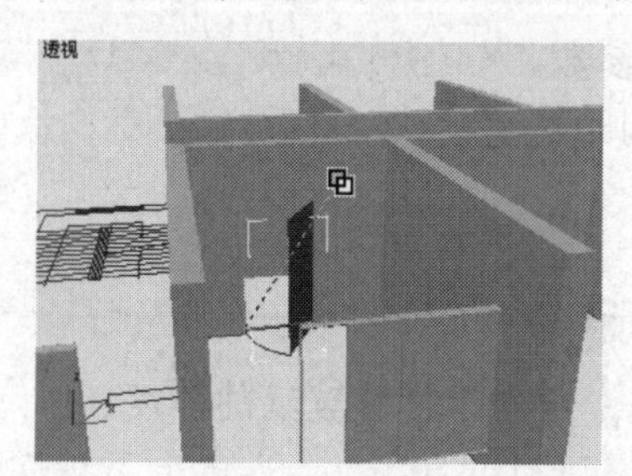

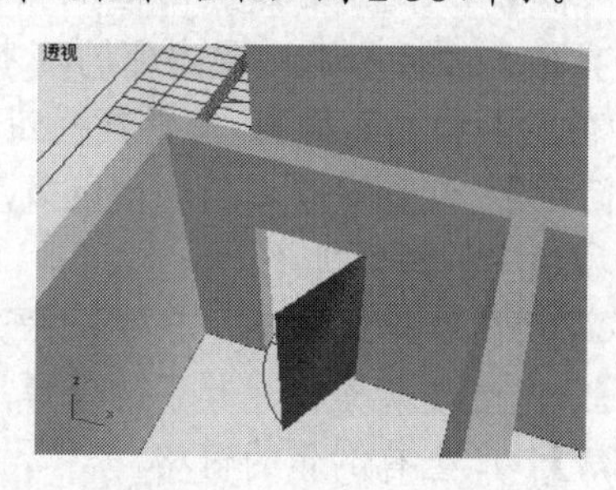

图2-38　门与墙的链接过程及结果

14. 选择所有的窗物体，显示出外墙体，利用上述方法将其链接到墙体上，系统自动进行抠洞处理，结果如图 2-39 所示。

图2-39　窗与墙体的链接结果

要点提示　在链接后墙体上可能会出现一道道的连线，这是抠洞处理的正常现象。

15. 选择菜单栏中的【文件】/【另存为】命令，将此场景保存为“02_04.max”文件。此场景的线架文件以相同的名字保存在教学资源中的“Scenes”目录中。

【知识链接】

下面以枢轴门为例，介绍门、窗参数面板中的常用参数。

枢轴门创建完毕后，进入其修改命令面板，其中包括【参数】和【页扇参数】两个面板，如图 2-40 所示。

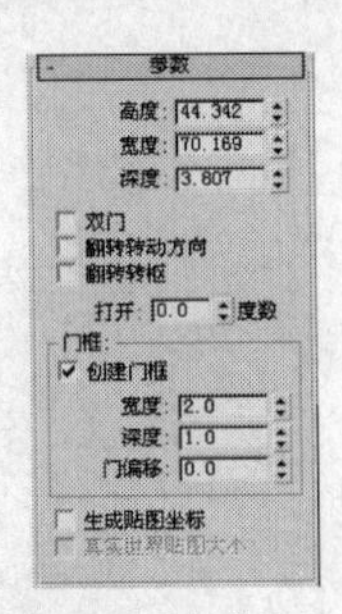

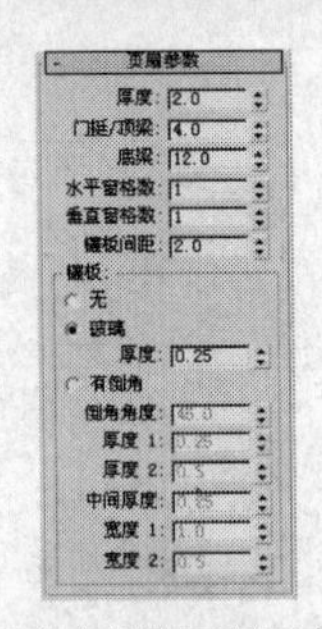

图2-40　【参数】和【页扇参数】面板形态

(1)　【参数】面板用于设置门的基本参数。

- 【翻转转动方向】：勾选此选项，门将向外开。
- 【翻转转枢】：使门轴反向放置，门沿另一侧打开。
- 【打开】：设置门打开的程度。
- 【创建门框】：确定是否建立门框。

(2)　【页扇参数】面板用于设置门扉的基本参数。

- 【门挺/顶梁】和【底梁】：设置镶板四周边的宽度。
- 【镶板间距】：设置窗格之间的间隔宽度。

【镶板】选项栏中的参数如下。

- 【无】：不产生镶板或玻璃，只有一张光板。
- 【玻璃】：产生玻璃格板，其下的【厚度】值用于设置玻璃的厚度。
- 【有倒角】：产生有倒角的窗格。
- 【倒角角度】：指定窗格的倒角角度。
- 【厚度 1】：设置压条外部镶板的厚度。
- 【厚度 2】：设置倒角压条自身的厚度。
- 【中间厚度】：设置压条内部的镶板厚度。
- 【宽度 1】：设置压条外部的镶板宽度。
- 【宽度 2】：设置压条自身的宽度。

【门】的零部件参数示意图如图 2-41 和图 2-42 所示。

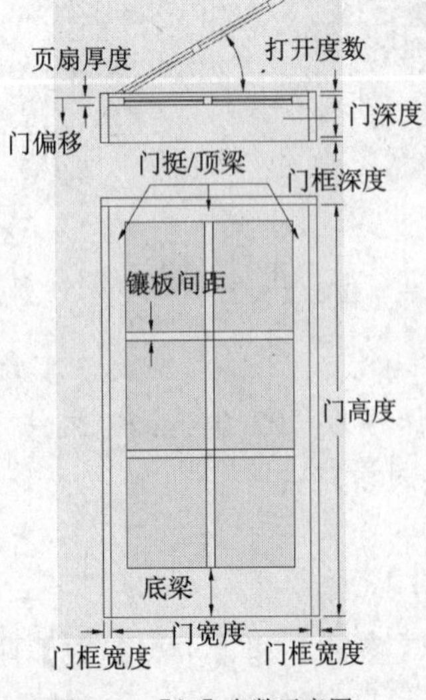

图2-41　【门】参数示意图

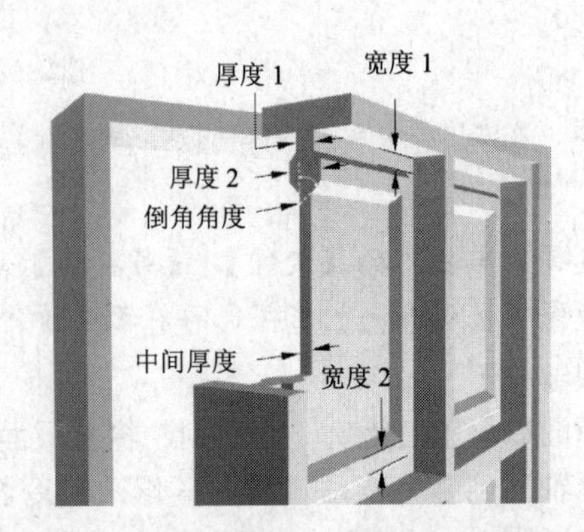

图2-42　【镶板】剖面示意图

2.3.3 课堂练习——为室内场景添加门窗

利用前面介绍的方法，在平面图的基础上绘制墙体并添加门窗，结果如图 2-43 所示。

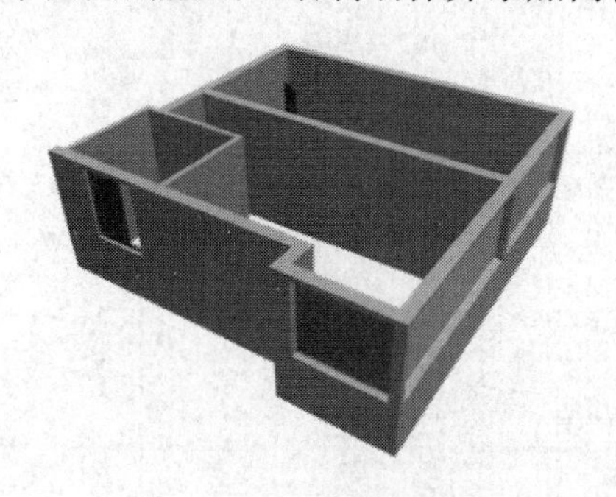

图2-43 门窗与墙的链接结果

操作提示

1. 选择菜单栏中的【文件】/【导入】命令，导入教学资源中的“Scenes\平面图_练习.dwg”文件。
2. 单击 / / 标准基本体 下拉列表框，选择其中的 AEC 扩展 选项。单击【对象类型】面板中的 墙 按钮，在【参数】面板中设置各项参数，如图 2-44 左图所示，然后在顶视图中捕捉顶点绘制一段墙体，结果如图 2-44 右图所示。

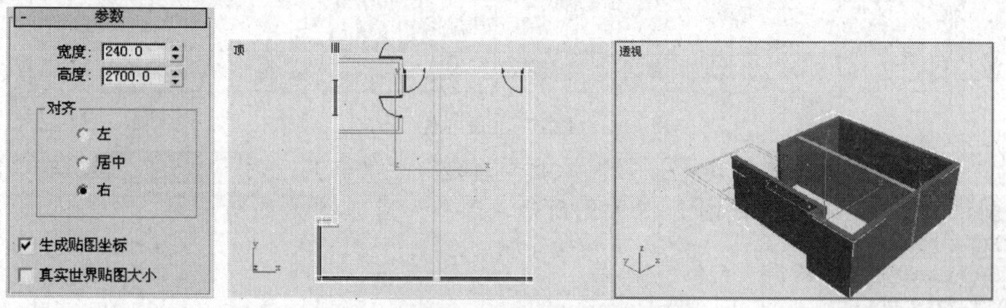

图2-44 【参数】面板中的设置及墙体效果

3. 单击 墙 按钮，在【参数】面板中设置各项参数，如图 2-45 左图所示，然后在顶视图中捕捉顶点绘制内墙体，结果如图 2-45 右图所示。

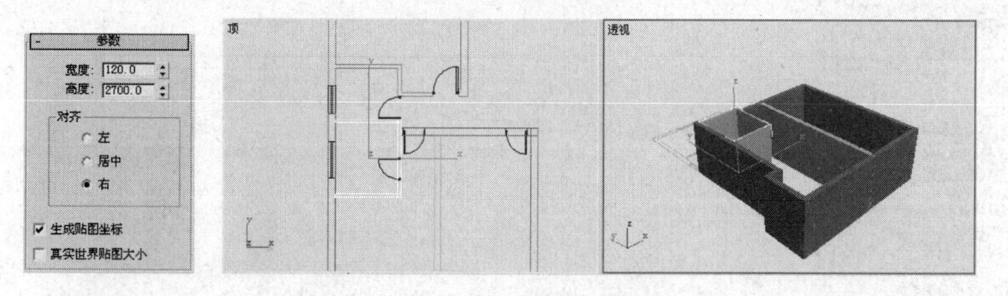

图2-45 【参数】面板中的设置及内墙体效果

要点提示 如果不先取消墙体的创建状态，那么在改变墙体参数时，绘制好的墙体也会跟着一起改变。

4. 在修改命令面板中，将所有墙体结合为一体，然后将其隐藏起来。

5. 单击 / 按钮，在 标准基本体 下拉列表框中选择 门 选项。单击【对象类型】面板中的 枢轴门 按钮，在顶视图中门的位置创建一扇枢轴门，参数设置如图 2-46 左图所示，结果如图 2-46 右图所示。

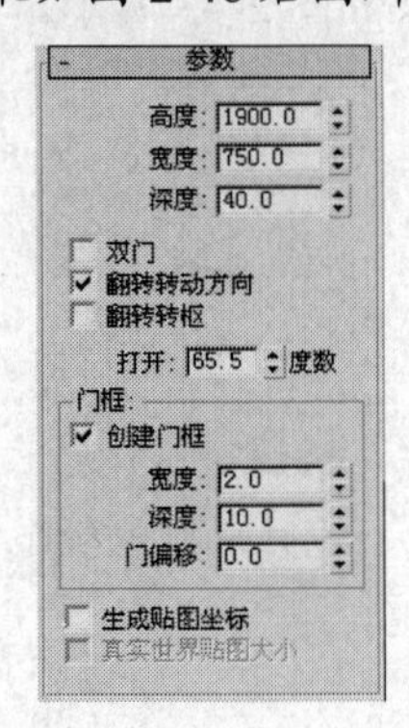

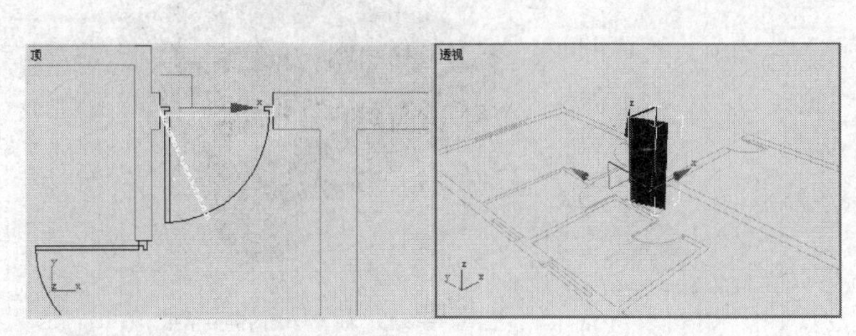

图2-46 枢轴门的参数设置及位置

6. 按同样的方法，在平面图中其他门的位置上绘制枢轴门，位置如图 2-47 所示。

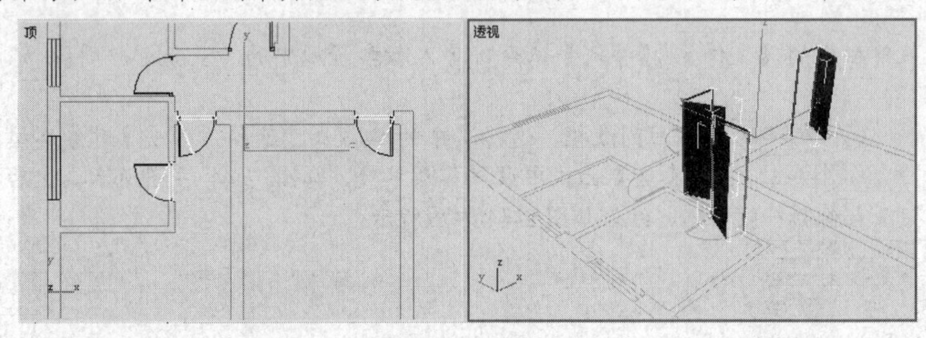

图2-47 门的位置

7. 在 门 下拉列表框中选择 窗 选项，单击其下的 推拉窗 按钮，捕捉节点绘制推拉窗，参数设置如图 2-48 左图所示，形态如图 2-48 右图所示。

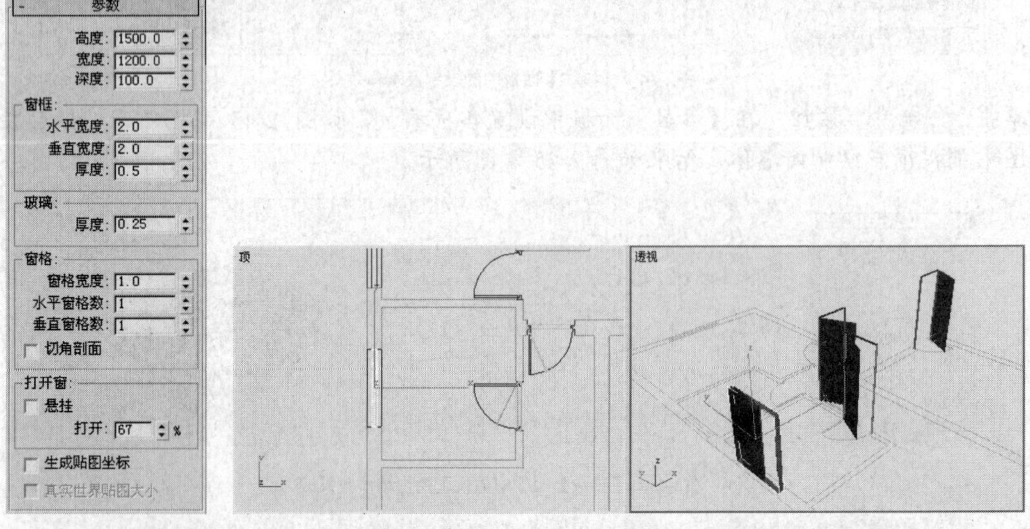

图2-48 推拉窗的参数设置及形态

8. 单击 固定窗 按钮，捕捉节点绘制高为“1 500”的固定窗，位置如图 2-49 所示。

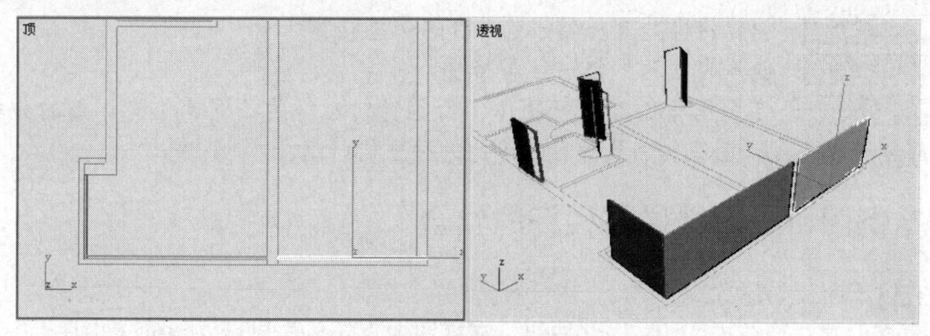

图2-49 固定窗的位置

9. 在前视图中将其沿 y 轴向上移动 1 100，位置如图 2-50 所示。

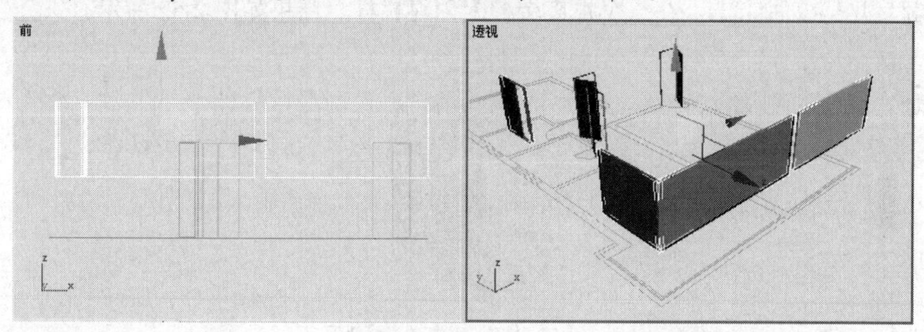

图2-50 移动窗的位置

10. 将隐藏的墙体显示出来。选择所有的门和窗，单击主工具栏中的按钮，将其链接到墙体上，结果如图 2-43 所示。
11. 选择菜单栏中的【文件】/【另存为】命令，将此场景保存为“02_05.max”文件。

2.4 楼梯与栏杆构件的应用

在 3ds Max 9 中，楼梯被分为螺旋楼梯、直线楼梯、L 型楼梯和 U 型楼梯 4 种，它们是在创建命令面板中通过选择标准基本体下拉列表框中的楼梯选项来实现的，每一种又分为【开放式】、【封闭式】、【落地式】3 大类型，但这些楼梯的参数基本相同，仔细研究其中一种即可触类旁通。楼梯的创建命令面板如图 2-51 所示。

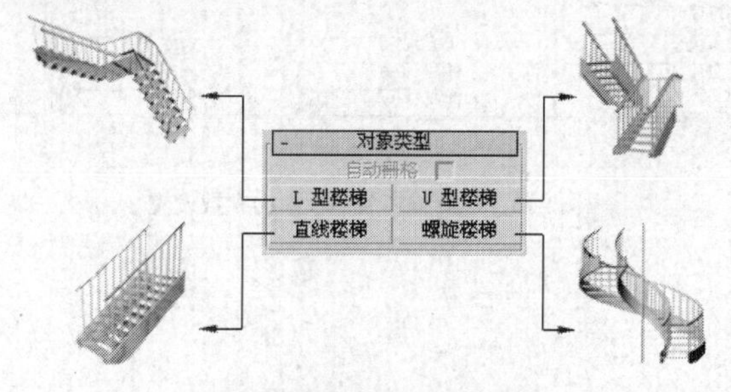

图2-51 楼梯的创建命令面板

2.4.1 知识点讲解

- 螺旋楼梯：创建螺旋型的楼梯。
- 直线楼梯：创建没有休息平台的直楼梯。

- L 型楼梯 ：创建转弯处有一个休息平台的 L 型楼梯。
- U 型楼梯 ：创建有休息平台的 U 型楼梯。
- 栏杆 ：专门用于创建栏杆物体，而且针对栏杆的不同部位有详细的分类参数，可创建出直线、曲线和斜线等各种走向的独立栏杆组。

2.4.2 范例解析——楼梯与栏杆的结合

栏杆有以下两种创建方式。

(1) 直接创建法，单击 栏杆 按钮，在视图中直接单击鼠标左键创建栏杆。

(2) 沿一条曲线路径生成一组栏杆，例如，在一个旋转楼梯上创建旋转的栏杆。

下面就利用第 2 种方法，在一个螺旋楼梯上创建栏杆，结果如图 2-52 所示。

图2-52　楼梯与栏杆的最终效果

范例操作

1. 重新设定系统。单击 / / 标准基本体 下拉列表框，选择 楼梯 选项，再单击其下的 螺旋楼梯 按钮，在透视图中创建一个螺旋楼梯，其参数设置如图 2-53 所示，楼梯形态如图 2-54 所示。

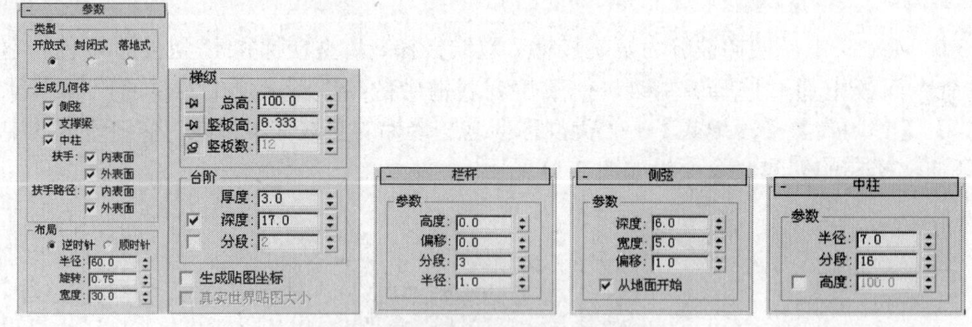

图2-53　螺旋楼梯各面板中的参数设置

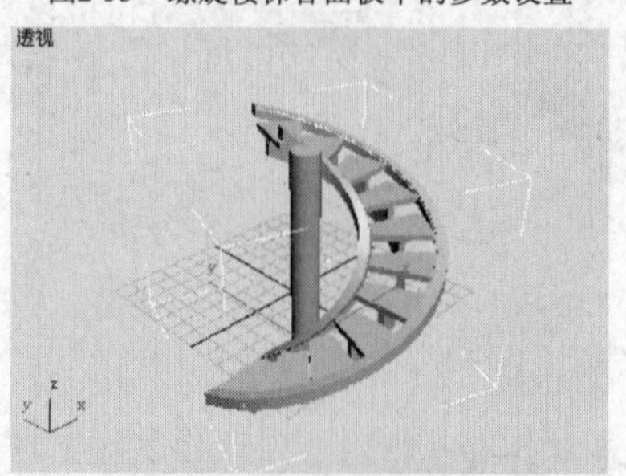

图2-54　螺旋楼梯在透视图中的形态

要点提示 在【栏杆】面板内将【高度】值设为“0”，目的是使栏杆路径落在侧弦上。

2. 在 楼梯 下拉列表框中选择 AEC 扩展 选项，单击【对象类型】面板中的 栏杆 按钮。
3. 单击【栏杆】面板中的 拾取栏杆路径 按钮，将鼠标指针置于透视图中栏杆的路径上，此时鼠标指针变为图 2-55 左图所示的形状。
4. 单击拾取直线段，此时在透视图中出现栏杆的形态，如图 2-55 右图所示。

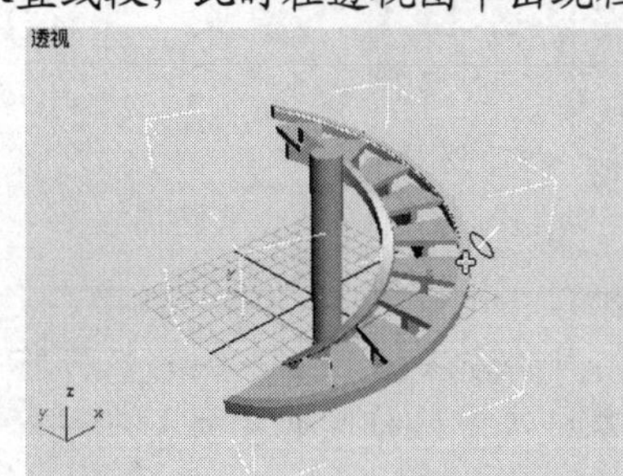

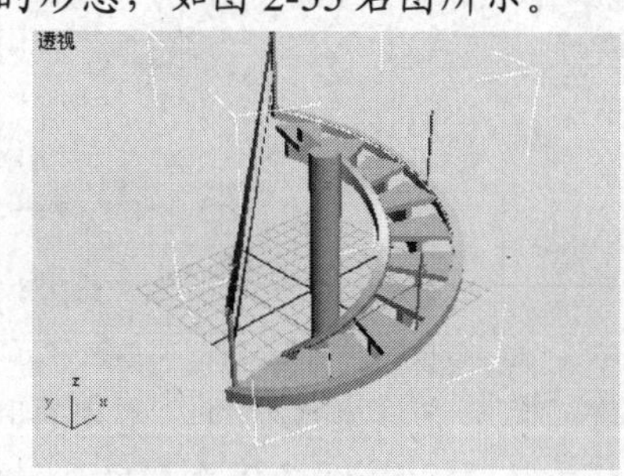

图2-55　鼠标指针和栏杆的位置及形态

5. 单击 按钮进入修改命令面板，在【栏杆】面板中将【分段】值设为“20”，增加栏杆的段数，使其变得平滑。
6. 在【栏杆】面板中选择【上围栏】中的【剖面】为“圆形”，【下围栏】中的【剖面】为“圆形”，【栏杆】面板形态如图 2-56 左图所示，栏杆形态如图 2-56 右图所示。

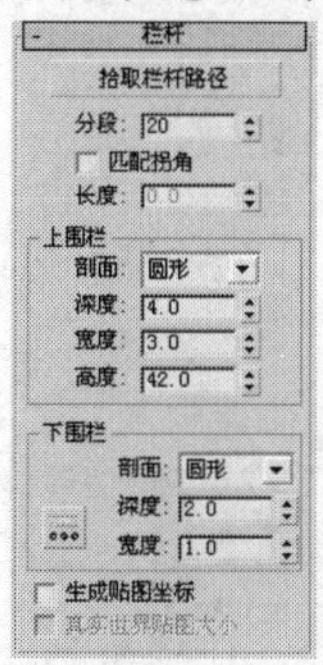

图2-56　栏杆在透视图中的形态

7. 展开【立柱】面板，在【剖面】项中选择“圆形”。
8. 单击 按钮，打开【立柱间距】窗口，将【计数】值设为“4”，如图 2-57 左图所示，单击 关闭 按钮，此时栏杆形态如图 2-57 右图所示。

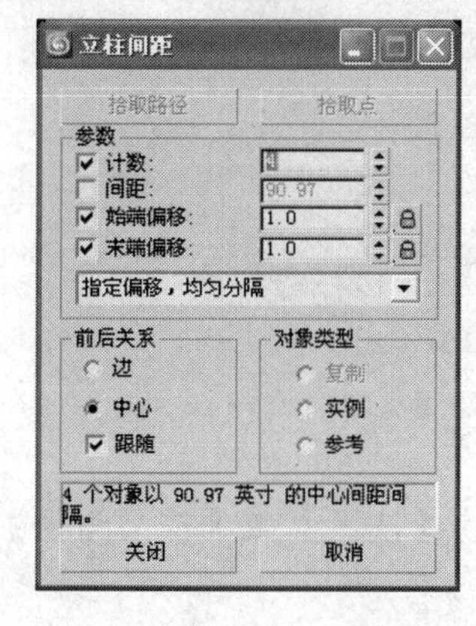

图2-57　【立柱间距】窗口及栏杆形态

9. 展开【栅栏】面板，选择【支柱】栏中的【剖面】为“圆形”，单击【支柱】栏内的 按钮，打开【支柱间距】窗口，将【计数】值设为“4”，单击 关闭 按钮，此时栏杆形态如图 2-58 所示。

图2-58 栏杆形态

10. 单击创建命令面板中的 栏杆 按钮，利用相同的方法拾取另一侧的栏杆路径，系统会根据前面调好的参数直接生成栏杆，不用再进行参数设置，结果如图 2-52 所示。
11. 选择菜单栏中的【文件】/【保存】命令，将场景保存为“02_06.max”文件。此场景的线架文件以相同的名字保存在教学资源中的“Scenes”目录中。

【知识链接】

一、 螺旋楼梯的参数面板

螺旋楼梯创建完成后进入修改命令面板，会出现 5 个参数面板。除了【中柱】面板外，其余 4 个面板是其他几种楼梯共有的。

(1) 【参数】面板

【参数】面板形态如图 2-59 所示。

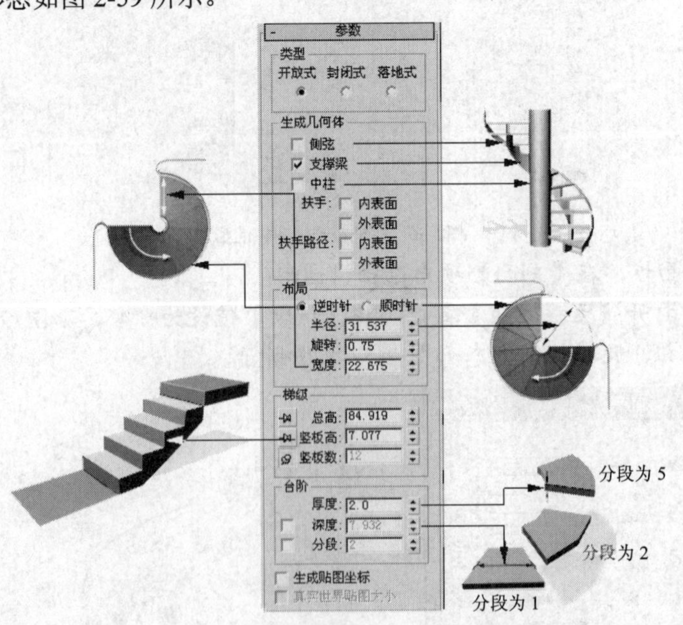

图2-59 螺旋楼梯的【参数】面板

(2) 【栏杆】面板

只有勾选【参数】面板中的【生成几何体】栏中的【扶手】或【扶手路径】选项，此面板中的各项参数才可以调节，面板形态如图 2-60 所示。

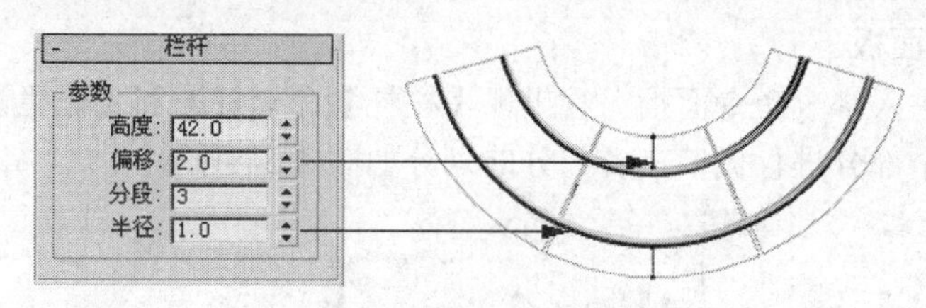

图2-60 【栏杆】面板形态

(3) 【侧弦】面板

只有勾选【参数】面板中的【生成几何体】栏中的【侧弦】选项，此面板中的各项参数才可以调节，面板形态如图 2-61 所示，侧弦参数效果如图 2-62 所示。

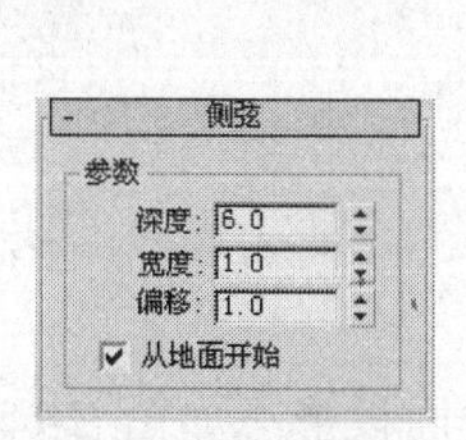

图2-61 【侧弦】面板

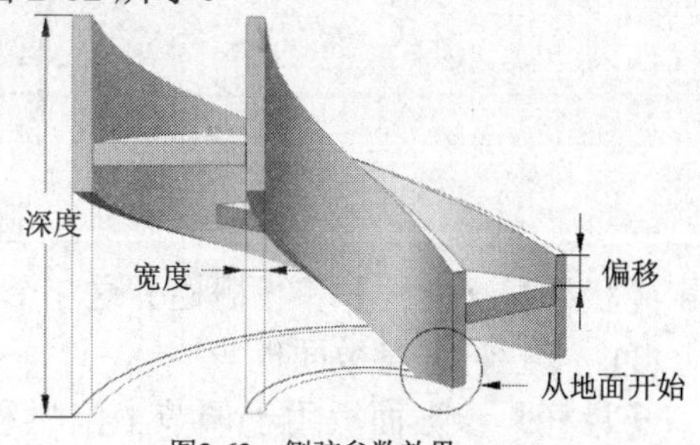

图2-62 侧弦参数效果

(4) 【中柱】面板

只有勾选【参数】面板中的【生成几何体】栏中的【中柱】选项，此面板中的各项参数才可以调节，面板形态如图 2-63 所示。

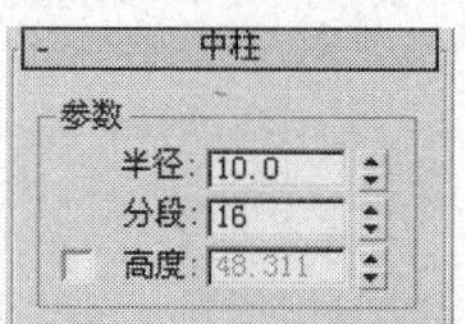

图2-63 【中柱】面板形态

其他几种楼梯的创建与调节方法与螺旋楼梯相同，表 2-3 中列出了各楼梯的典型图样及其参数。

表 2-3　　各楼梯的典型图样及参数举例

名称	图样	【参数】	【侧弦】	【支撑梁】	【栏杆】
直线楼梯		选中【落地式】、【侧弦】、【扶手】选项，【长度】为 40，【宽度】为 28	【深度】为 6 【宽度】为 1 【偏移】为 1	——	【高度】为 11
L 型楼梯		选中【开放式】、【支撑梁】，【长度 1】为 50，【长度 2】为 50，【角度】为-90，【宽度】为 30	——	【深度】为 8 【宽度】为 3	——
U 型楼梯		选中【落地式】、【侧弦】、【扶手】下的【左】选项，【长度 1】为 30，【长度 2】为 20，【宽度】为 20，【总高】为 20	【深度】为 0 【宽度】为 0 【偏移】为 1	——	【高度】为 10

二、 栏杆的参数面板

栏杆创建好后，进入修改命令面板，会出现【栏杆】、【立柱】和【栅栏】3 个参数面板，可分别对栏杆上的这 3 个部分进行调节，各部分的划分如图 2-64 所示。

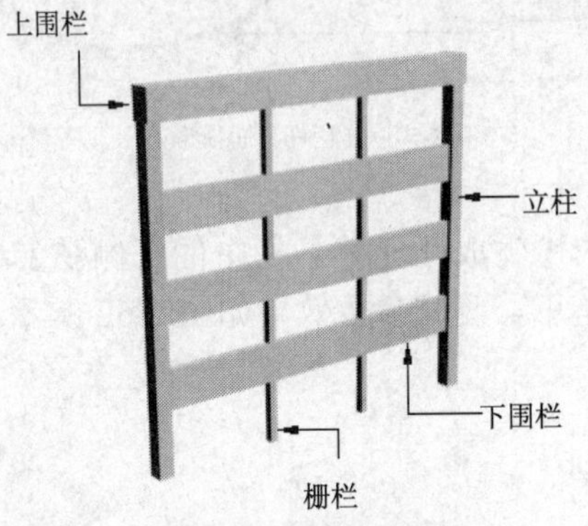

图2-64 栏杆的示意图

【栏杆】、【立柱】和【栅栏】这 3 个面板的作用如下。

(1) 【栏杆】参数面板

【栏杆】参数面板用于调节上围栏和下围栏的尺寸，参数面板形态如图 2-65 所示。勾选【匹配拐角】前后的形态如图 2-66 所示。

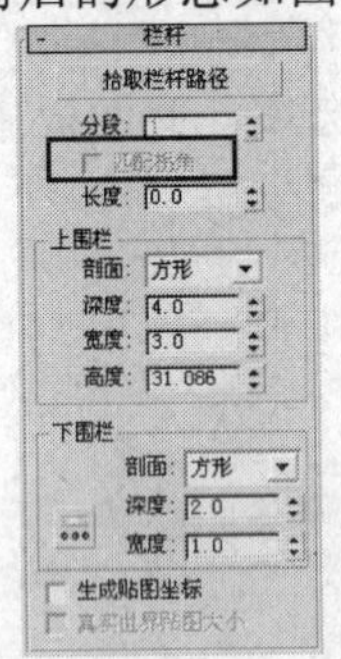

图2-65 【栏杆】面板

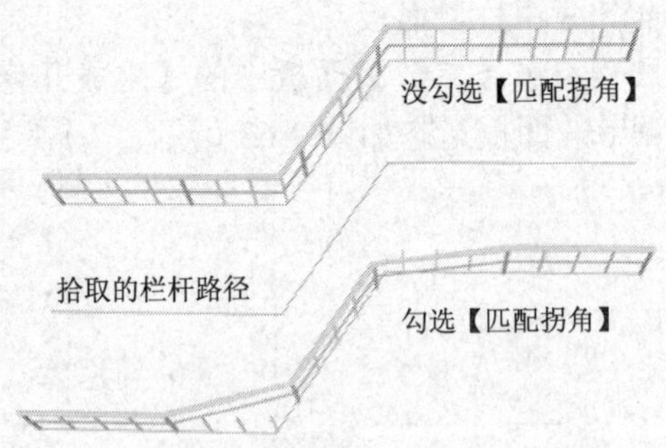

图2-66 勾选【匹配拐角】前后的形态比较

(2) 【立柱】和【栅栏】参数面板

【立柱】面板用来设置立柱的外形轮廓、深度和宽度。

【栅栏】面板用来设置栅栏的外形轮廓、深度和宽度以及栏板的厚度等。

这些参数面板中的选项对应的栏杆的各部分位置如图 2-67 所示。

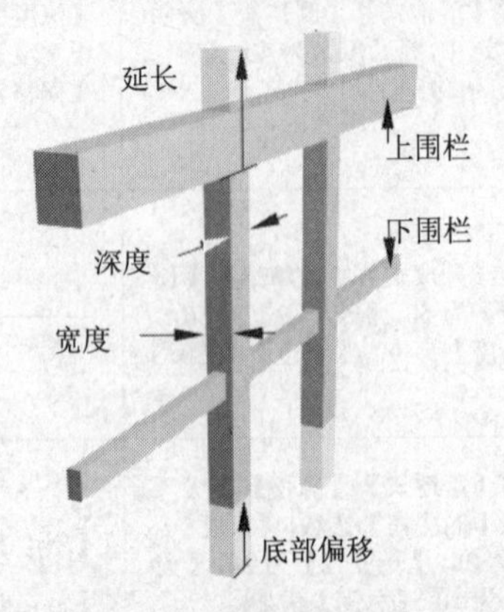

图2-67 栏杆的各部分位置

2.4.3 课堂练习——为室外场景添加栏杆

利用拾取路径创建栏杆的方法，为室外场景添加栏杆，效果如图 2-68 所示。

图2-68 为室外场景添加栏杆

操作提示

1. 打开教学资源中“Scenes”目录下的“02_07.max”文件。
2. 单击 / / 标准基本体 下拉列表框，选择 AEC 扩展 选项，单击【对象类型】面板中的 栏杆 按钮。
3. 单击【栏杆】面板中的 拾取栏杆路径 按钮，将鼠标指针放在透视图中“右栏杆”的路径上，创建栏杆，参数设置如图 2-69 所示。

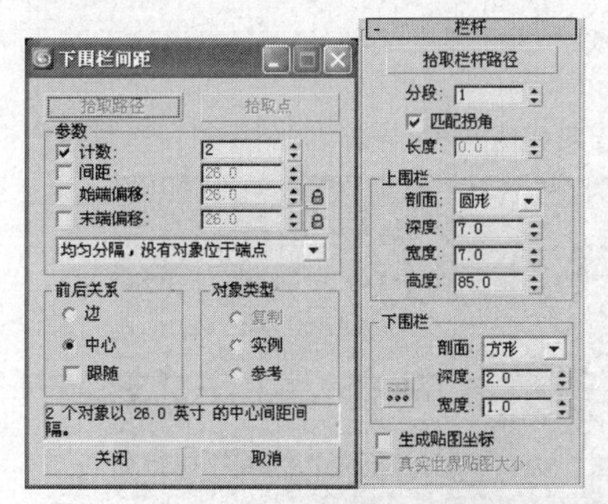

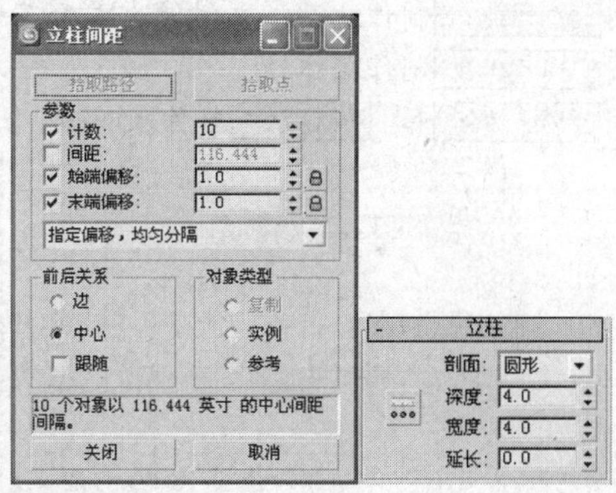

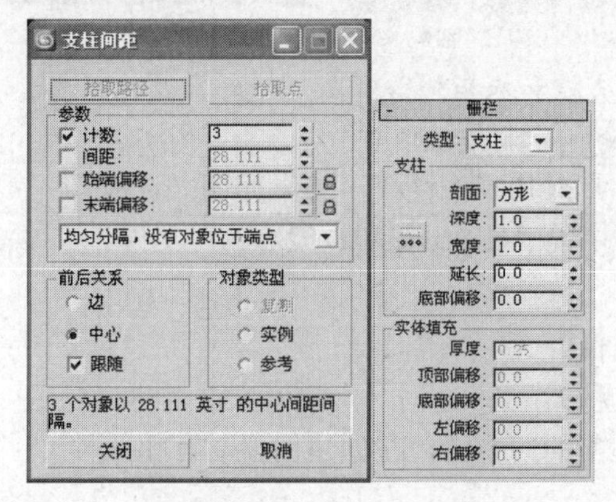

图2-69 栏杆各参数面板中的设置

4. 使用相同的参数，拾取“左栏杆”的路径，创建栏杆。
5. 选择菜单栏中的【文件】/【另存为】命令，将场景另存为“02_07_ok.max”文件。此场景的线架文件以相同的名字保存在教学资源中的“Scenes”目录中。

2.5 课后作业

一、操作题

1. 利用基本体搭建卧室场景，效果如图 2-70 所示。此文件为教学资源中的“LxScenes\02_01.max”文件。

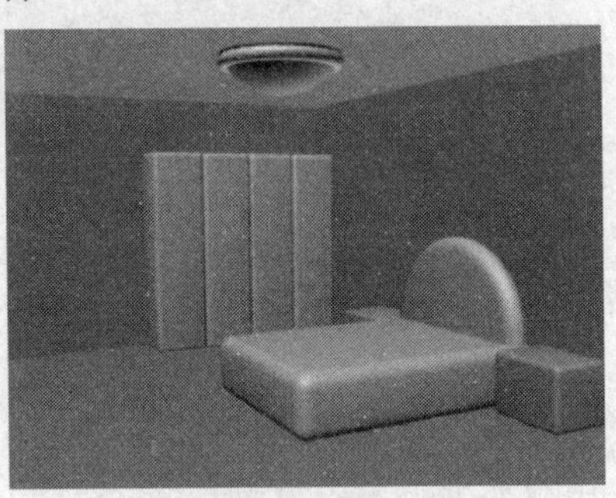

图2-70 卧室场景效果

操作提示

(1) 利用 平面 制作地面，并镜像生成天花板。

(2) 利用 L-Ext 制作墙体。

(3) 利用 切角长方体 和 切角圆柱体 制作床物体，结果如图 2-71 所示。

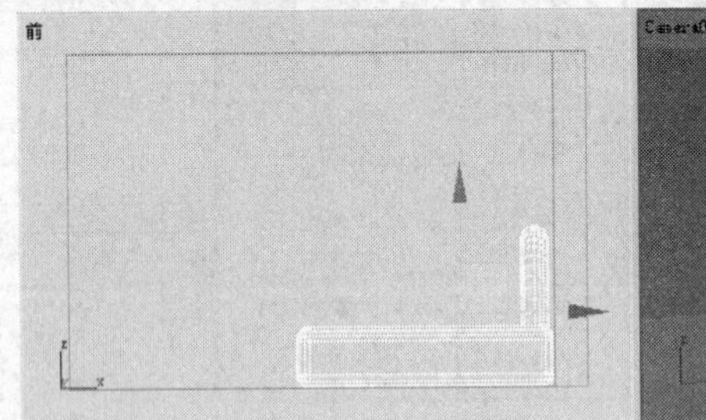

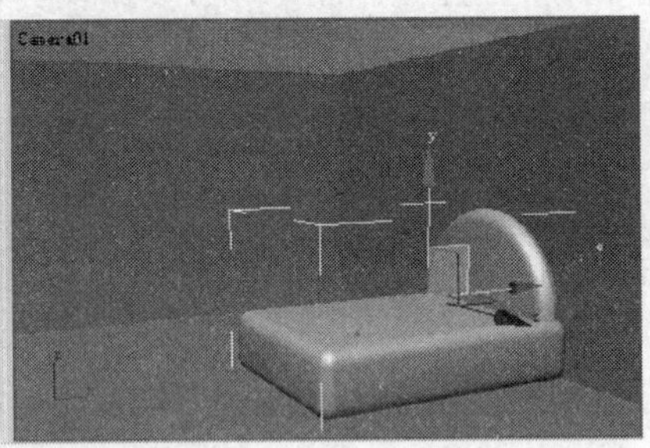

图2-71 床的形态及位置

(4) 利用 切角长方体 制作床头柜和衣柜。

(5) 利用 球体 和 圆环 制作吸顶灯。

2. 制作一个 U 型楼梯，并为其制作栏杆，结果如图 2-72 所示。此文件为教学资源中的“LxScenes\02_02.max”文件。

图2-72 创建 U 型楼梯和栏杆

二、思考题

1. 怎样修改已创建好的墙体？
2. 栏杆的创建方法有哪几种？
3. 若想使墙体自动生成匹配的门窗洞，在创建门窗时有哪几种方法？

第3讲

常用工具

【学习目标】

• 利用镜像复制功能制作机械臂。	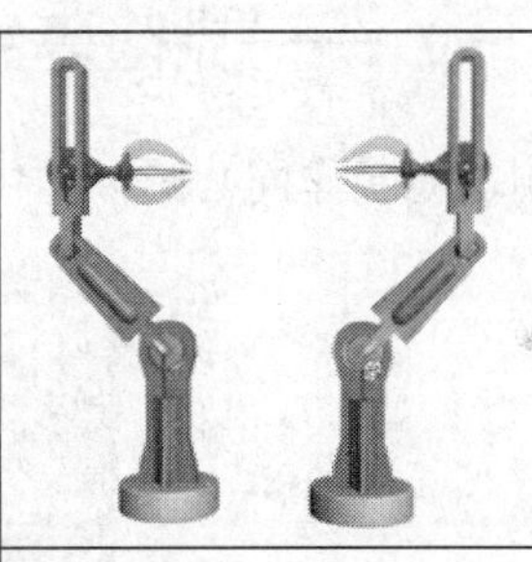
	• 利用间隔复制制作茶壶场景。
• 利用多方位对齐制作链球场景。	
	• 利用克隆并对齐功能制作路灯场景。

3.1 常用复制工具

在制作复杂场景时，通常会遇到要创建多个相同物体的情况，如果逐一创建会很费时。3ds Max 9 提供了丰富的复制工具，使创建相同结构的物体变得非常简单。本节将具体介绍这些复制工具的使用方法。

3.1.1 知识点讲解

- 克隆复制：克隆复制功能是对选择的物体进行原地复制，复制的新物体与原物体重合，然后通过变换工具将复制的物体移动到新的位置，也可以在原地进行修改，通常利用克隆复制功能制作同心物体。
- 镜像复制：镜像复制功能可产生一个或多个物体的镜像。镜像物体可以选择不同的克隆方式，同时还可以沿着多个坐标轴进行偏移镜像。
- 阵列复制：此功能用于创建当前选择物体的阵列（即一连串的复制物体），可以产生一维、二维、三维的阵列复制，常用于大量有序地复制物体。
- 间隔复制：可将物体在一条曲线或空间的两点间进行批量复制，并且均匀地排列在路径上，特别是在不规则的曲线路径上排列物体时，此功能显得尤为方便。

3.1.2 范例解析（一）——克隆复制

下面就利用克隆复制功能制作同心圆环物体，效果如图 3-1 所示。

图3-1 同心圆环效果

范例操作

1. 重新设定系统。单击 / / 管状体 按钮，在透视图中创建一个【半径 1】值为“30”，【半径 2】值为“20”，【高度】值为“15”的管状体。
2. 单击鼠标右键，取消创建状态。选择菜单栏中的【编辑】/【克隆】命令（快捷键为 Ctrl + V），在弹出的【克隆选项】对话框中选中【复制】选项，然后单击 确定 按钮，在原地克隆一个管状体。【克隆选项】对话框如图 3-2 所示。
3. 单击 按钮进入修改命令面板，在【参数】面板中，将【半径 1】值改为“20”，【半径 2】值改为“10”，【高度】值改为“50”，物体在透视图中的形态如图 3-3 所示。

图3-2 【克隆选项】对话框

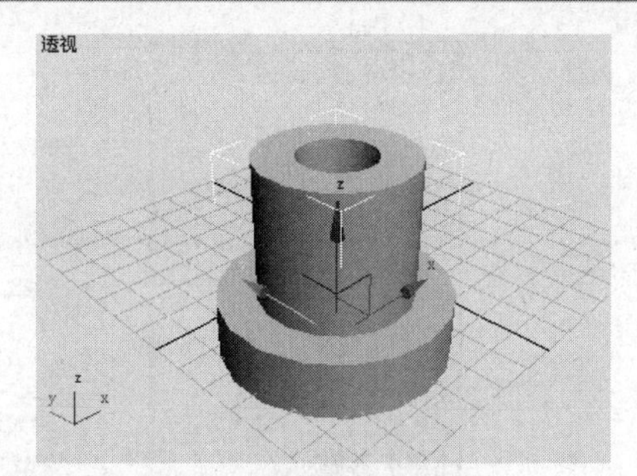

图3-3 物体在透视图中的形态

4. 选择菜单栏中的【文件】/【保存】命令，将场景保存为“03_01.max”文件。此场景的线架文件以相同的名字保存在教学资源中的“Scenes”目录中。

【知识链接】

在【克隆选项】对话框里有以下几个常用选项。

- 【复制】：将当前选择的物体进行复制，各物体之间互不相关。
- 【实例】：以原物体为模板，产生一个相互关联的复制物体，改变其中一个物体的参数的同时也会改变另外一个物体的参数。
- 【参考】：以原物体为模板，产生单向的关联复制物体，原物体的所有参数变化都将影响复制物体，而复制物体在关联分界线以上所做的修改将不会影响原物体。

3.1.3 范例解析（二）——镜像复制

下面利用镜像复制功能制作一个机械臂场景，效果如图 3-4 所示。

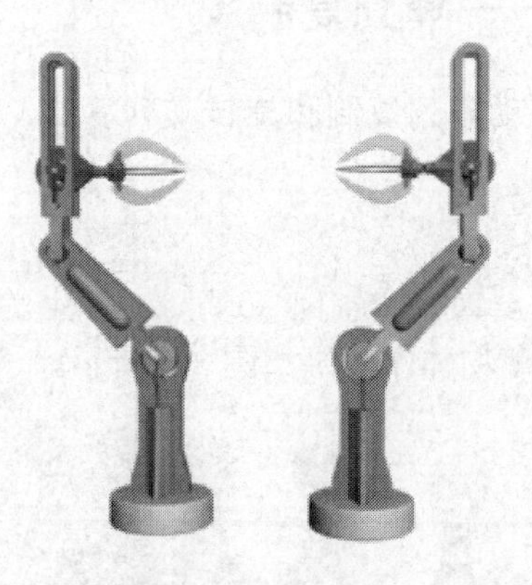

图3-4 镜像复制结果

范例操作

1. 选择菜单栏中的【文件】/【打开】命令，打开教学资源中“Scenes”目录下的“03_02.max”文件。
2. 在前视图中选择所有物体，单击主工具栏中的按钮，在弹出的【镜像】对话框中设置各参数，如图 3-5 左图所示，然后单击 确定 按钮。此时镜像物体在透视图中的形态如图 3-5 右图所示。

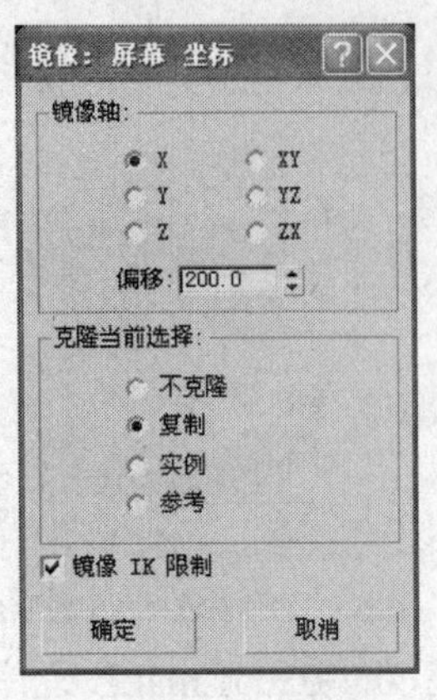

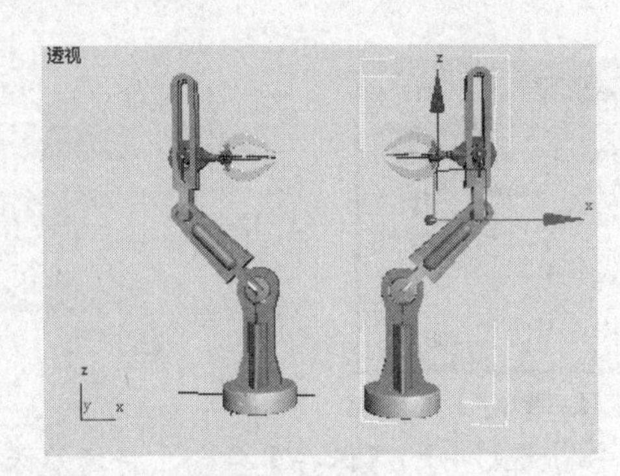

图3-5 【镜像】对话框及物体镜像后的形态

要点提示 在镜像物体时，镜像轴是根据当前激活视图的屏幕坐标系而定的，因此在不同的窗口中进行镜像时所选的镜像轴会有区别。

3. 选择菜单栏中的【文件】/【另存为】命令，将场景另存为“03_02_ok.max”文件。此场景的线架文件以相同的名字保存在教学资源中的“Scenes”目录中。

【知识链接】

【镜像】对话框中部分选项的含义如下。

- 【偏移】：指定镜像物体与原物体之间的距离，距离值是通过两个物体的轴心点来计算的。
- 【不克隆】：只镜像物体，不进行复制。

3.1.4 范例解析（三）——阵列复制

阵列复制可以对物体进行移动阵列复制和旋转阵列复制，下面就介绍这两种阵列复制的使用方法。

一、 移动阵列复制

移动阵列复制是通过对物体设置 3 个轴向（*x*、*y*、*z*）上的偏移量，形成矩形阵列效果。下面利用移动阵列复制制作保龄球瓶物体，效果如图 3-6 所示。

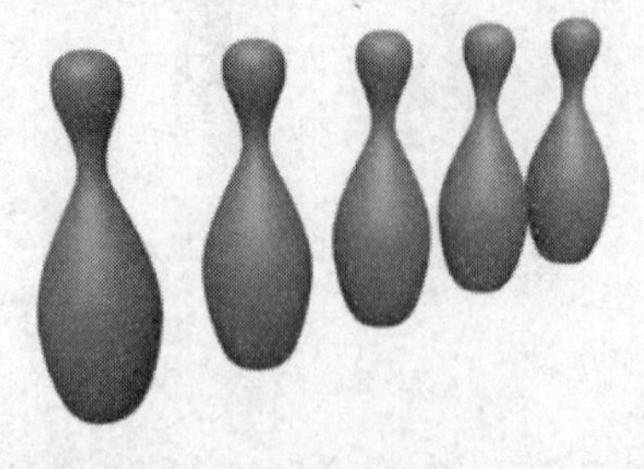

图3-6 保龄球瓶物体

范例操作

1. 选择菜单栏中的【文件】/【打开】命令，打开教学资源中“Scenes”目录下的“03_03.max”文件。

2. 在透视图中选择场景中的物体，选择菜单栏中的【工具】/【阵列】命令，在弹出的【阵列】对话框中设置参数，如图 3-7 所示。

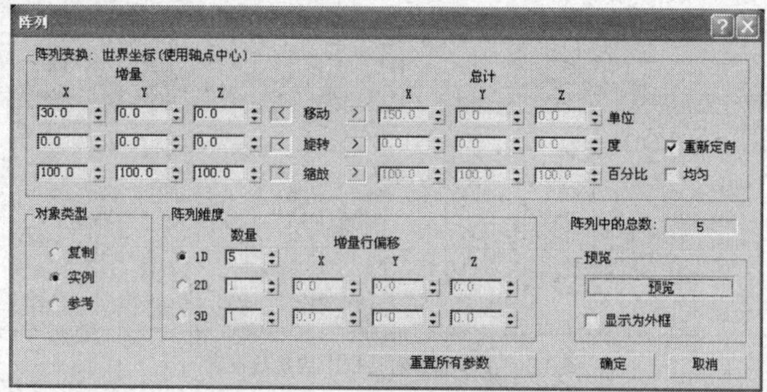

图3-7 【阵列】对话框中的参数设置

3. 单击【阵列】对话框中的 预览 按钮，可以在透视图中看到阵列的预览效果。
4. 单击 确定 按钮，并关闭【阵列】对话框。
5. 选择菜单栏中的【文件】/【另存为】命令，将场景另存为“03_03_ok.max”文件。此场景的线架文件以相同的名字保存在教学资源中的“Scenes”目录中。

二、旋转阵列复制

旋转阵列复制是通过对物体设置 3 个轴向上的旋转角度值，形成环形阵列效果。下面利用旋转阵列复制制作环形保龄球瓶场景，效果如图 3-8 所示。

图3-8 环形保龄球瓶场景

范例操作

1. 选择菜单栏中的【文件】/【打开】命令，打开教学资源中“Scenes”目录下的“03_04.max”文件。
2. 单击按钮，在透视图中选择场景中的保龄球瓶物体，在主工具栏中的 视图 参考坐标系下拉列表框中选择【拾取】选项，然后在透视图中的球体上单击鼠标左键，拾取它的坐标为当前坐标系，此时 视图 下拉列表框中的名称变为【Sphere01】。

> **要点提示** 如果在状态下设置了新的坐标系统，那么在改变操作状态时，如转换为状态，参考坐标系下拉列表框中的选项就会发生变化，因此在进行操作时，最好确认参考坐标系下拉列表框中的名称为【Sphere01】。

3. 在按钮上按住鼠标左键不放，在弹出的按钮组中单击按钮。
4. 选择菜单栏中的【工具】/【阵列】命令，在弹出的【阵列】对话框中设置参数，如图 3-9 所示，然后单击 确定 按钮确定，阵列结果如图 3-8 所示。

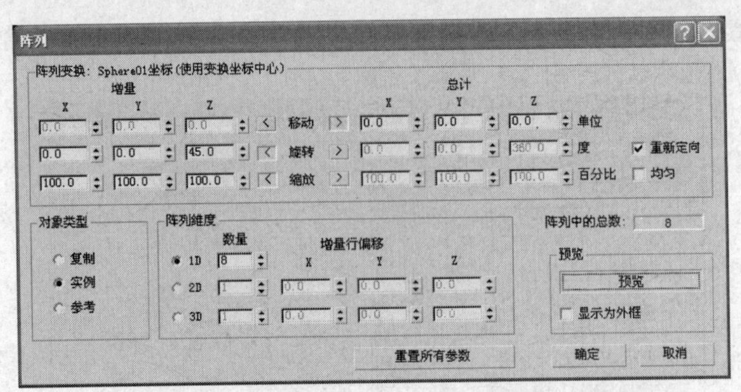

图3-9 【阵列】对话框中的参数设置

5. 选择菜单栏中的【文件】/【另存为】命令，将场景另存为“03_04_ok.max”文件。此场景的线架文件以相同的名字保存在教学资源中的“Scenes”目录中。

【知识链接】

- （使用轴点中心）按钮：使用选择物体自身的轴心点作为变换的中心点。如果同时选择了多个物体，则针对各自的轴心点进行变换操作。
- （使用变换坐标中心）按钮：使用当前坐标系的中心作为所有选择物体的轴心。

【阵列】对话框中常用选项的含义如下。

- 【移动】：分别设置 3 个轴向上的偏移值。
- 【1D】：设置一维阵列（线）产生的物体总数，可以理解为行数。
- 【2D】：设置二维阵列（面）产生的物体总数，可以理解为列数，右侧的【X】、【Y】、【Z】用来设置新的偏移值。
- 【3D】：设置三维阵列（体）产生的物体总数，可以理解为层数，右侧的【X】、【Y】、【Z】用来设置新的偏移值。
- 预览 按钮：单击此按钮，可以在不关闭【阵列】对话框的情况下，在视图中预览阵列结果。

3.1.5 范例解析（四）——间隔复制

间隔复制功能可将物体在一条曲线或空间的两点间进行批量复制，并且均匀地排列在路径上，特别是在不规则的曲线路径上排列物体时，此功能显得尤为方便。

下面利用间隔复制制作茶壶场景，结果如图 3-10 所示。

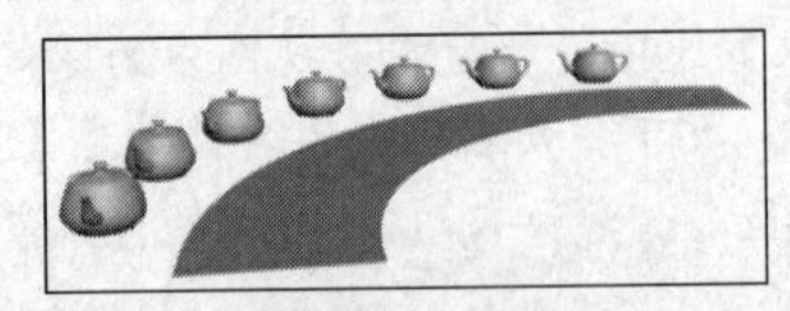

图3-10 茶壶场景

范例操作

1. 选择菜单栏中的【文件】/【打开】命令，打开教学资源中“Scenes”目录下的“03_05.max”文件。

2. 在顶视图中选择圆弧线，单击按钮进入修改命令面板，在修改器堆栈面板中选择【编辑样条线】/【分段】子物体层级，选择上方的线段子物体，位置如图3-11所示。
3. 在【几何体】面板中，勾选 分离 按钮右侧的【复制】选项，再单击 分离 按钮，在弹出的【分离】对话框中使用其默认名称，然后单击 确定 按钮，将线段从当前线型中分离出去。
4. 在修改器堆栈面板中返回到【编辑样条线】层级。
5. 利用按名选择功能，选择刚分离出来的曲线，单击按钮，在顶视图中将其向外移动一段距离，结果如图3-12所示。

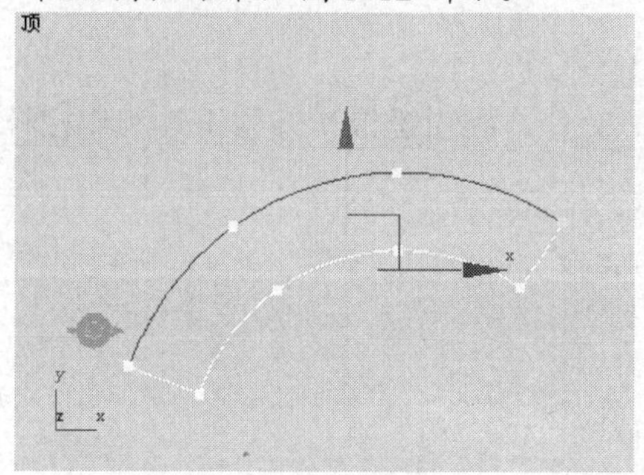

图3-11　所选线段的位置

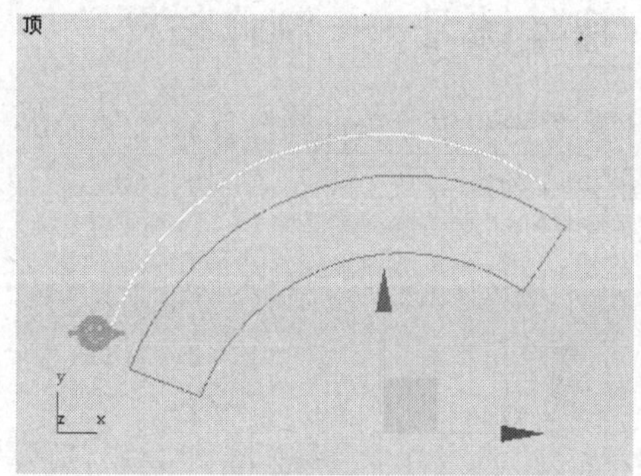

图3-12　曲线移动后的位置

6. 选择茶壶物体，选择菜单栏中的【工具】/【间隔工具】命令，在弹出的【间隔工具】窗口中单击 拾取路径 按钮，在顶视图中拾取分离出来的曲线。
7. 将【计数】值设为“7”，其他选项的设置如图3-13所示。

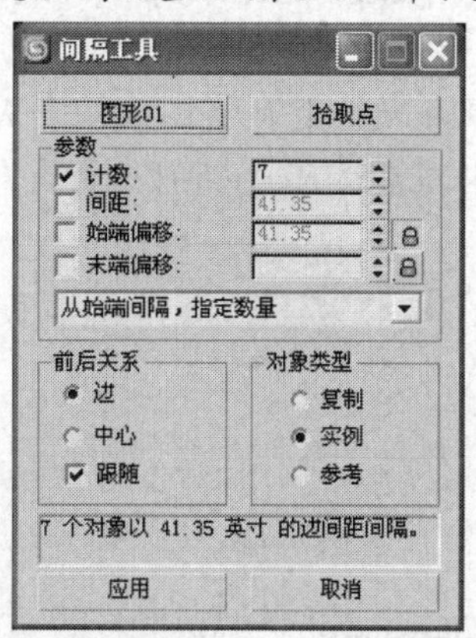

图3-13　【间隔工具】窗口中的设置

8. 依次单击 应用 按钮和 关闭 按钮，关闭【间隔工具】窗口。确认原茶壶物体处于选择状态，将其删除。
9. 选择路径曲线，将其删除，完成间隔复制，结果如图3-10所示。
10. 选择菜单栏中的【文件】/【另存为】命令，将场景另存为“03_05_ok.max”文件。此场景的线架文件以相同的名字保存在教学资源中的“Scenes”目录中。

【知识链接】

【间隔工具】窗口中的常用选项解释如下。

- 拾取路径 按钮：单击此按钮后，可以在视图中选取一条曲线作为路径，物体将沿着这条路径进行分配。

- 拾取点 按钮：单击此按钮后，在视图中定义路径的起点和终点，选取的物体将沿着这条路径进行分配。关闭【间隔工具】窗口后，系统自动删除该路径。
- 【计数】：分配物体的数目。
- 【间距】：按所设数值设置分配物体间的间距。
- 【边】：分配时按物体边缘与路径对齐。
- 【中心】：分配时按物体中心与路径对齐。
- 【跟随】：分配时物体与路径相切。

3.1.6 课堂练习——制作栏杆

打开教学资源中“Scenes”目录下的“03_06.max”文件，利用镜像和阵列工具制作栏杆，效果如图 3-14 所示。

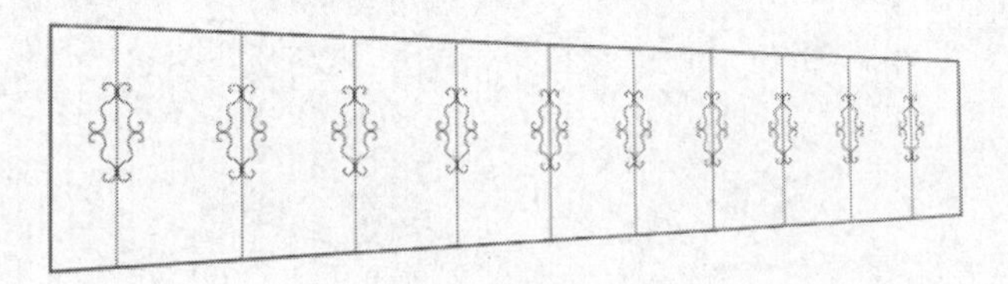

图3-14　栏杆渲染效果

操作提示

1. 在前视图中选择曲线，将其沿 x 轴进行左右镜像，再选择镜像后的线型，沿 y 轴进行上下镜像。
2. 沿栏杆花式的中间绘制一条垂直线段，将所有图线结合成组，再进行阵列复制。
3. 绘制一个矩形，框住栏杆，制作过程如图 3-15 所示。

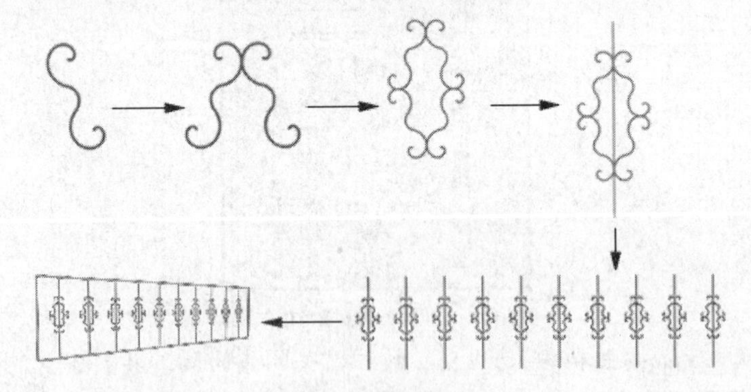

图3-15　栏杆的制作过程

4. 选择菜单栏中的【文件】/【另存为】命令，将场景另存为“03_06_ok.max”文件。此场景的线架文件以相同的名字保存在教学资源中的“Scenes”目录中。

3.2 对齐工具

在搭建许多精度要求较高的三维场景时，通常要求物体之间沿某一基准进行严格对齐，此时如果使用传统的移动工具将无法满足精度方面的要求。3ds Max 9 提供了功能强大的对齐工具，可以沿任意轴向、任意边界进行多方位对齐。本节将具体介绍几种最常用的对齐工具。

在主工具栏中的按钮上按住鼠标左键不放，在弹出的对齐按钮组中包含了常用的对齐工具按钮，包括快速对齐、法线对齐等。

3.2.1 知识点讲解

- 多方位对齐：多方位对齐工具可以准确地将一个或多个物体对齐于另一物体的特定位置，比手工移动要精确得多，是非常有用的定位工具。
- 克隆并对齐：克隆并对齐工具可以在复制物体的同时，将其对齐到所拾取的目标物体上。这些目标物体可以是一个，也可以是几个，可以是有序的，也可以是无序的。
- 法线对齐：法线是定义面或顶点指向方向的向量。法线的方向指明了面或顶点的正方向，如图 3-16 所示。

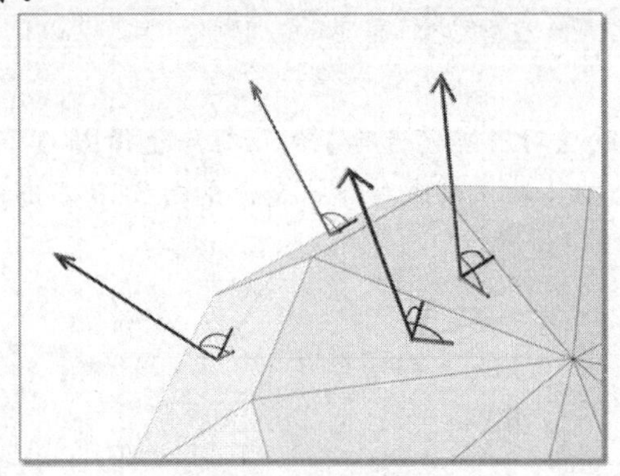

图3-16 不同面的法线指向

3.2.2 范例解析（一）——多方位对齐

打开教学资源中“Scenes”目录下的“03_07.max”文件，利用多方位对齐制作一个链球场景，结果如图 3-17 所示。

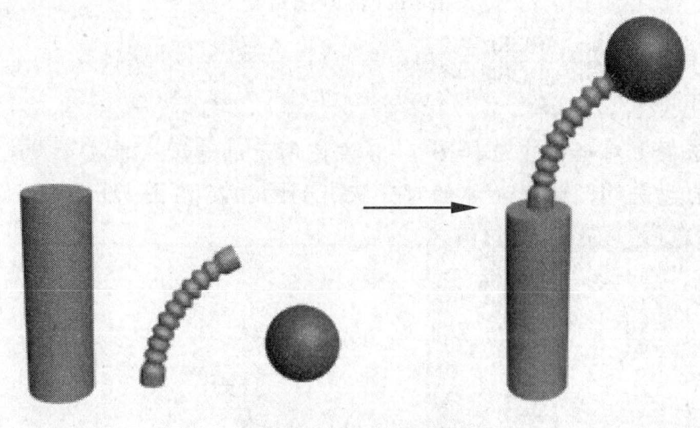

图3-17 多方位对齐结果

范例操作

1. 激活透视图，选择弯曲的软管物体，单击按钮，将鼠标指针置于圆柱体上，此时鼠标指针的形状如图 3-18 所示。

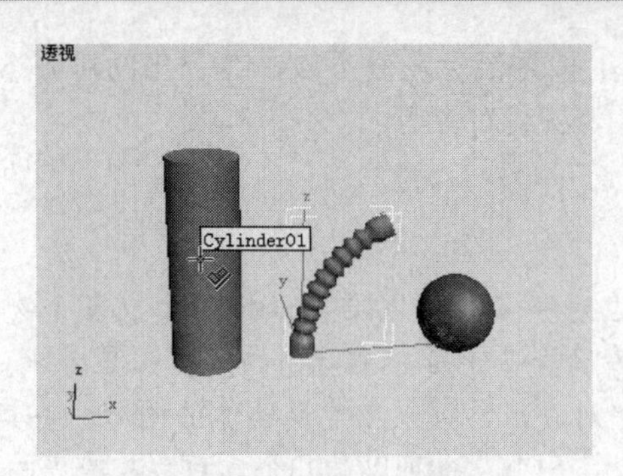

图3-18　鼠标指针在透视图中的形状

要点提示　使用对齐工具之前被选中的物体是原物体，该物体将在对齐操作中产生位移；激活按钮后再选择的物体为目标物体，该物体只起到提供基准点的作用，不会产生位移。若没有物体被选择，则无法激活按钮。

2. 单击鼠标左键，在弹出的【对齐当前选择】对话框中选择图 3-19 左图所示的选项，然后单击 应用 按钮，两个物体处于轴点对齐状态，如图 3-19 右图所示。

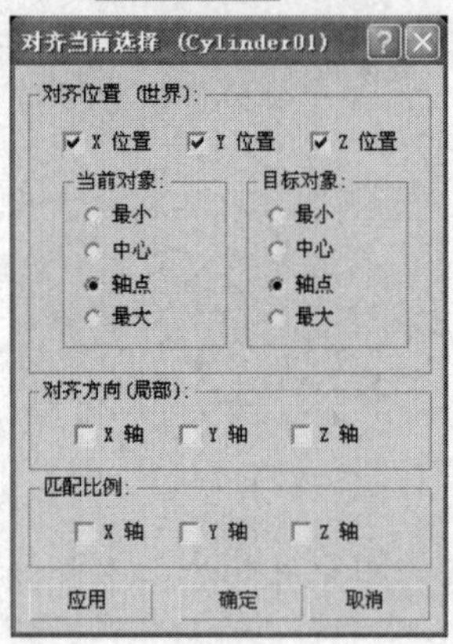

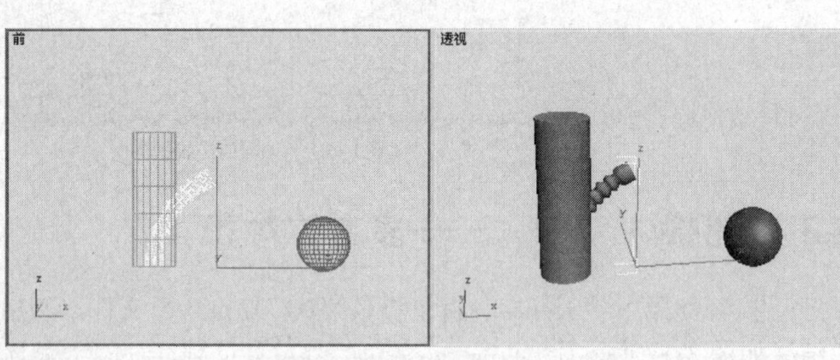

图3-19　轴点对齐结果

要点提示　此时【对齐当前选择】对话框并不关闭，但各轴选项均恢复为默认状态。

3. 在【对齐当前选择】对话框中选择图 3-20 左图所示的选项，单击 确定 按钮，【对齐当前选择】对话框自动关闭，此时物体的对齐状态如图 3-20 右图所示。

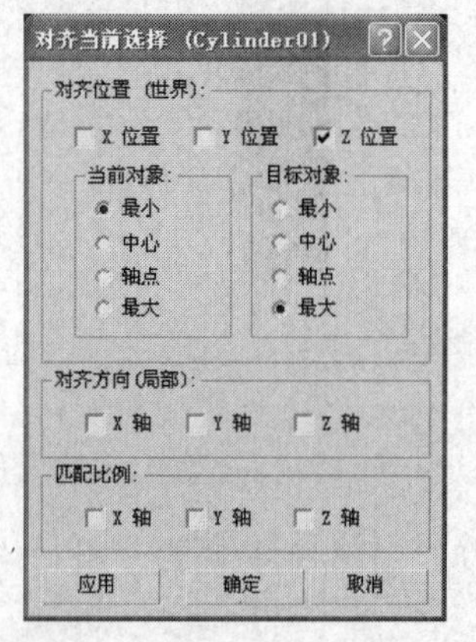

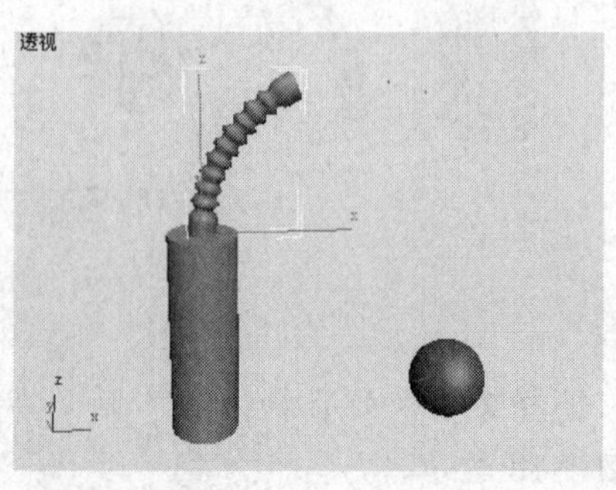

图3-20　物体对齐结果

4. 在顶视图中选择球体，单击按钮，将鼠标指针置于软管物体上，单击鼠标左键，在弹出的【对齐当前选择】对话框中选择图 3-21 左图所示的选项，单击 应用 按钮，此此时物体的对齐状态如图 3-21 右图所示。

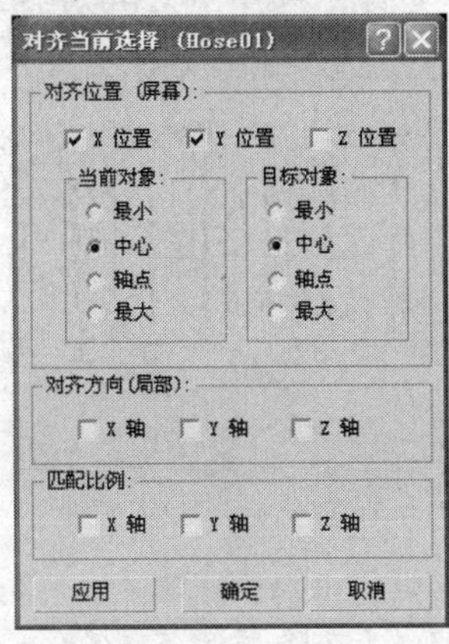

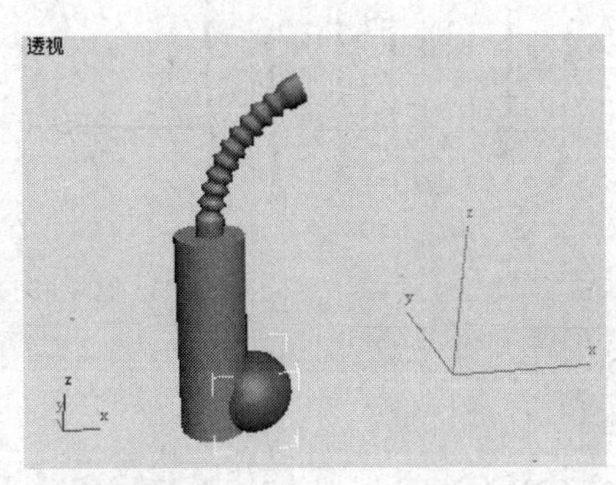

图3-21 物体对齐结果

5. 在【对齐当前选择】对话框中选择图 3-22 左图所示的选项，单击 确定 按钮，此时物体的对齐状态如图 3-22 右图所示。

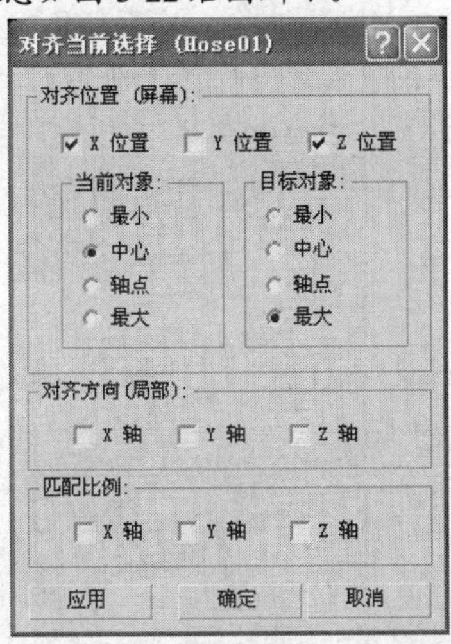

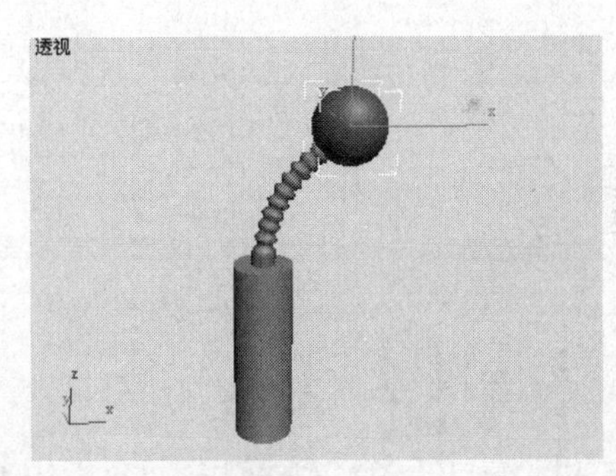

图3-22 物体二次对齐结果

6. 选择菜单栏中的【文件】/【另存为】命令，将场景另存为“03_07_ok.max”文件。此场景的线架文件以相同的名字保存在教学资源中的“Scenes”目录中。

【知识链接】

【对齐当前选择】对话框中常用选项的含义如下。

- 【对齐位置】：在其下的 3 个选项中选择对齐轴向，可以单向对齐，也可以多向对齐。
- 【当前对象】/【目标对象】：分别指定当前对象与目标对象的对齐位置。如果让 A 与 B 对齐，那么 A 为当前对象，B 为目标对象。
- 【最大】：以物体表面最远离另一物体选择点的方式进行对齐。
- 【最小】：以物体表面最靠近另一物体选择点的方式进行对齐。
- 【中心】：以物体的中心点与另一物体的选择点进行对齐。
- 【轴点】：以对象的轴心点与另一对象的选择点进行对齐。

3.2.3 范例解析（二）——克隆并对齐

打开教学资源中“Scenes”目录下的“03_08.max”文件，利用克隆并对齐功能制作一个路灯场景，结果如图 3-23 所示。

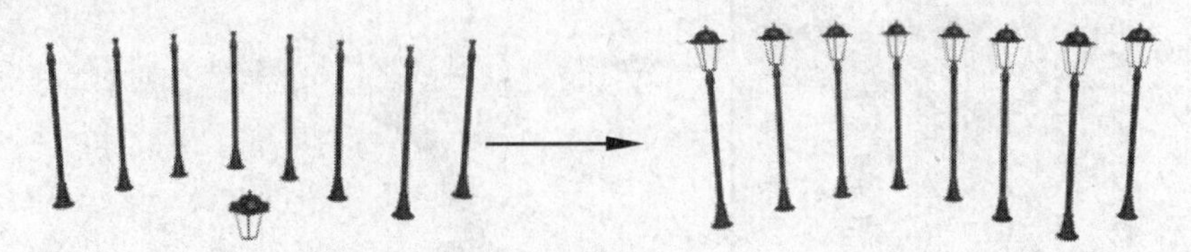

图3-23 克隆并对齐结果

范例操作

1. 在透视图中选择路灯物体，选择菜单栏中的【工具】/【克隆并对齐】命令，在弹出的【克隆并对齐】窗口中单击 拾取列表 按钮。
2. 在弹出的【拾取目标对象】对话框中单击 全部(A) 按钮，选择场景中所有的灯杆物体，再单击 拾取 按钮，将其拾取。此时每个灯杆上都安置了一个路灯，效果如图 3-24 所示。
3. 在【克隆并对齐】窗口中，修改【对齐参数】面板中【对齐位置（世界）】栏中的【偏移（局部）】下的【Z】值为“750”。【克隆并对齐】窗口形态如图 3-25 所示。

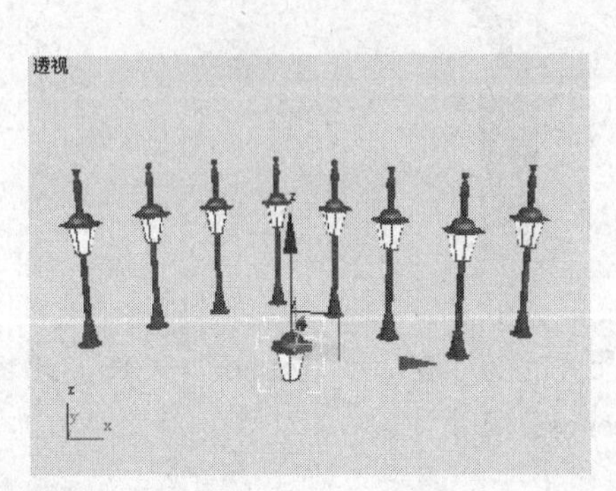

图3-24 路灯效果

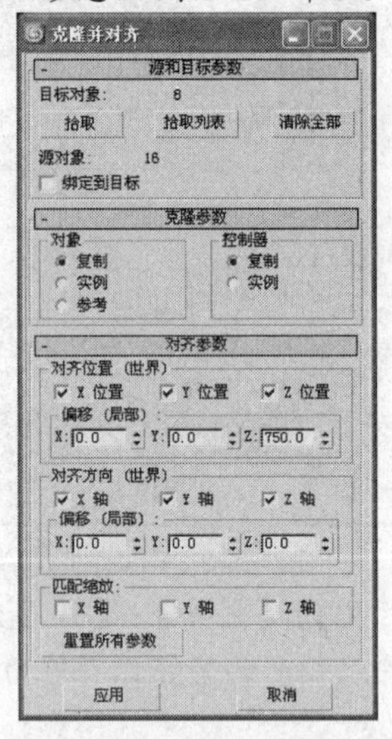

图3-25 【克隆并对齐】窗口形态

4. 单击 应用 按钮，使新复制的路灯向上移动 750，效果如图 3-23 所示。
5. 关闭【克隆并对齐】窗口，删除场景中的原路灯物体。
6. 选择菜单栏中的【文件】/【另存为】命令，将场景另存为“03_08_ok.max”文件。此场景的线架文件以相同的名字保存在教学资源中的“Scenes”目录中。

【知识链接】

【克隆并对齐】窗口中常用选项的含义如下。

- 拾取 按钮：在视图中拾取要对齐的目标物体。
- 拾取列表 按钮：通过列表拾取要对齐的目标物体。

- 【对齐位置】栏：确定对齐轴，并通过以下的【偏移】值设置克隆对齐物体在 3 个轴向上的位移。
- 【对齐方向】栏：确定克隆物体的对齐方向，并通过以下的【偏移】值设置克隆对齐物体在 3 个轴向上的旋转角度。

3.2.4 课堂练习——整理凌乱的房间

打开教学资源中“Scenes”目录下的“03_09.max”文件，利用对齐工具整理凌乱的房间，结果如图 3-26 所示。

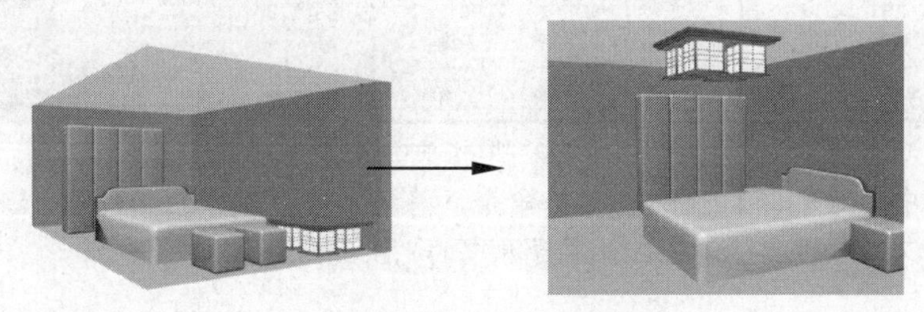

图3-26 场景对齐前后的效果比较

操作提示

1. 在前视图中将衣柜与墙体对齐，然后再稍做移动，结果如图 3-27 所示。

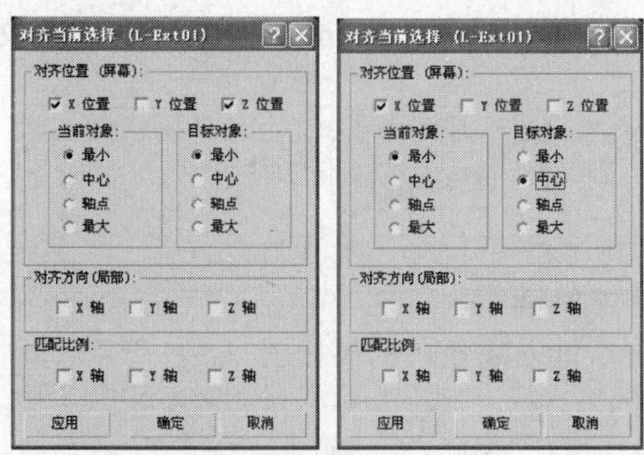

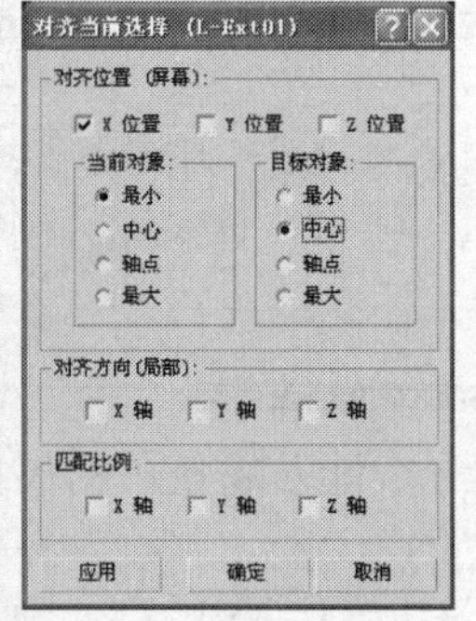

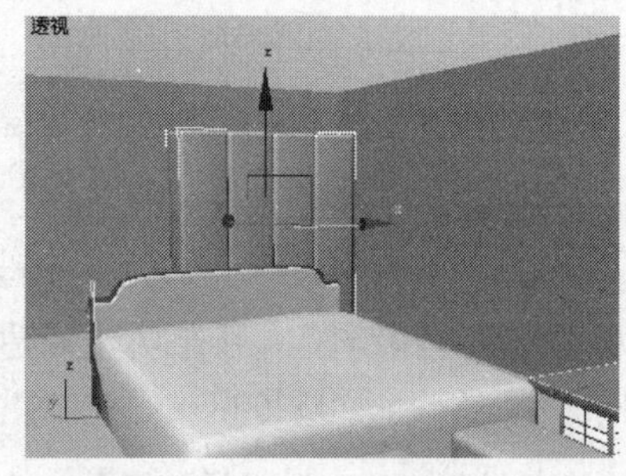

图3-27 衣柜对齐结果

2. 选择床物体，先将其旋转 90°，然后在顶视图中将其与墙体对齐，结果如图 3-28 所示。

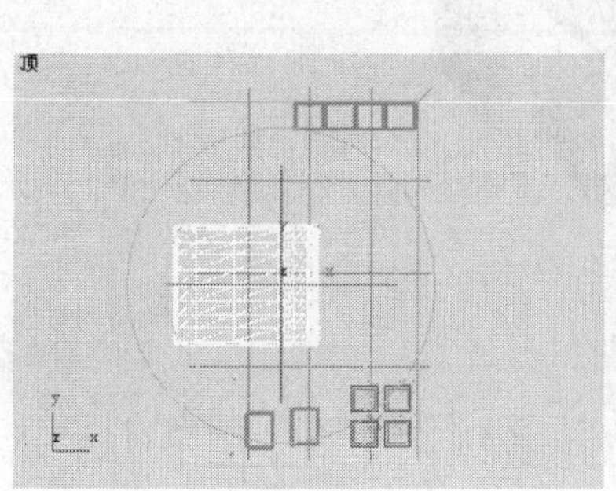

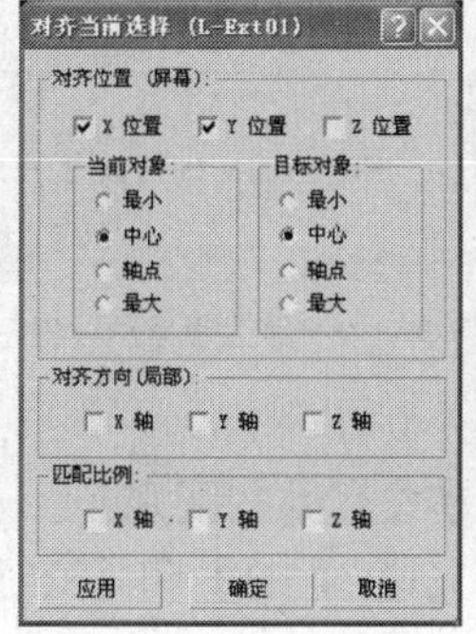

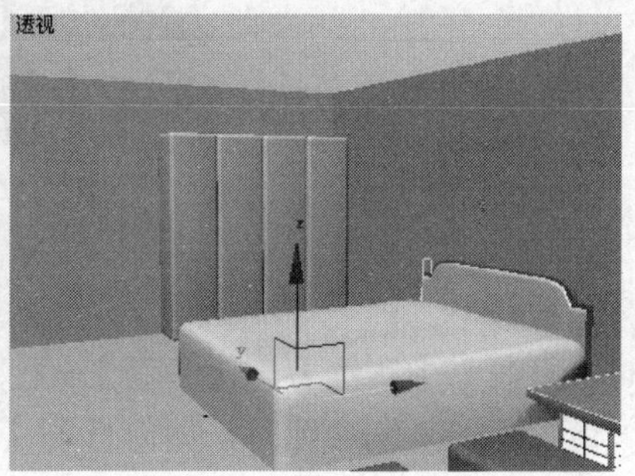

图3-28 床的对齐过程及结果

3. 分别选择床头柜物体，在顶视图中将其与床体对齐，使床头柜物体位于床体的两侧。

4.　在透视图中选择吸顶灯物体，将其与天花板对齐，结果如图 3-29 所示。

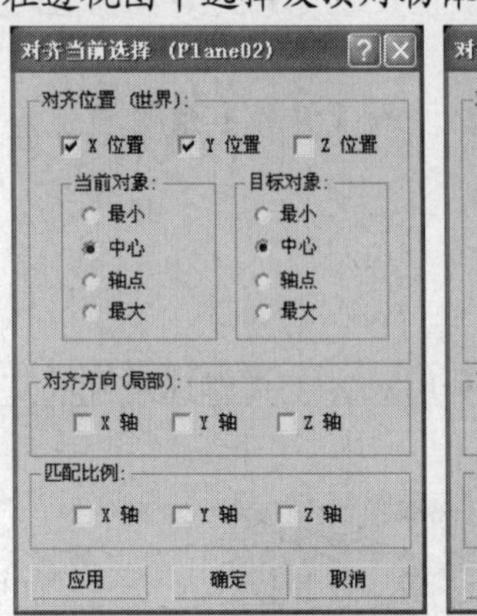

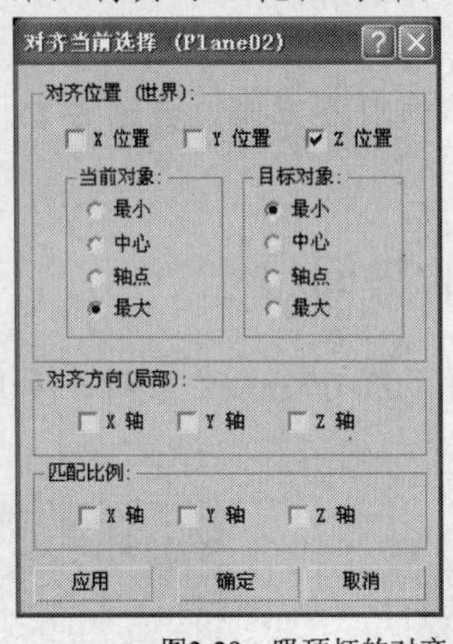

图3-29　吸顶灯的对齐位置

5.　选择菜单栏中的【文件】/【另存为】命令，将场景另存为“03_09_ok.max”文件。此场景的线架文件以相同的名字保存在教学资源中的“Scenes”目录中。

3.3 课后作业

一、操作题

1.　打开教学资源中“Scenes”目录下的“LxScenes\03_01.max”文件，利用镜像功能制作茶几场景，效果如图 3-30 所示。此文件为教学资源中的“LxScenes\03_01_ok.max”文件。

图3-30　茶几场景效果

2.　利用切角长方体和镜像、对齐功能搭建一个沙发场景，结果如图 3-31 所示。此文件为教学资源中的“LxScenes\03_02.max”文件。

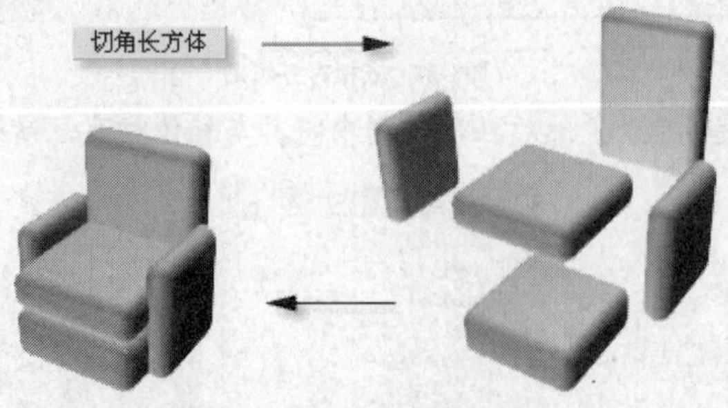

图3-31　搭建沙发场景的过程

二、思考题

1.　【复制】、【实例】与【参考】3 种方式有哪些区别？

2.　使用阵列复制功能时，如何理解【1D】、【2D】和【3D】参数？

第4讲

基本体建模综合应用

【学习目标】

• 利用基本体创建球体建筑。	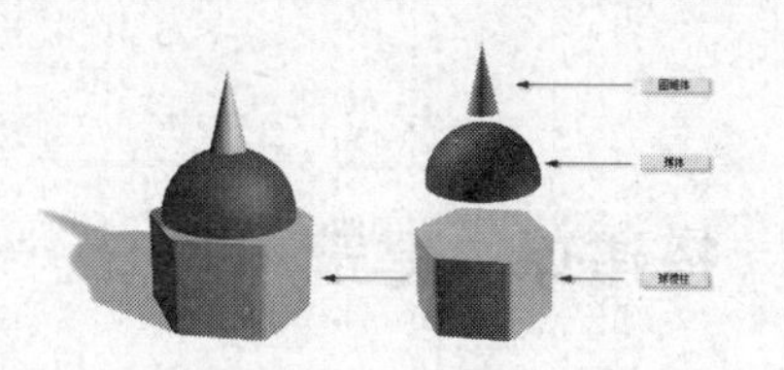
	• 利用扩展基本体创建塔式建筑。
• 最终组合生成卡通城堡。	
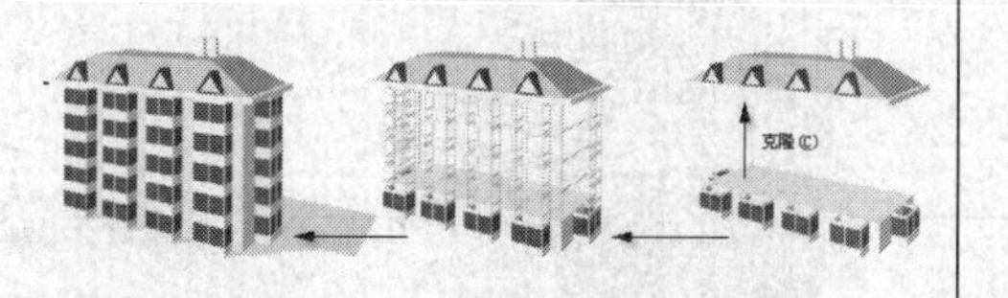	• 利用基本体搭建标准层，再复制生成单体建筑。
• 经过阵列复制和镜像复制生成小区建筑群。	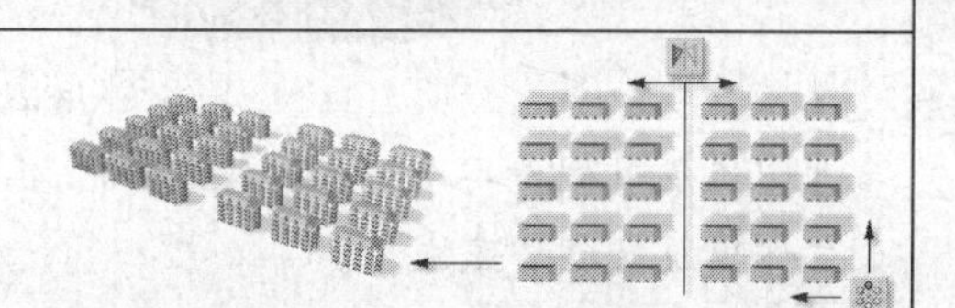

4.1 综合应用（一）——创建卡通城堡

本节将利用基本体的组合创建一个卡通城堡，结果如图 4-1 所示。由于本讲是强化训练，而且有详细的操作图作为参考，所以对操作步骤只做简单的流程性描述。

图4-1 卡通城堡场景效果

4.1.1 搭建球体建筑

卡通城堡可以是各种各样的，本例只是给出一个基本思路。这个卡通城堡的中心位置是一个半球型建筑，所以先从这个建筑开始入手进行制作。

范例操作

1. 首先利用【球棱柱】按钮制作一个基本建筑主体，然后在其上创建一个半球，半球之上再创建一个圆锥体，整体形态如图 4-2 所示。

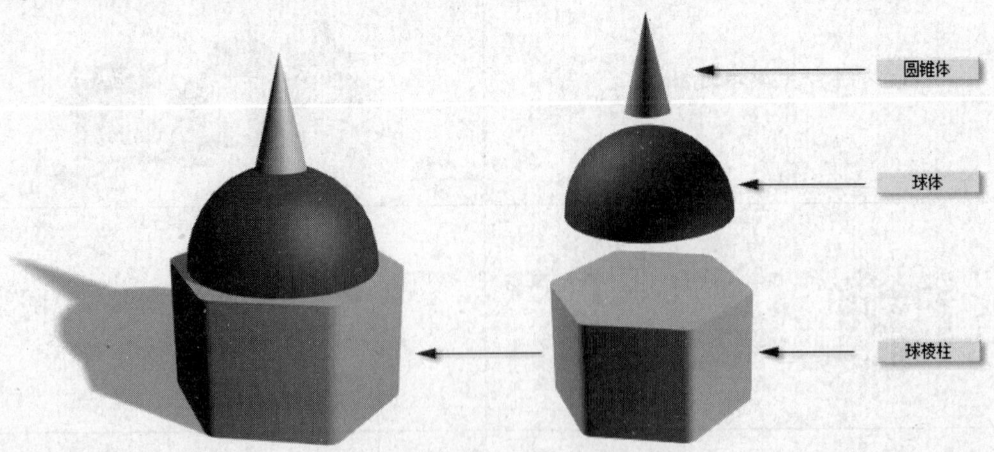

图4-2 主体建筑效果

2. 在圆锥体上创建一个细细的圆柱体，并在圆柱体上创建两个小球，形态如图 4-3 所示，这样主体建筑就创建完成了。

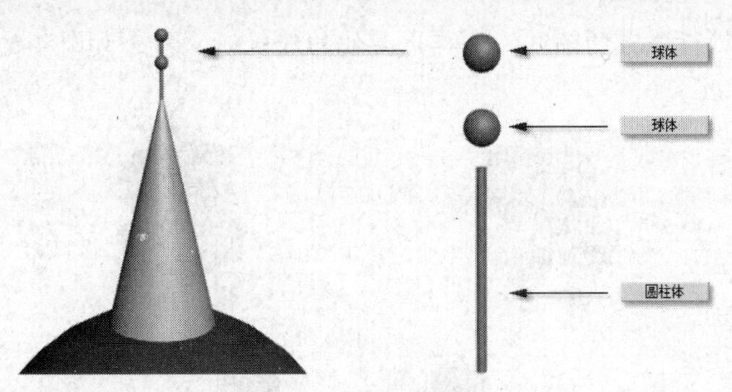

图4-3　塔尖组合效果

4.1.2　搭建塔式建筑

除了主体建筑之外，还有很多塔式建筑，这些塔式建筑的基本形态都差不多，只需要做一个，然后复制、缩放一下，就可以生成其他的建筑。

范例操作

1. 塔式建筑的主体由圆锥体、纺锤体、圆柱体等物体组成，塔的顶端也有一个塔尖，制作方法同球体建筑，整体形态如图 4-4 所示。

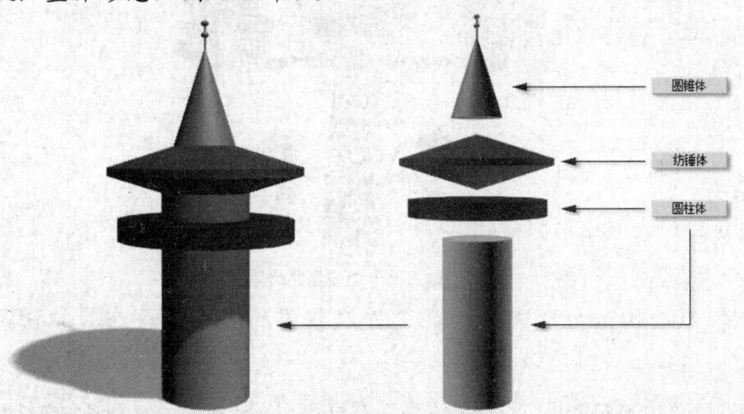

图4-4　塔式建筑效果

2. 复制出一个新的塔式建筑的主体，在它们之间创建一个 C 形墙，这样就组成了入口的大门形态，整体形态如图 4-5 所示。

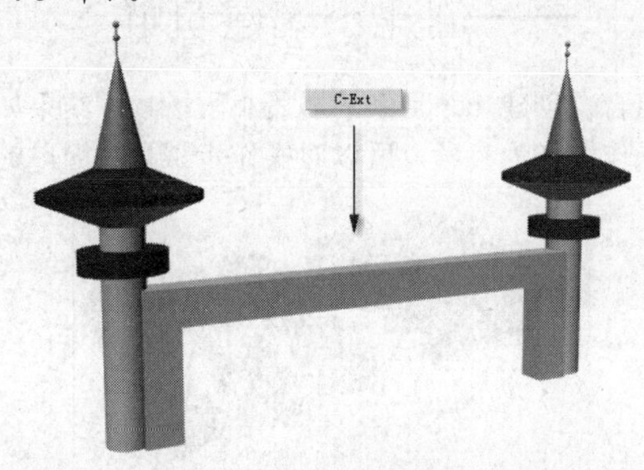

图4-5　入口建筑效果

3. 再通过复制，并进行适当的缩放，制作出其他的建筑组，形态如图 4-6 所示。

图4-6 其他塔式建筑效果

4. 将刚开始搭建的球体建筑和这些塔式建筑放在一起，再创建两个长方体作为道路，整体的卡通城堡就创建完成了，形态如图 4-7 所示。

图4-7 最终的卡通城堡建筑效果

5. 将文件保存为“04_01.max”文件，此文件以相同的名字保存在教学资源中的“Scenes”目录中。

要点提示 当制作好单个塔式建筑之后，最好将它们结合成组，这样在后续的复制和选择操作中就不容易出错了。复制生成新的塔之后，还可以打开组进行修改。

4.2 综合应用（二）——创建小区建筑群

本节将利用基本体的组合，创建一个复杂的居民小区场景，结果如图 4-8 所示。由于本讲是强化训练，而且有详细的操作图作为参考，所以对操作步骤只做简单的流程性描述。

图4-8 居民小区鸟瞰场景效果

4.2.1 制作标准层

一般住宅楼都会有一层标准层，本案例首先从这个标准层开始入手。在制作大型建筑群时对单个建筑的细节表现不用要求那么高，用基本几何物体就完全可以胜任了。

范例操作

1. 首先利用【长方体】制作一个基本楼体形态，如图 4-9 所示。

图4-9 标准层楼体

2. 利用【圆柱体】及【C 形挤出】创建标准层的阳台，再利用克隆复制以及镜像复制制作其他的阳台。创建过程如图 4-10 所示。

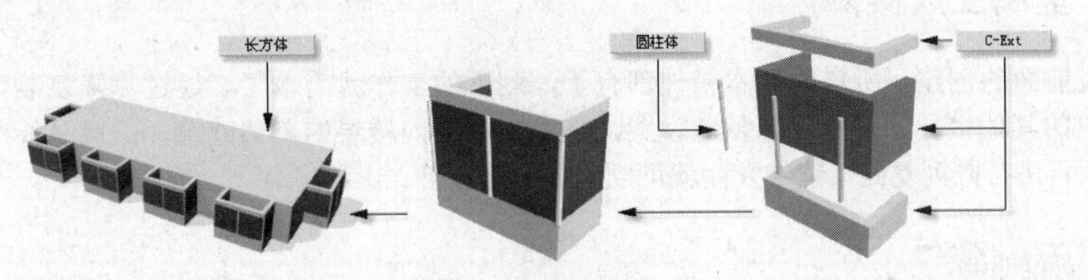

图4-10 阳台搭建过程

要点提示 在制作阳台组件时，可以分别创建 3 个 C 形挤出，然后通过移动或对齐将其组合到一起，也可以先创建一个，然后通过复制向上移动，再修改参数，这样定位比较准确。

4.2.2 制作屋顶

屋顶的制作属于比较复杂的工程，因为这个建筑的屋顶除了斜面之外还有 4 个三角窗，基本体里没有很合适的管状三棱锥，所以就用管状物稍做修改就可以了。对基本体的参数灵活应用，能变化出更多的形体，非常实用。

范例操作

1. 利用【长方体】制作一个顶层楼板，如图 4-11 所示。

图4-11 顶层楼板形态

2. 利用【圆锥体】制作屋顶，修改参数后，进行适当的二维缩放，最终效果如图 4-12 所示。

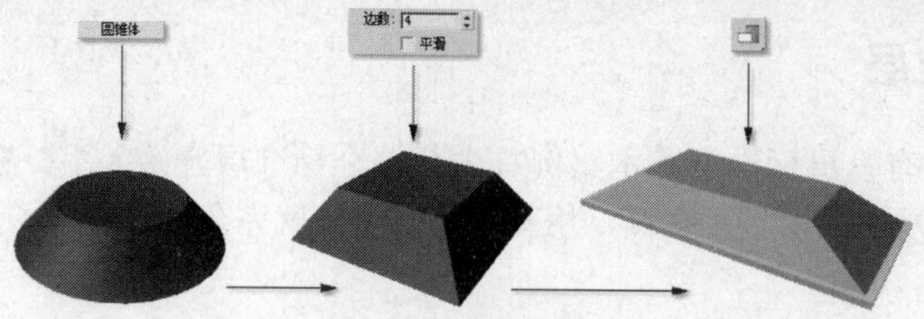

图4-12 创建屋顶斜面

3. 利用【管状体】和【长方体】创建屋顶的其他组件，创建过程如图 4-13 所示。

图4-13 创建屋顶的其他组件

4.2.3 复制生成楼体

经过前面的创建，所需的基本构件都有了，剩下的工作就简单了。通过克隆复制可以生成单体建筑的其他楼层，层数可以随意设置，从而生成不同楼层的单体建筑，这就是标准层的作用。之后再进行阵列复制、镜像复制就可以生成群体建筑。

范例操作

1. 将底层结合成组，然后进行复制，形成其他楼层，创建过程如图 4-14 所示。

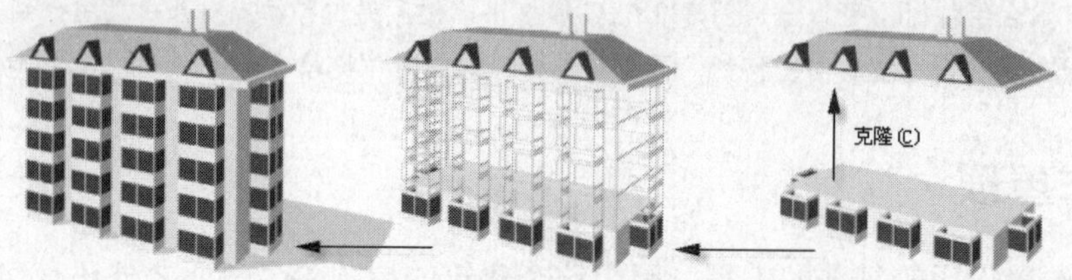

图4-14 克隆复制其他楼层

2. 将单体楼先进行阵列复制，然后再进行镜像复制，形成楼群效果，创建过程如图 4-15 所示。

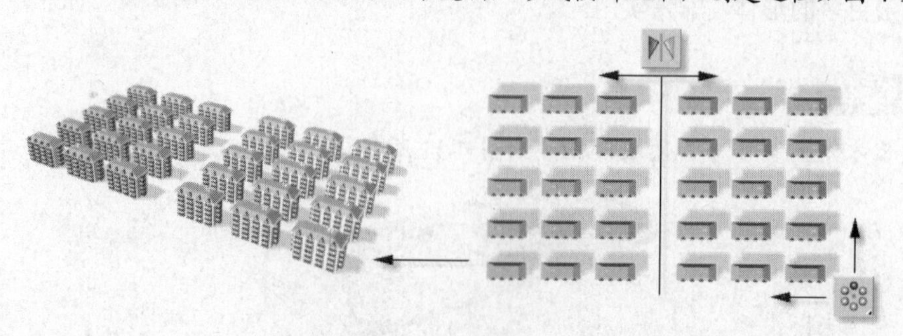

图4-15 创建过程

3. 选择菜单栏中的【文件】/【保存】命令，将场景以“04_02.max”为名保存。

第5讲

三维造型的编辑与修改

【学习目标】

• 利用【弯曲】和【锥化】修改器，制作饮料杯场景。	
	• 利用【晶格】修改器制作梯子场景。
• 利用【路径变形】修改器制作四棱锥生长动画。	
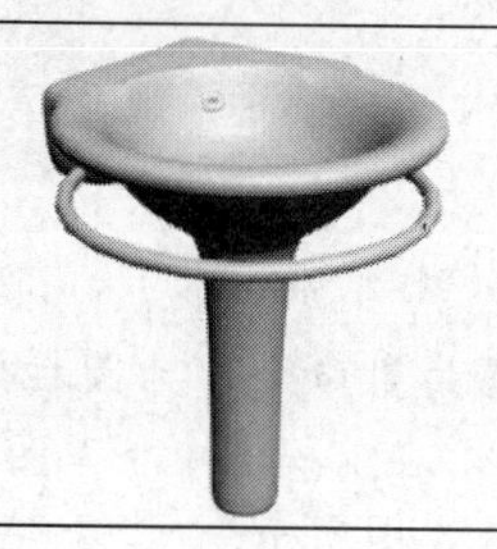	• 利用【编辑多边形】修改器制作水盆场景。

5.1 常用造型修改器

在很多情况下用户需要创建带有弯曲形态或形体变化较大的模型，系统没有提供这类基本体，可以通过相关的修改器对标准体进行编辑修改，从而得到这些变形物体的造型。本节将介绍几种最常用的变形修改器，它们有各自不同的用途和使用方法。

5.1.1 知识点讲解

- 【弯曲】：主要用于对物体进行弯曲处理，通过对其角度、方向和弯曲轴向的调整，可以得到各种不同的弯曲效果。
- 【锥化】：此功能通过缩放物体的两端而产生锥形轮廓，同时还可以生成光滑的曲线轮廓。通过调整锥化的倾斜度及轮廓弯曲度，可以得到各种不同的锥化效果。
- 【晶格】：此功能可以根据网格物体的线框进行结构化，线框的交叉点转化为球形节点物体，线框转化为连接的圆柱形支柱物体，常用于制作钢架建筑结构的效果展示。

5.1.2 范例解析（一）——【弯曲】和【锥化】修改器

下面利用【弯曲】和【锥化】修改器，制作图 5-1 所示的饮料杯场景。在这两个修改器中都有【限制】选项，通过对此选项进行设置，弯曲效果和锥化效果就可以被限制在一定区域内。

范例操作

1. 选择教学资源中“Scenes”目录下的“05_01.max”文件。
2. 选择饮料杯物体，单击按钮进入修改命令面板，在修改器列表下拉列表中选择【锥化】命令，为圆柱体添加锥化修改，修改参数面板中的设置如图 5-2 左图所示，锥化效果如图 5-2 右图所示。

图5-1　饮料杯场景

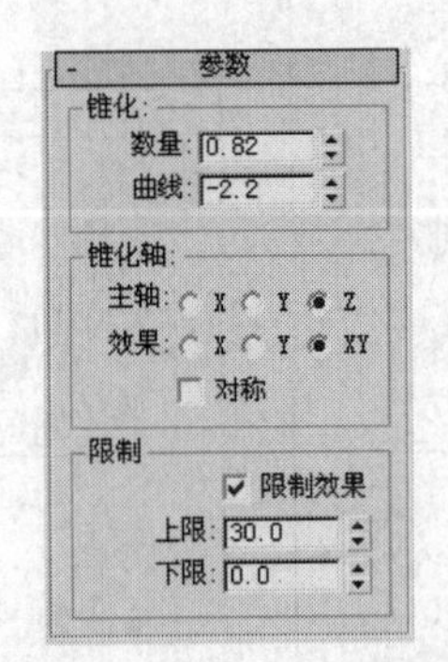

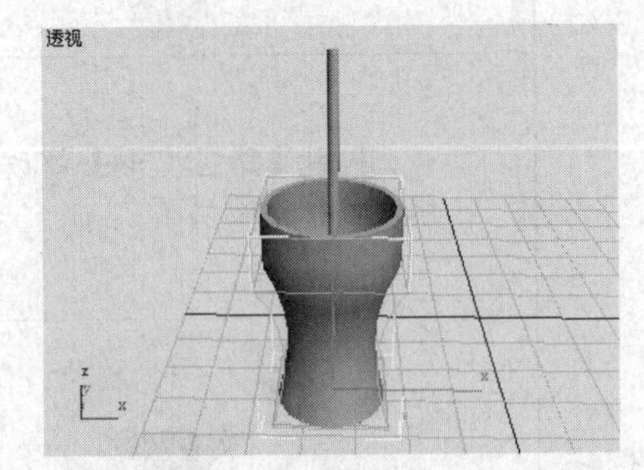

图5-2　锥化效果

3. 选择吸管物体，在修改器列表下拉列表中选择【弯曲】命令，为圆柱体添加弯曲修改。
4. 在修改器堆栈面板中选择【Bend】/【中心】选项，在前视图中将弯曲中心点沿 *y* 轴向上移动一段距离，使其位于中心偏上的位置，如图 5-3 左图所示。
5. 在【参数】面板中将【角度】值设为“72”，勾选【限制效果】复选框，并将【上限】值设为“6”，【参数】面板形态如图 5-3 中图所示，此时圆柱体的弯曲效果如图 5-3 右图所示。

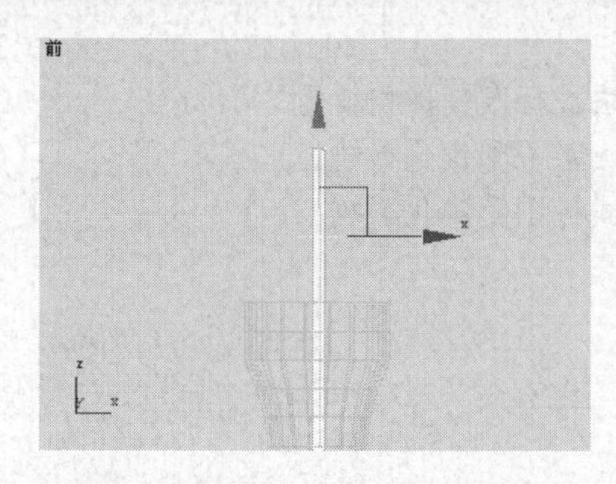

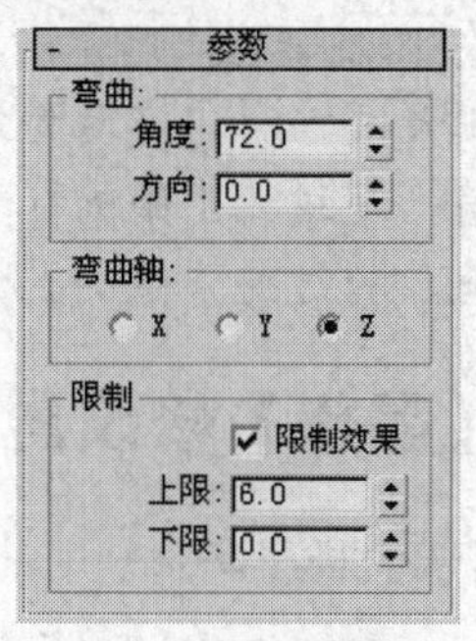

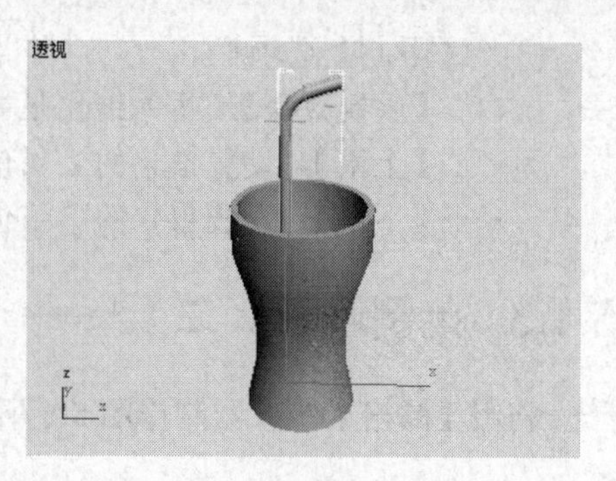

图5-3 圆柱体弯曲效果

6. 激活前视图，单击主工具栏中的按钮，将圆柱体沿 y 轴旋转 15° 左右，结果如图 5-1 所示。
7. 选择菜单栏中的【文件】/【另存为】命令，将场景保存为"05_01_ok.max"文件。此场景的线架文件以相同的名字保存在教学资源中的"Scenes"目录中。

【知识链接】

一、【弯曲】修改命令

【弯曲】修改命令的【参数】面板形态如图 5-4 所示。

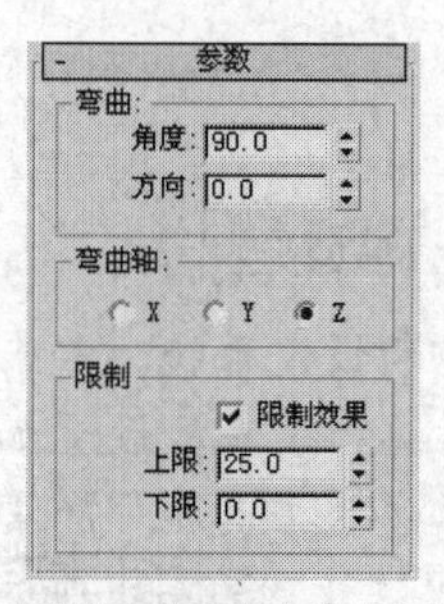

图5-4 【弯曲】修改命令的【参数】面板

常用选项解释如下。

(1) 【弯曲】选项栏

- 【角度】：设置弯曲的角度大小。
- 【方向】：设置相对于水平面的弯曲方向。

(2) 【弯曲轴】选项栏

设置弯曲所依据的坐标轴向。

(3) 【限制】选项栏

- 【限制效果】：物体弯曲限制开关，不勾选时无法进行限制影响设置。
- 【上限】：设置弯曲的上限值，超过此上限的区域将不受弯曲影响。
- 【下限】：设置弯曲的下限值，超过此下限的区域将不受弯曲影响。

许多修改器都提供限制功能，它们的用法大致相同，在使用过程中应注意以下几点。

- 应正确放置中心子物体的位置，因为弯曲限制将产生在中心两端。
- 【上限】值只能设为大于等于"0"的数。
- 【下限】值只能设为小于等于"0"的数。

二、【锥化】修改命令

【锥化】修改命令的【参数】面板形态如图 5-5 所示。

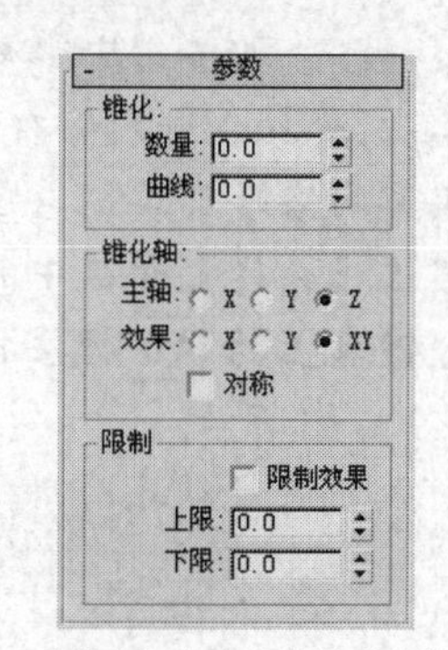

图5-5 【锥化】修改命令的【参数】面板

(1) 【锥化】选项栏

- 【数量】：设置锥化的倾斜程度。此参数实际是一个倍数，物体边缘的缩放情况为物体边缘半径 × 数量。
- 【曲线】：设置锥化曲线的弯曲程度。

(2) 【锥化轴】选项栏

- 【主轴】：设置锥化所依据的轴向。
- 【效果】：设置产生影响效果的轴向。这个参数的轴向会随【主轴】的变化而变化。
- 【对称】：设置对称的影响效果。

(3) 【限制】选项栏

- 【限制效果】：物体锥化限制开关，不勾选时无法进行限制影响设置。
- 【上限】：设置锥化的上限值，超过此上限的区域将不受锥化影响。
- 【下限】：设置锥化的下限值，超过此下限的区域将不受锥化影响。

5.1.3 范例解析（二）——【晶格】修改器

利用【晶格】修改器制作图 5-6 所示的梯子物体。

图5-6 梯子物体

范例操作

1. 重新设定系统。单击扩展基本体创建命令面板中的 棱柱 按钮，在透视图中创建一个棱柱体，其参数设置如图 5-7 所示。
2. 单击主工具栏中的按钮，在透视图中沿 *x* 轴旋转 90°，棱柱形态如图 5-8 所示。

图5-7 棱柱的参数设置

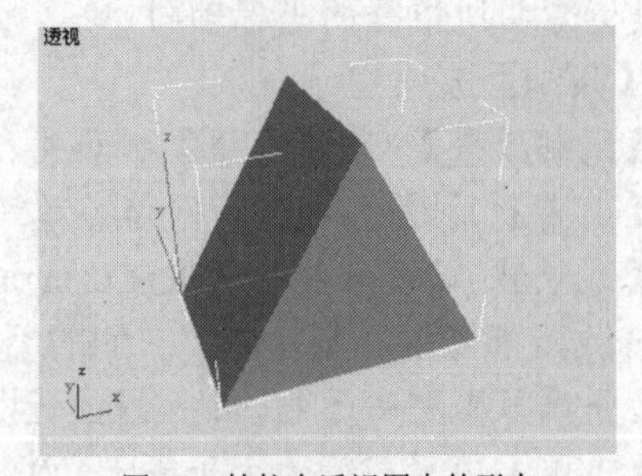

图5-8 棱柱在透视图中的形态

3. 单击按钮进入修改命令面板，在修改器列表下拉列表中选择【编辑网格】命令，为其添加编辑网格修改。
4. 单击【选择】面板中的按钮，在左视图中选择全部的多边形，如图 5-9 左图所示。再配合键盘上的 Alt 键去掉多余的选择面，鼠标指针的选择范围如图 5-9 中图所示，结果如图 5-9 右图所示。

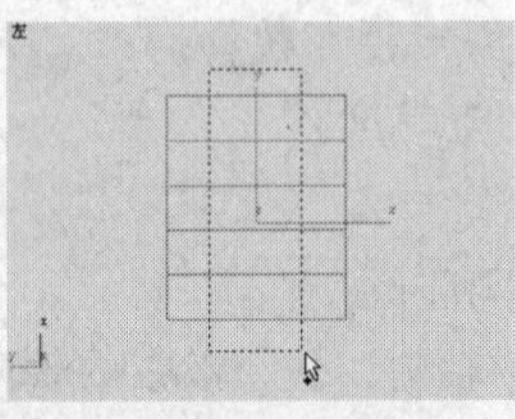

图5-9 选择多边形的范围

5. 删除所选多边形，结果如图 5-10 所示。
6. 选择底面的多边形，位置如图 5-11 左图所示，将其删除，结果如图 5-11 右图所示。

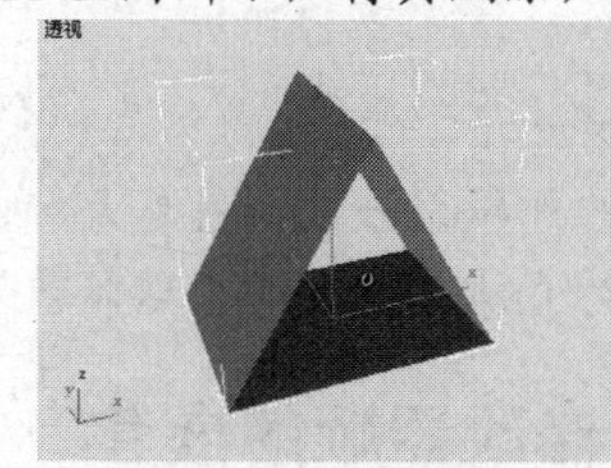

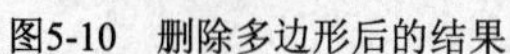

图5-10　删除多边形后的结果　　图5-11　选择底面并将其删除

7. 在修改器列表下拉列表中选择【晶格】命令，为棱柱添加晶格修改，【参数】面板中的设置如图 5-12 左图所示，晶格效果如图 5-12 右图所示。

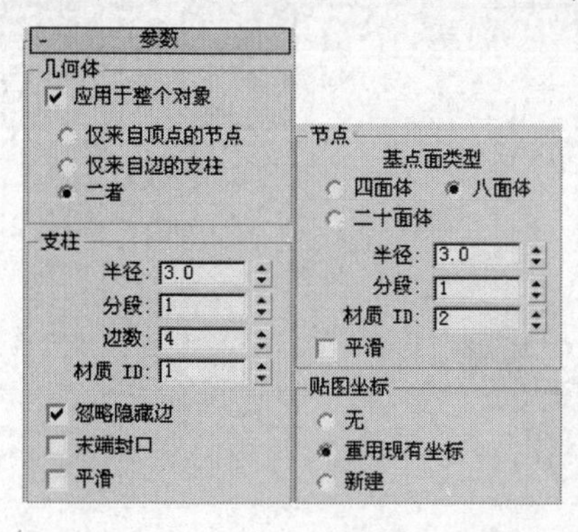

图5-12　【参数】面板中的设置及晶格效果

8. 选择菜单栏中的【文件】/【保存】命令，将此场景保存为“05_02.max”文件。此场景的线架文件以相同的名字保存在教学资源中的“Scenes”目录中。

【知识链接】

在【晶格】修改功能的【参数】面板中，常用选项的含义解释如下。

(1) 【几何体】选项栏

- 【仅来自顶点的节点】：只显示节点物体。
- 【仅来自边的支柱】：只显示支柱物体。
- 【二者】：将支柱与节点物体都显示出来。

这 3 个选项的不同显示效果如图 5-13 所示。

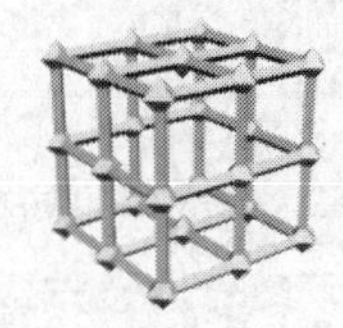

仅显示支柱　　仅显示节点　　二者都显示

图5-13　3 个选项的不同显示效果

(2) 【支柱】选项栏

- 【半径】：设置支柱截面的半径大小，即支柱的粗细程度。
- 【边数】：设置支柱截面图形的边数，值越大，支柱越光滑。
- 【末端封口】：为支柱两端加盖，使支柱成为封闭的物体。
- 【平滑】：对支柱表面进行光滑处理，产生光滑的圆柱体效果。

(3) 【节点】选项栏

- 【基点面类型】：设置节点物体的基本类型，可以选择【四面体】、【八面体】和【二十面体】3 种类型。
- 【半径】：设置节点的半径大小。
- 【分段】：设置节点物体的片段划分数，值越大，面数越多，节点越接近球体。
- 【平滑】：对节点表面进行光滑处理，产生球体效果。

5.1.4 课堂练习——多个修改器顺序嵌套

利用多个修改器组合建模，制作一个烛台场景，效果如图 5-14 所示。

图5-14 烛台场景

操作提示

1. 单击标准基本体创建命令面板中的 茶壶 按钮，创建茶壶物体，在透视图中创建一个茶杯物体，在修改命令面板中为其添加锥化修改，制作过程及结果如图 5-15 所示。

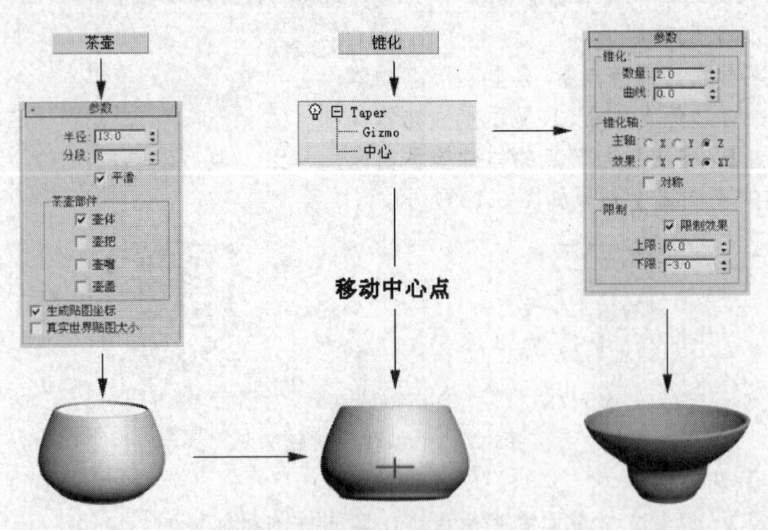

图5-15 创建茶壶并进行锥化修改

2. 单击扩展基本体创建命令面板中的 切角长方体 按钮，创建切角长方体，在修改命令面板中分别选择【扭曲】和【锥化】修改命令，创建蜡烛形态，制作过程及结果如图 5-16 所示。

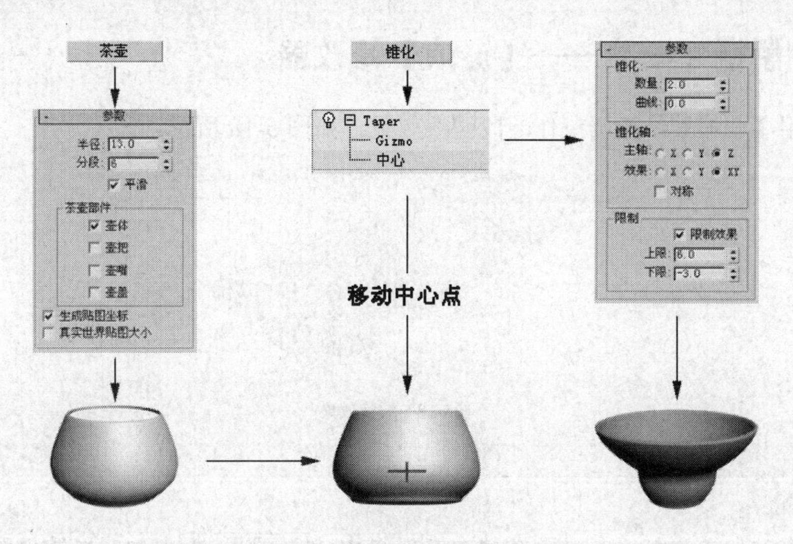

图5-16 蜡烛的制作过程及结果

3. 单击标准基本体创建命令面板中的 球体 按钮，创建球体，在修改命令面板中分别选择【锥化】和【弯曲】修改命令，创建火苗形态，创建过程及结果如图 5-17 所示。

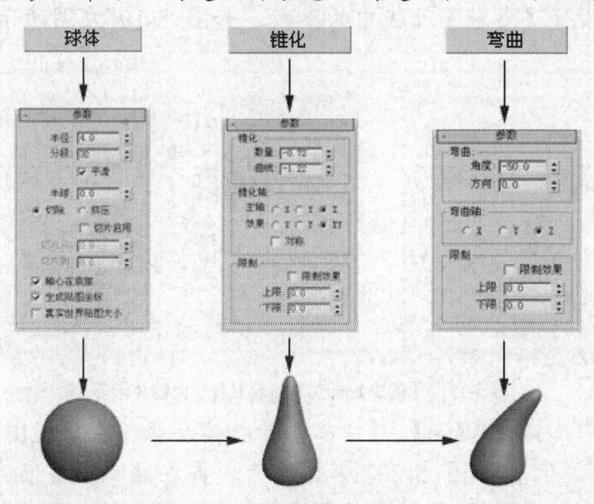

图5-17 火苗的创建过程

4. 选择菜单栏中的【文件】/【保存】命令，将场景保存为“05_03.max”文件。此场景的线架文件以相同的名字保存在教学资源中的“Scenes”目录中。

5.2 常用动画修改器

在【修改器列表】下拉列表框中还有很多专门用于制作动画的修改器，本节就以常用的【波浪】修改器和【路径变形】修改器为例，介绍该类修改器的使用方法。

5.2.1 知识点讲解

- 【波浪】: 【波浪】修改器可以在物体上产生波浪效果。
- 【路径变形】: 【路径变形】修改器可控制物体沿着路径曲线变形，也就是物体在指定的路径上移动的同时还会发生变形。

5.2.2 范例解析（一）——【波浪】修改器

下面就利用【波浪】修改器制作一段波浪效果，如图 5-18 所示。

图5-18 波浪效果

范例操作

1. 重新设定系统。单击标准基本体创建命令面板中的 平面 按钮，在透视图中创建一个长为 120，宽为 50 的平面物体，设置【长度分段】和【宽度分段】均为“20”。
2. 单击按钮进入修改命令面板，在【修改器列表】下拉列表框中选择【波浪】命令，为其添加波浪修改，并设置【参数】面板中的参数，如图 5-19 左图所示，此时平面物体形态如图 5-19 右图所示。

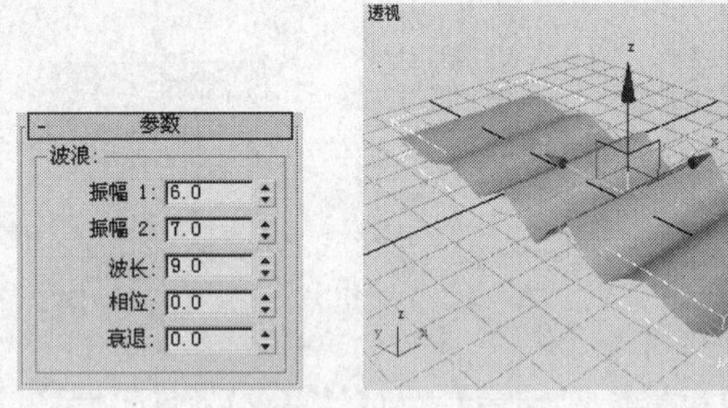

图5-19 【参数】面板中的设置及平面物体形态

3. 在修改器堆栈面板中选择【Wave】/【中心】子物体层级，在顶视图中将中心子物体沿 y 轴向上移动一段距离，位置如图 5-20 左图所示，再在【参数】面板中修改【衰退】值为“0.03”，此时平面物体形态如图 5-20 右图所示。

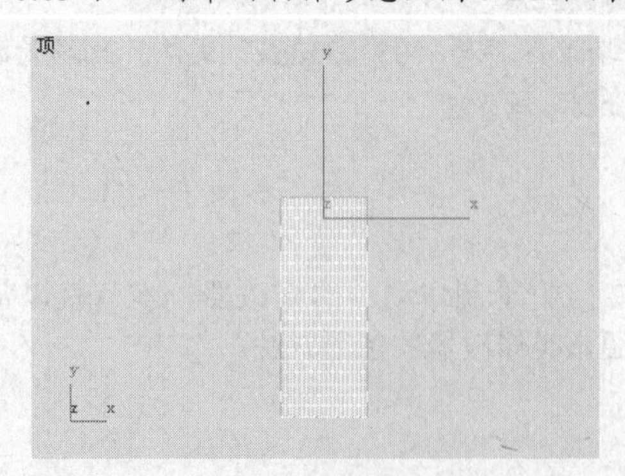

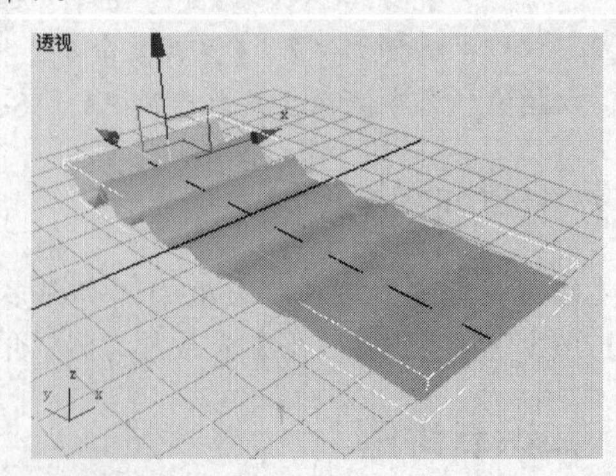

图5-20 移动中心点的位置及结果

4. 单击动画设置区中的 自动关键点 按钮，将时间滑块拖到第 100 点的位置，修改【相位】值为“- 5”，然后单击 自动关键点 按钮，使其关闭，制作动画效果。

5. 选择菜单栏中的【文件】/【保存】命令，将场景保存为“05_04.max”文件。此文件以相同的名字保存在教学资源中的“Scenes”目录中。

5.2.3 范例解析（二）——【路径变形】修改器

下面利用【路径变形】修改器制作四棱锥螺旋生长动画，效果如图 5-21 所示。

图5-21 四棱锥生长动画

1. 重新设定系统。单击 / / 螺旋线 按钮，在透视图中创建一个螺旋线，其参数设置如图 5-22 所示。
2. 单击 / / 四棱锥 按钮，在透视图中创建一个四棱锥，参数设置如图 5-23 所示。

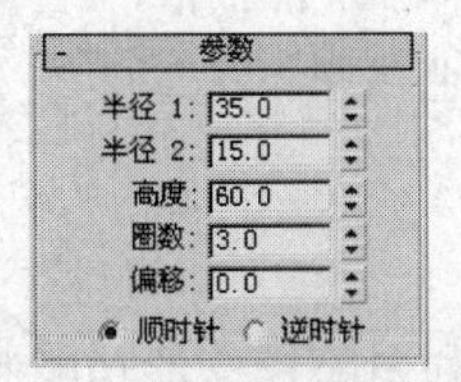

图5-22 螺旋线的参数设置

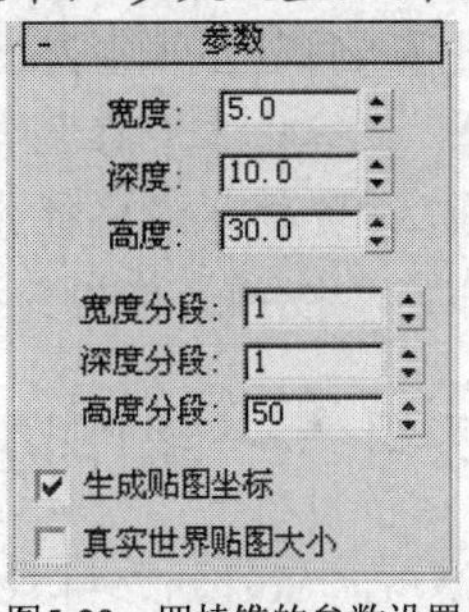

图5-23 四棱锥的参数设置

要点提示 增加【高度分段】值的目的是使四棱锥在进行路径变形时，能很好地实现弯曲变形效果，不至于呆板。

3. 单击 按钮进入修改命令面板，在 修改器列表 下拉列表中选择【世界空间修改器】/【路径变形】命令，为四棱锥添加路径变形修改。
4. 单击【参数】面板中的 拾取路径 按钮，在透视图中拾取螺旋线，再单击 转到路径 按钮，使四棱锥转移到拾取的路径上，位置如图 5-24 所示。

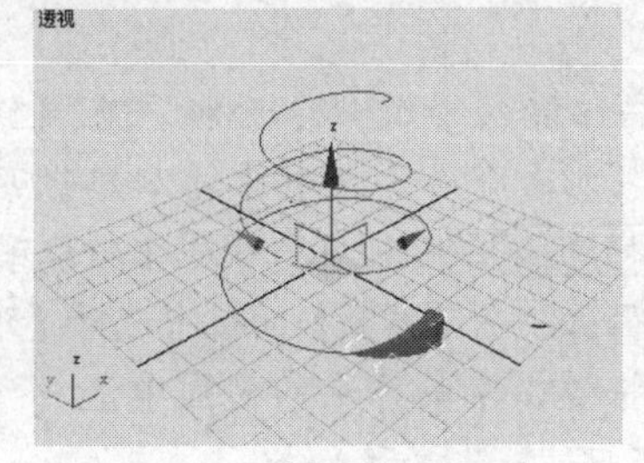

图5-24 四棱锥的位置及形态

5. 单击 自动关键点 按钮，将时间滑块拖到最后一点处，在【参数】面板中修改【拉伸】的值为“16.5”，单击 自动关键点 按钮，使其关闭。

6. 单击▶按钮，在透视图中观看动画效果，会看到四棱锥以螺旋线为路径进行生长，效果如图 5-21 所示。
7. 选择菜单栏中的【文件】/【保存】命令，将场景保存为“05_05.max”文件。此场景的线架文件以相同的名字保存在教学资源中的“Scenes”目录中。

【知识链接】

【路径变形】修改命令的【参数】面板形态如图 5-25 所示。

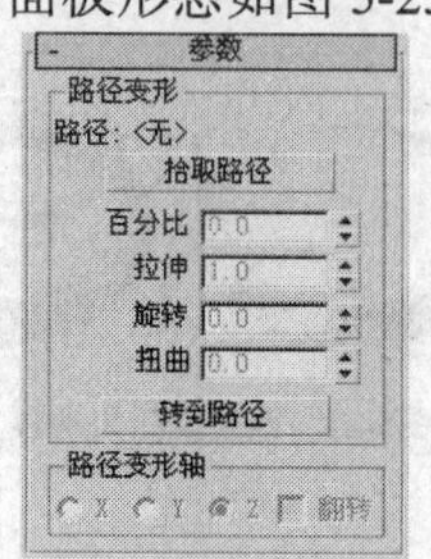

图5-25 【参数】面板形态

其常用选项解释如下。

- 拾取路径 按钮：单击此按钮，可在视图中指定路径曲线，但物体的位置保持不变。
- 【百分比】：调节物体在路径上的位置。
- 【拉伸】：调节物体沿路径自身拉长的比例。
- 【扭曲】：设置物体沿路径扭曲的角度。
- 转到路径 按钮：单击此按钮，可使物体移动到路径曲线上。

5.2.4 课堂练习——制作过山车动画

打开教学资源中“Scenes”目录下的“05_06.max”文件，利用路径变形功能制作过山车动画，结果如图 5-26 所示。

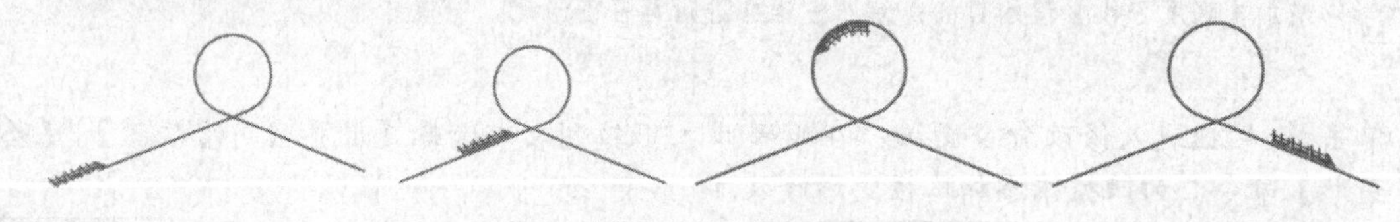

图5-26 过山车动画

操作提示

1. 选择过山车物体，单击按钮进入修改命令面板，在【修改器列表】下拉列表框中选择【世界空间修改器】/【路径变形】命令，为物体添加路径变形修改。
2. 单击【参数】面板中的 拾取路径 按钮，在透视图中拾取曲线，再单击 转到路径 按钮，使过山车物体转移到拾取的路径上。在【参数】面板中选择【路径变形轴】栏中的【X】选项。
3. 单击主工具栏中的按钮，将过山车物体在前视图中沿 y 轴向上移动一段距离，使其落在曲线路径的上方，位置如图 5-27 左图所示。
4. 单击 自动关键点 按钮，将时间滑块拖到最后一点处，在【参数】面板中修改【百分比】的值为“100”，如图 5-27 右图所示。单击 自动关键点 按钮，使其关闭。

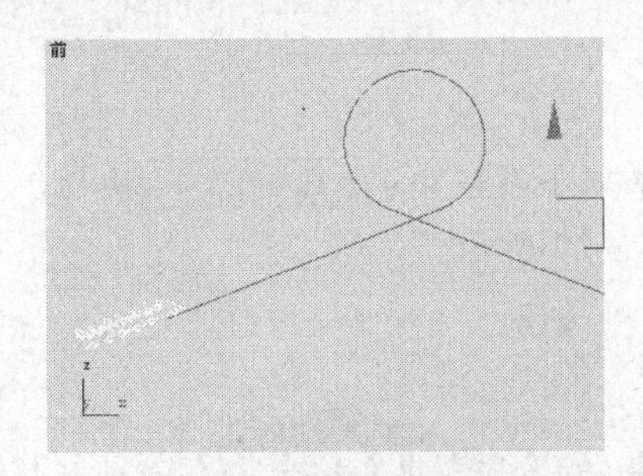
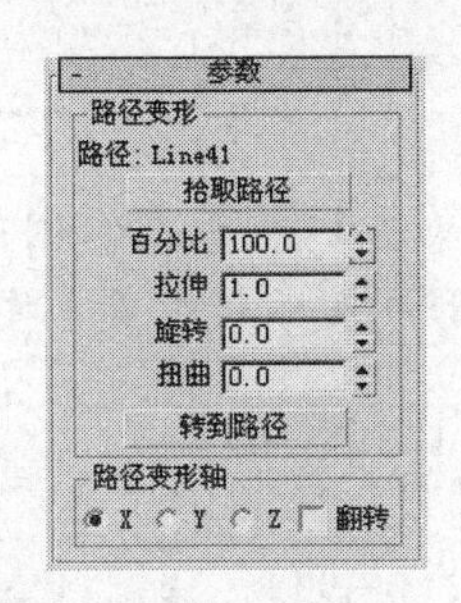

图5-27　物体移动后的位置

5. 单击▶按钮，在透视图中观看动画效果，会看到过山车物体以螺旋线为路径进行移动前进。
6. 选择菜单栏中的【文件】/【另存为】命令，将场景保存为“05_06_ok.max”文件。

5.3 多边形建模

三维空间中的物体是由面片构成的，而这些面片都是附着在网格线上的，网格线的两端又分别连接在节点上，这些节点、网格线、面片都是该物体的子物体。如果要针对这些子物体层级进行编辑，就必须对原物体应用编辑修改命令，比如【编辑网格】、【编辑多边形】等。造型功能最强的是【编辑多边形】修改命令。

【编辑多边形】修改功能有 5 个子物体层级可供选择：（顶点）、（边）、（边界）、（多边形）、（元素）。通过编辑这些子物体，可以将一个普通的基本体转换成各种复杂的三维造型，这是一种最为常用的多边形编辑建模方法。

5.3.1 知识点讲解

- （顶点）编辑：节点是多边形里最小的子物体单元，它的变动将直接影响与之相连的网格线，进而影响整个物体的表面形态。
- （边）编辑：三维物体上关键位置上的边是很重要的子物体元素，比如两个垂直面相交的边是经常要编辑的地方，可通过切角命令生成过渡表面，从而改变两个面之间的尖锐相交效果。
- （边界）编辑：边界位于非闭合表面的开放处，通过编辑这些边界可以在开放表面的缺口处进行造型。
- （元素）编辑：元素是指相对独立的完整部件，比如一个茶壶物体，在它的元素层级中就可以分别针对茶壶盖、茶壶嘴、茶壶把进行单独的编辑修改。

5.3.2 范例解析（一）——顶点编辑

利用顶点编辑修改切角长方体，结果如图 5-28 所示。

图5-28　切角长方体的顶点修改结果

范例操作

1. 重新设定系统。单击扩展基本体创建命令面板中的 切角长方体 按钮，在透视图中创建一个切角长方体，其形态及参数设置如图 5-29 所示。

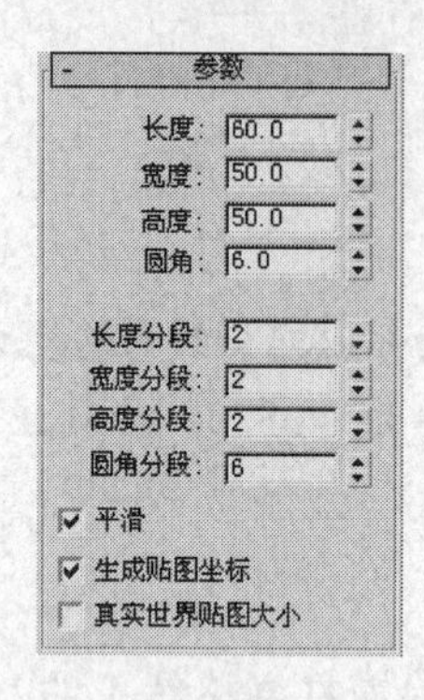

图5-29 切角长方体形态及参数设置

2. 按键盘上的 F4 键，显示切角长方体表面的网格线。
3. 单击按钮进入修改命令面板，在 修改器列表 下拉列表中选择【编辑多边形】命令，为切角长方体添加编辑多边形修改。
4. 单击【选择】面板中的按钮，选择切角长方体正面中间的一个顶点，如图 5-30 左图所示。单击 挤出 按钮右侧的按钮，在弹出的【挤出顶点】对话框中设置各参数，如图 5-30 中图所示，单击 确定 按钮，此时切角长方体形态如图 5-30 右图所示。

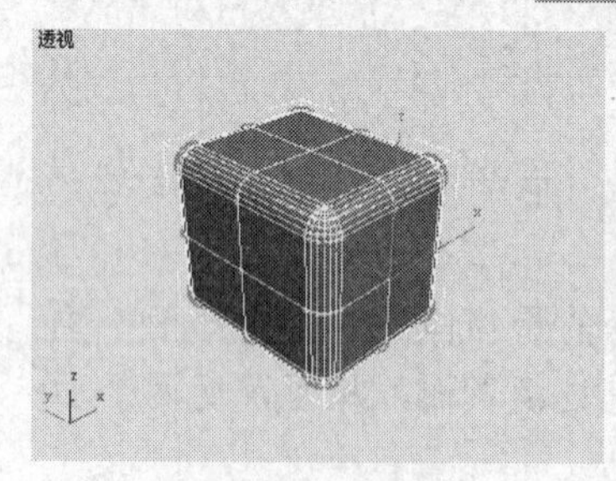

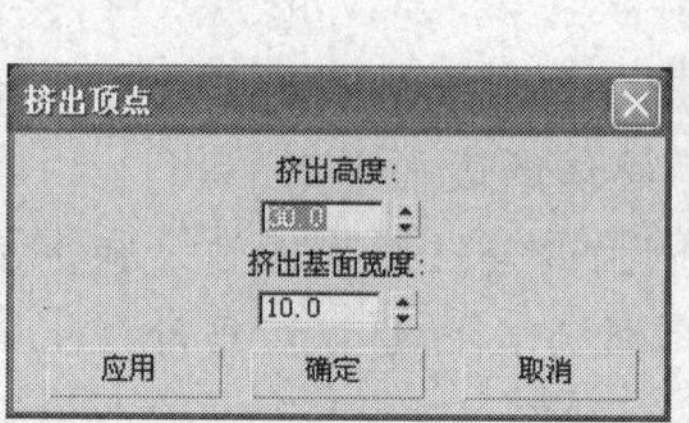

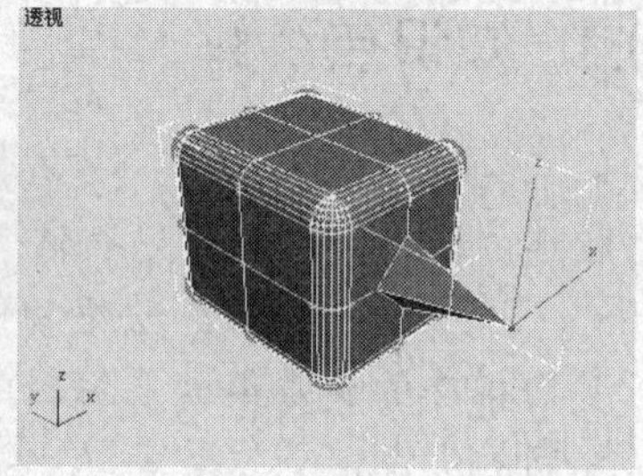

图5-30 选择顶点的位置及挤出形态

5. 单击按钮，使其关闭。
6. 选择菜单栏中的【文件】/【保存】命令，将场景保存为“05_07.max”文件。此场景的线架文件以相同的名字保存在教学资源中的“Scenes”目录中。

【知识链接】

【编辑顶点】面板形态如图 5-31 所示。

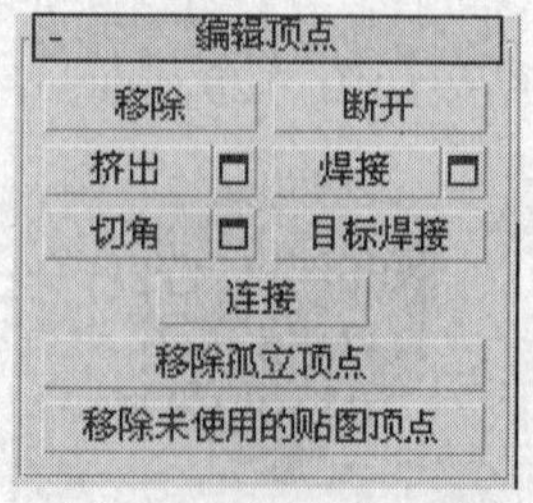

图5-31 【编辑顶点】面板

其中常用按钮的含义解释如下。

- 移除按钮：去除当前选择的节点，周围的节点会重新进行结合，不会破坏表面的完整性。
- 挤出按钮：对选择的节点进行挤出操作，使节点沿着法线方向挤出的同时创建出新的多边形表面。
- 焊接按钮：用于节点之间的焊接操作。
- 切角按钮：对选择的节点进行切角处理。

5.3.3 范例解析（二）——边编辑

利用边编辑修改切角长方体，结果如图 5-32 所示。

图5-32 切角长方体的边修改结果

范例操作

1. 重新设定系统。单击扩展基本体创建命令面板中的切角长方体按钮，在透视图中创建一个切角长方体，其形态及参数设置如图 5-33 所示。按键盘上的F4键，显示切角长方体表面的网格线。

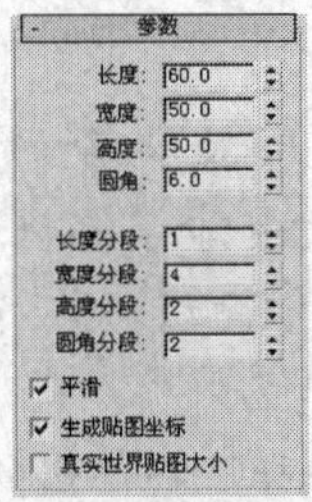

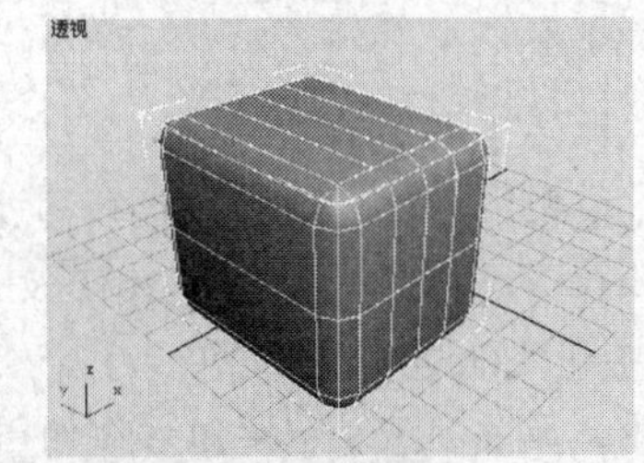

图5-33 切角长方体形态及参数设置

2. 单击按钮进入修改命令面板，在修改器列表下拉列表中选择【编辑多边形】命令，为切角长方体添加编辑多边形修改。
3. 单击【选择】面板中的按钮，选择切角长方体正面中间的一条边，如图 5-34 左图所示。在【编辑边】面板中单击挤出按钮右侧的按钮，在弹出的【挤出边】对话框中设置各参数，如图 5-34 中图所示，单击确定按钮，此时切角长方体形态如图 5-34 右图所示。

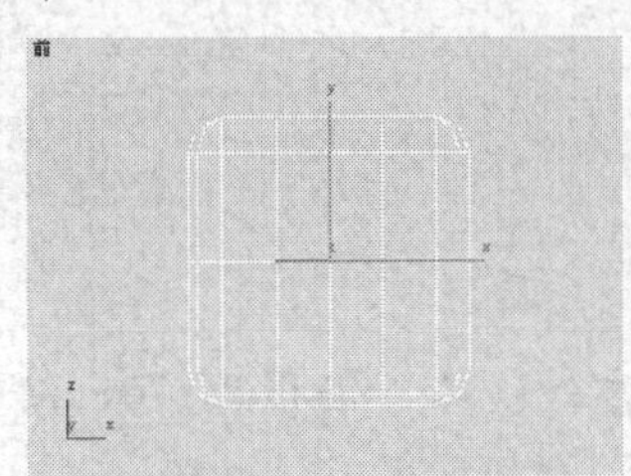

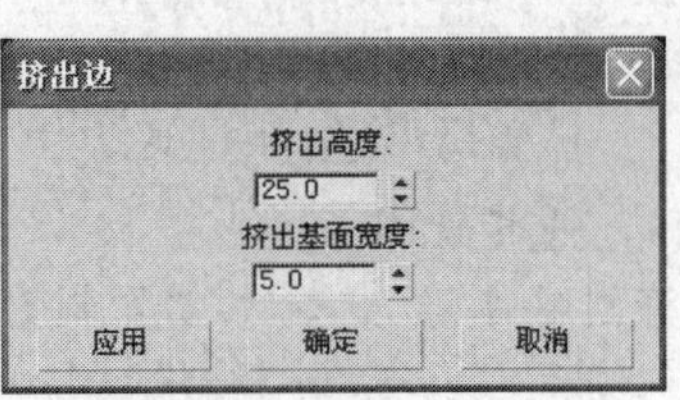

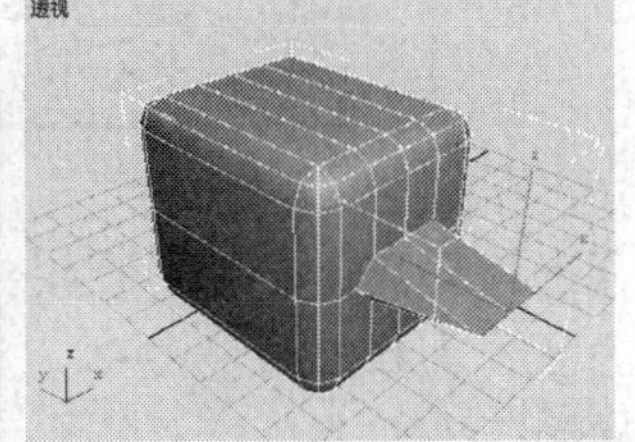

图5-34 选择边的位置及挤出形态

4. 单击按钮，使其关闭。
5. 选择菜单栏中的【文件】/【保存】命令，将场景保存为“05_08.max”文件。此场景的线架文件以相同的名字保存在教学资源中的“Scenes”目录中。

【知识链接】

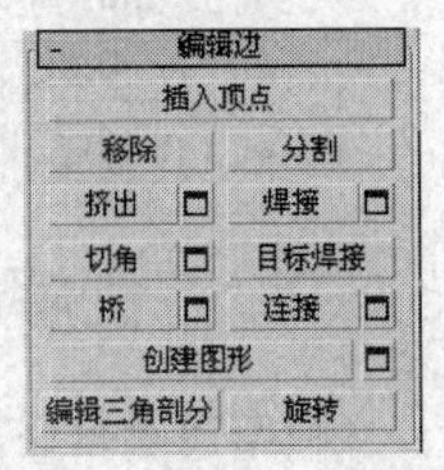

图5-35 【编辑边】面板

【编辑边】面板形态如图 5-35 所示。其中常用按钮的含义解释如下。

- 移除 按钮：去除当前选择的边，去除边周围的面会重新进行结合，不会破坏表面的完整性。
- 挤出 按钮：对选择的边进行挤出操作，使边沿着法线方向挤出的同时创建出新的多边形表面。
- 焊接 按钮：用于边之间的焊接操作。
- 切角 按钮：对选择的边进行切角处理。

5.3.4 范例解析（三）——边界与元素编辑

利用边界与元素编辑修改圆柱体，结果如图 5-36 所示。

图5-36 圆柱体的边界与元素修改结果

范例操作

1. 选择菜单栏中的【文件】/【打开】命令，打开教学资源中“Scenes”目录下的“05_09.max”文件，这是一个表面经过【编辑多边形】命令编辑过的圆柱体。
2. 选择“Cylinder01”物体，单击按钮进入修改命令面板，在【选择】面板中单击按钮，在透视图中选择抠洞处的边界。
3. 在【编辑边界】面板中，单击 挤出 按钮右侧的按钮，在弹出的【挤出边】对话框中设置各参数，如图 5-37 左图所示，然后单击 确定 按钮，此时圆柱体形态如图 5-37 右图所示。

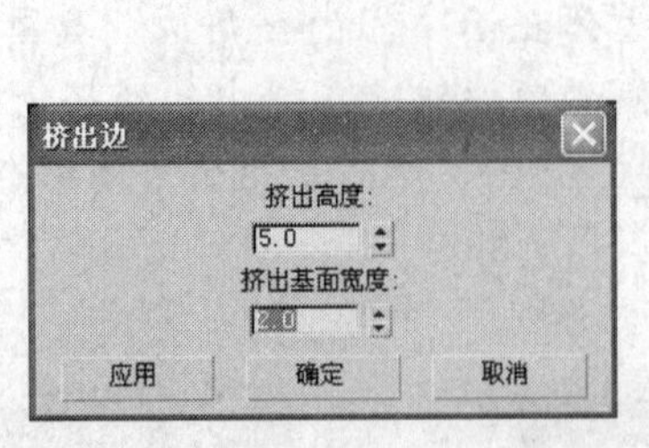

图5-37 边界挤出效果

4. 在【选择】面板中单击按钮，使其关闭。
5. 单击主工具栏中的按钮，将圆柱体沿 x 轴以【复制】方式镜像，偏移为 70，结果如图 5-38 所示。

图5-38　镜像复制后的结果

6. 单击【编辑几何体】面板中的 附加 按钮，选择另一个圆柱体，将它们合并在一起，然后单击 附加 按钮，使其关闭。

要点提示　此时合并进来的物体背面不可见，看上去是开放的物体，需要将该物体表面的法线反转过来。

7. 单击【选择】面板中的按钮，选择要反转法线的物体，使其处于红色被选择状态。
8. 单击【编辑元素】面板中的 翻转 按钮，进行法线反转，此时物体形态如图 5-39 所示。

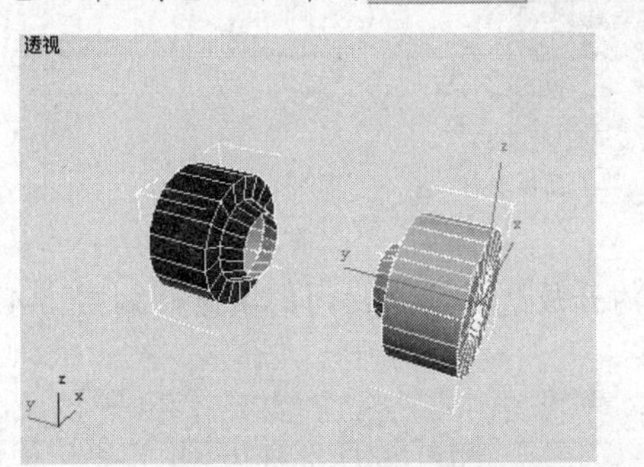

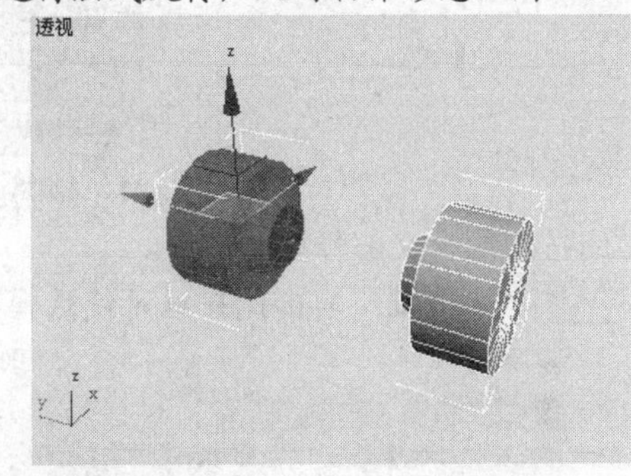

图5-39　法线反转前后的物体形态比较

9. 单击按钮，在左视图中选择两侧挤出部分的多边形，位置如图 5-40 左图所示。单击【多边形属性】面板中的 自动平滑 按钮，自动平滑所选部分，平滑前后的效果如图 5-40 中图和右图所示。

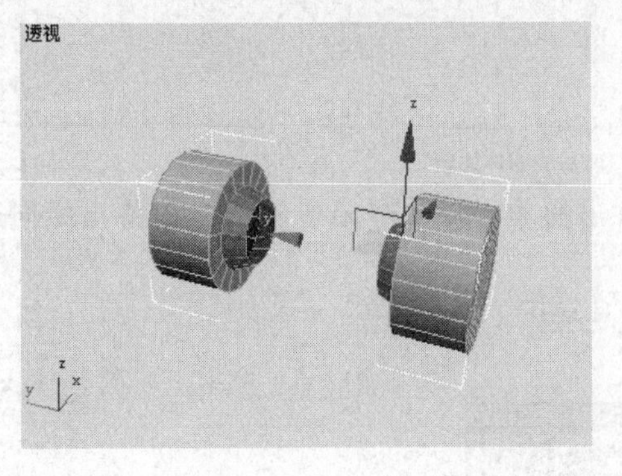

图5-40　平滑所选多边形

10. 单击按钮，确认两个抠洞处的边界均处于被选择状态，在【编辑边界】面板中单击 桥 按钮，在两个物体之间创建连接，形态如图 5-41 所示。

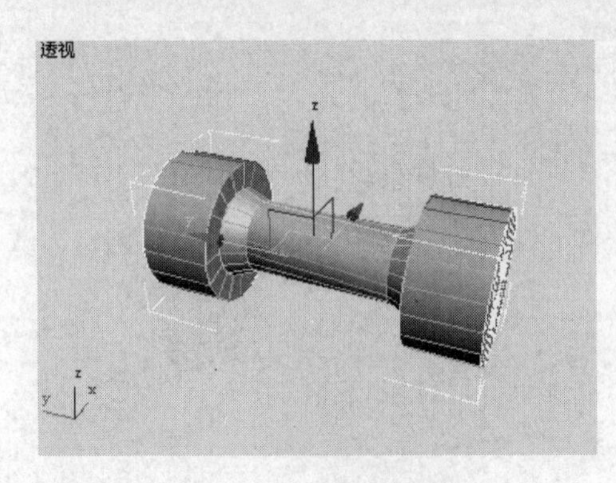

图5-41 两个物体的连接状态

11. 单击按钮，使其关闭。
12. 选择菜单栏中的【文件】/【另存为】命令，将场景另存为“05_09_ok.max”文件。此场景的线架文件以相同的名字保存在教学资源中的“Scenes”目录中。

【知识链接】

【编辑边界】面板形态如图 5-42 所示。

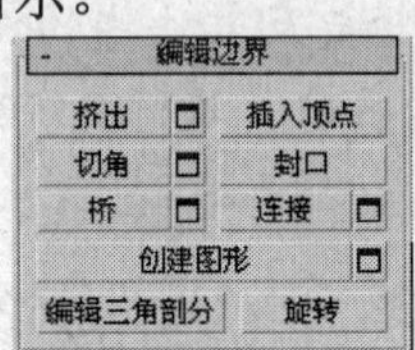

图5-42 【编辑边界】面板形态

其中常用按钮的含义解释如下。

- 封口 按钮：单击此按钮可使选择的开放边界成为封闭的实体，如图 5-43 所示。

封口前

封口后

图5-43 封口前后的物体比较

- 挤出 按钮：对选择的边界进行挤出操作，使边界沿着法线方向挤出的同时创建出新的多边形表面。
- 桥 按钮：在两个边界之间创建连接。

【编辑元素】面板形态如图 5-44 所示。

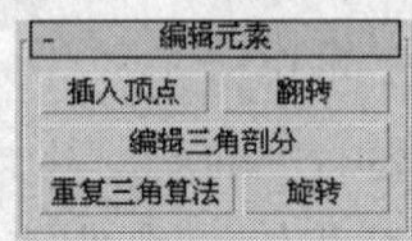

图5-44 【编辑元素】面板形态

- 翻转 按钮：反转所选子物体的法线方向。

5.3.5 课堂练习——制作水盆

利用【编辑多边形】修改器创建图 5-45 所示的水盆造型。

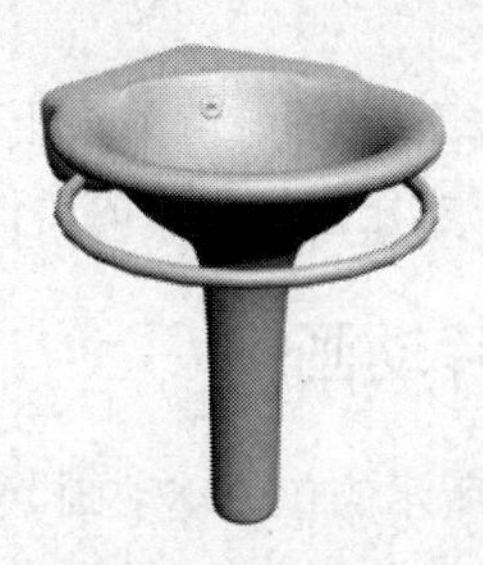

图5-45 水盆造型

操作提示

1. 水盆是利用圆柱体和圆环编辑加工而成的，制作流程如图 5-46 所示。

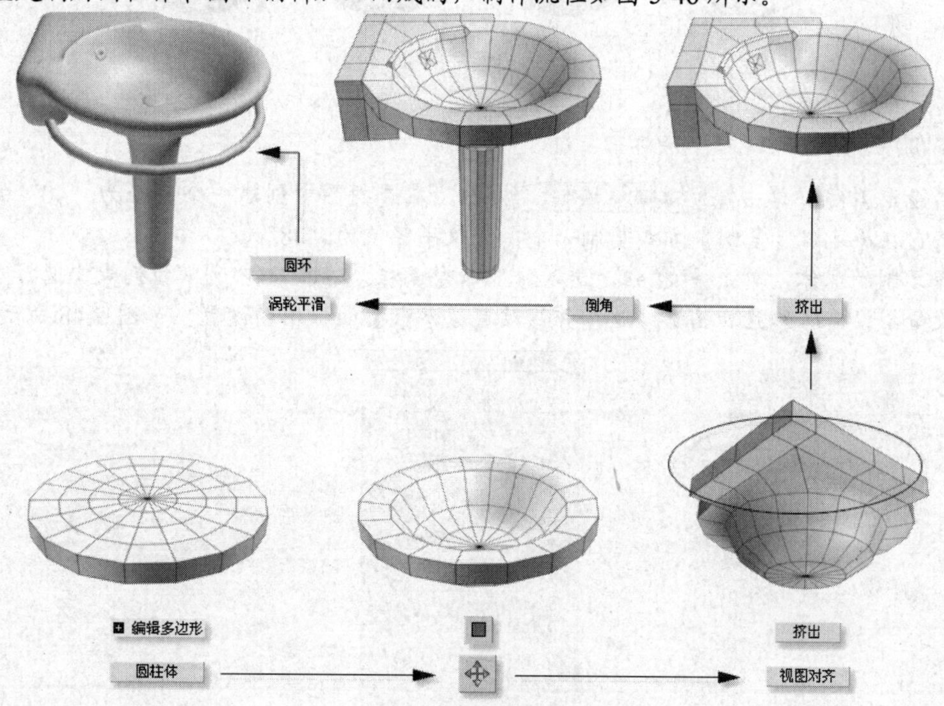

图5-46 水盆的制作流程

2. 选择菜单栏中的【文件】/【保存】命令，将场景保存为“05_10.max”文件。此场景的线架文件以相同的名字保存在教学资源中的“Scenes”目录中。

5.4 三维布尔运算

布尔运算是一种逻辑数学的计算方法，主要用来处理两个集合的域的运算。当两个造型相互重叠时，就可以进行布尔运算。在 3ds Max 9 中，任何两个物体（有形的几何体）相互重叠时都可以进行布尔运算，运算之后产生的新物体称为布尔物体，属于参数化的物体。参与布尔运算的原始物体永久保留其建立参数。

5.4.1 知识点讲解

- 【切片】修改器：创建一个穿过网格模型的剪切平面，基于剪切平面创建新的点、线、面，从而将模型切开。
- 三维布尔运算：三维布尔运算是指对两个以上的物体进行并集、交集、差集运算，从而得到新的物体形态，是功能最为完善的形体切割工具。

5.4.2 范例解析——物体切片动画

利用【切片】修改器制作图 5-47 所示的包裹球动画。

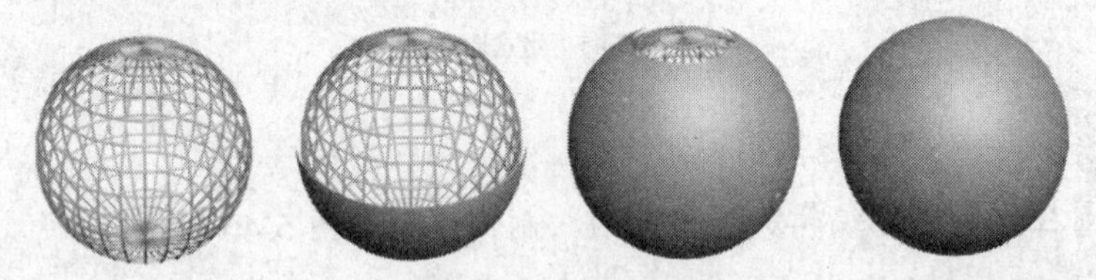

图5-47 包裹球动画效果

范例操作

1. 重新设定系统。单击 / / 球体 按钮，在透视图中创建一个半径为“40”的球体，并将它在原地以【复制】方式复制一个，修改半径值为“38”。
2. 选择复制的球体，单击 按钮，进入修改命令面板。在 修改器列表 下拉列表中选择【晶格】修改命令，为球体施加晶格修改，并修改其【参数】面板中的设置，如图 5-48 所示。

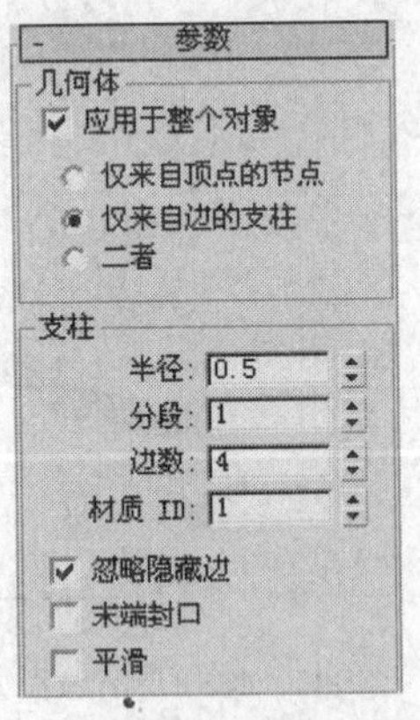

图5-48 【参数】面板中的设置

3. 选择第一个球体，在 修改器列表 下拉列表中选择【切片】修改命令，为球体施加切片修改，在【切片参数】面板中选中【移除顶部】选项。
4. 单击动画控制区中的 自动关键点 按钮，确认时间滑块在第 0 点的位置上。在修改器堆栈面板中选择【切片】/【切片平面】子物体层级，在前视图中将其沿 y 轴向下移动一段距离，使其处于球体底部，位置如图 5-49 左图所示。
5. 将时间滑块拖到第 100 点的位置上，在前视图中将切片平面沿 y 轴向上移动一段距离，使其位于球体的顶部，位置如图 5-49 右图所示。

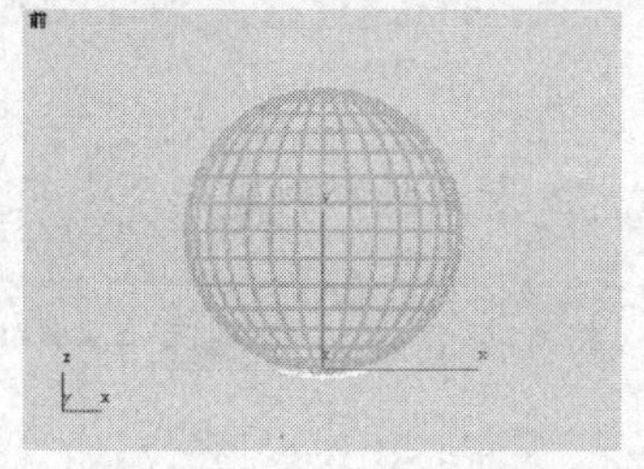
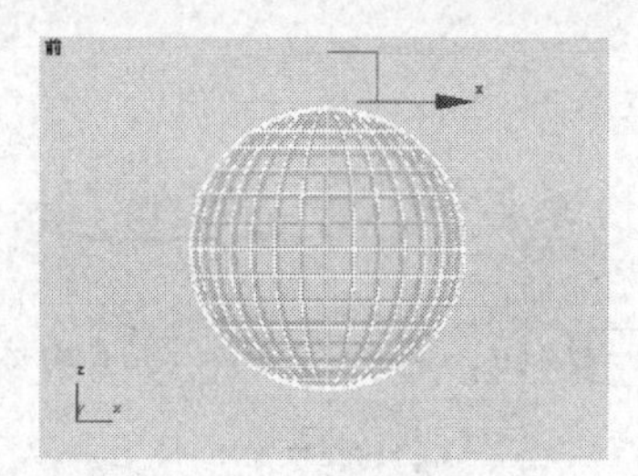

图5-49　切片平面的位置

6. 单击自动关键点按钮，使其关闭。激活透视图，单击▶按钮，观看切片动画效果。
7. 选择菜单栏中的【文件】/【保存】命令，将场景保存为“05_11.max”文件。此场景的线架文件以相同的名字保存在教学资源中的“Scenes”目录中。

【知识链接】

【切片参数】面板形态如图 5-50 所示。

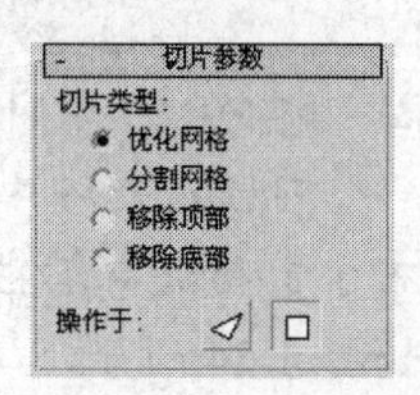

图5-50　【切片参数】面板形态

- 【优化网格】：在物体和剪切平面相交的地方增加新的点、线或面。被剪切的网格物体仍然是一个物体。
- 【分割网格】：在物体和剪切平面相交的地方增加双倍的点和线，剪切后的物体被分离为两个物体。
- 【移除顶部】：删除剪切平面顶部全部的点和面，如图 5-51 左图所示。
- 【移除底部】：删除剪切平面底部全部的点和面，如图 5-51 右图所示。

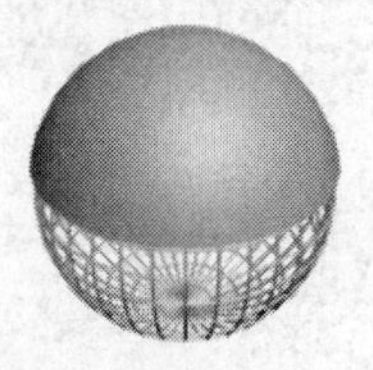

图5-51　移除不同位置的效果

5.4.3　课堂练习——旋转螺纹动画

利用三维布尔运算功能，制作图 5-52 所示的旋转螺纹动画效果。

图5-52　旋转螺纹动画

操作提示

1. 重新设定系统。单击 / / 圆柱体 按钮，在透视图中创建一个半径为 20，高度为 50 的圆柱体。
2. 单击 圆环 按钮，再创建一个圆环物体，参数设置及位置如图 5-53 所示。

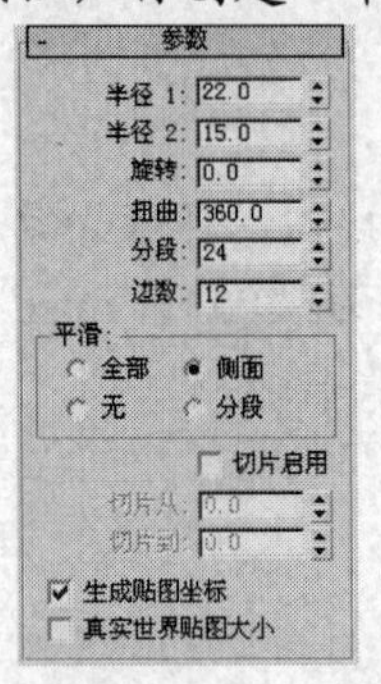

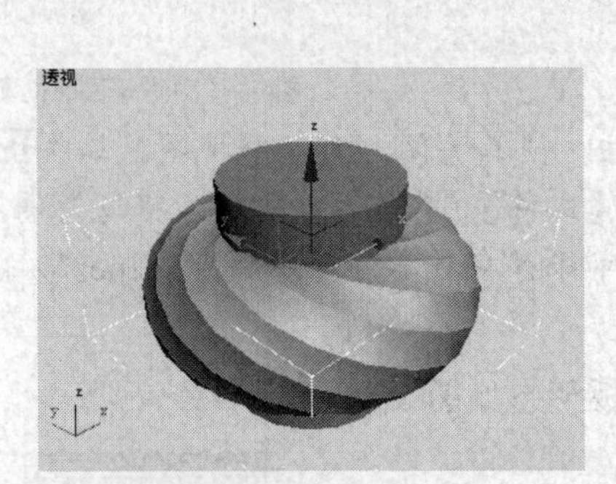

图5-53　圆环的参数设置及位置

3. 选择圆柱体，在 标准基本体 下拉列表框中选择 复合对象 选项，单击其下的 布尔 按钮，在【拾取布尔】面板中单击 拾取操作对象 B 按钮，在透视图中选择圆环物体，进行布尔差集运算，结果如图 5-54 所示。

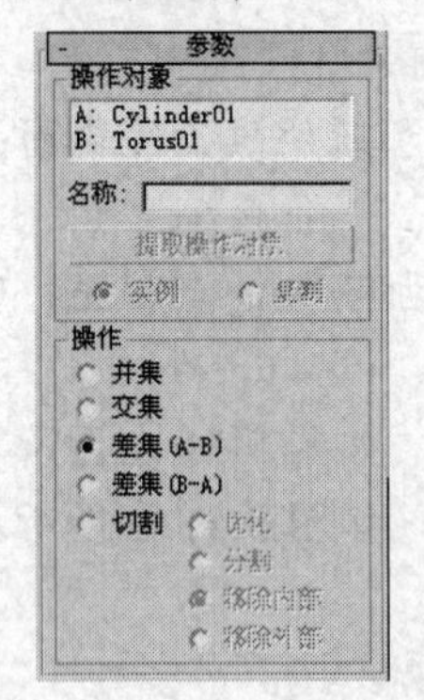

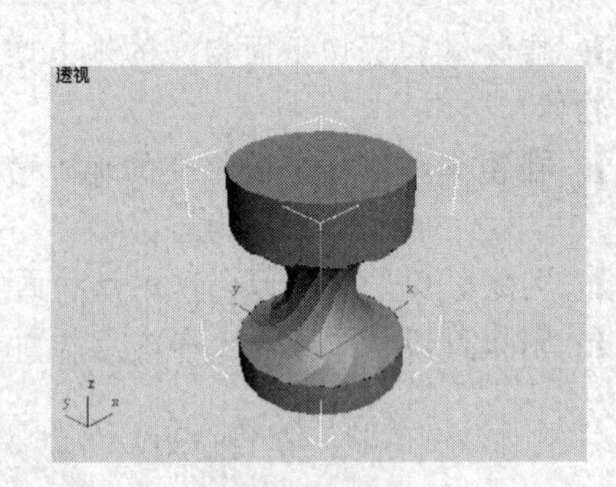

图5-54　三维布尔运算结果

4. 在【显示/更新】面板中选中【结果+隐藏的操作对象】选项，面板形态及结果如图 5-55 所示。

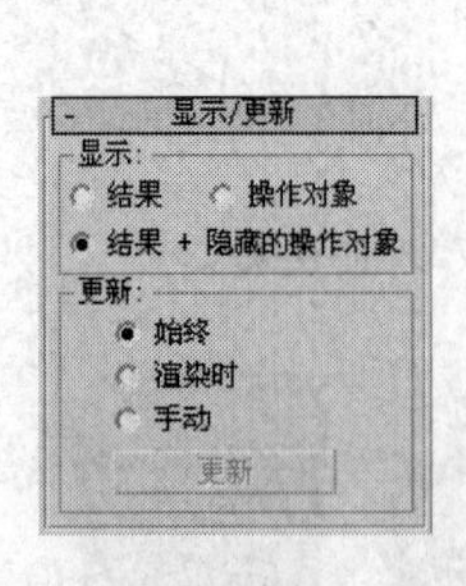

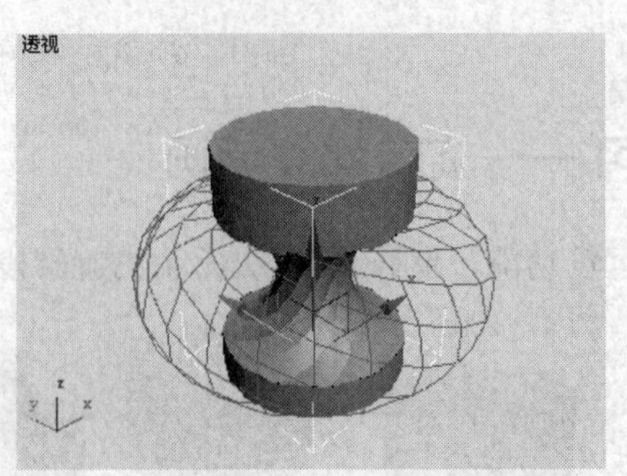

图5-55　显示结果

5. 在修改器堆栈面板中选择【布尔】/【操作对象】子物体层级，在透视图中选择圆环物体。单击动画控制区中的 自动关键点 按钮，确定时间滑块在第 0 点的位置上，在前视图中将圆环移动至圆柱体的底部，位置如图 5-56 所示。

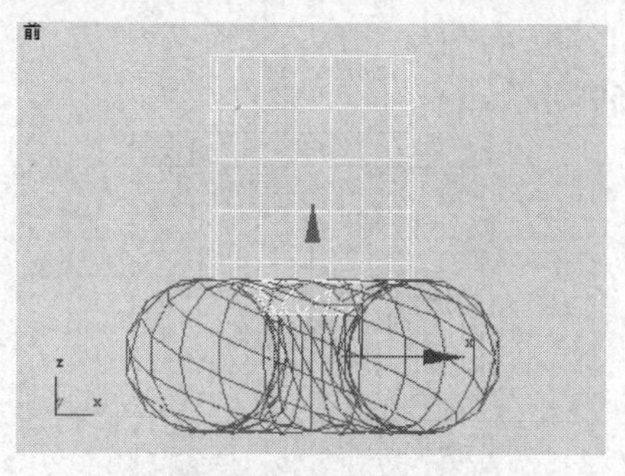

图5-56　圆环操作对象在前视图中的位置

6. 将时间滑块拖到第 100 点的位置，再将圆环移动至圆柱体的顶部，位置如图 5-57 左图所示。在修改器堆栈面板中返回到【Torus】层级，在【参数】面板中修改【旋转】值为“360”，如图 5-57 右图所示。

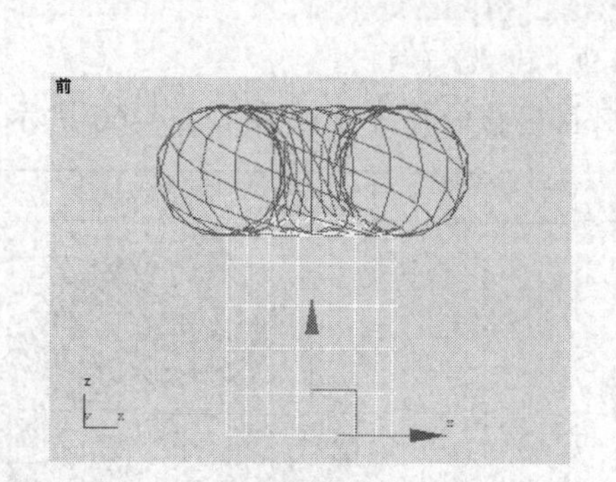

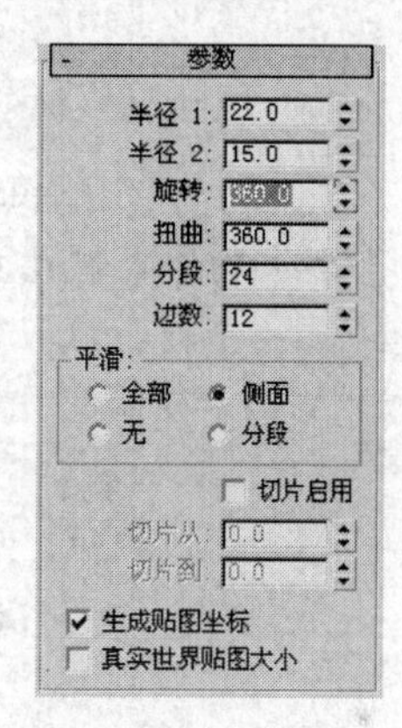

图5-57　圆环在第 100 点上的位置

7. 单击自动关键点按钮，使其关闭。
8. 在修改器堆栈面板中再返回到【布尔】层级，在【显示/更新】面板中选中【结果】选项，隐藏操作对象子物体。单击▶按钮，在透视图中观看动画效果。
9. 选择菜单栏中的【文件】/【保存】命令，将场景保存为“05_12.max”文件。此场景的线架文件以相同的名字保存在教学资源中的“Scenes”目录中。

【知识链接】

三维布尔运算有 3 个参数面板：【拾取布尔】面板、【参数】面板和【显示/更新】面板。下面对这 3 个面板中的常用参数进行介绍。

(1)　【拾取布尔】面板

【拾取布尔】面板形态如图 5-58 所示。

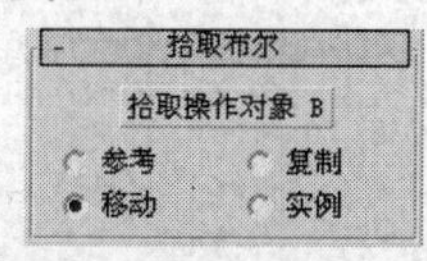

图5-58　【拾取布尔】面板形态

- 拾取操作对象 B按钮：在布尔运算中，两个原始物体被称为运算对象，一个叫运算对象 A，另一个叫运算对象 B。建立布尔运算前，首先要在视图中选择一个原始对象，即运算对象 A，再单击拾取操作对象 B按钮，在视图中拾取另一物体，即运算对象 B，然后就可进行三维布尔运算。

(2) 【参数】面板

【参数】面板形态如图 5-59 所示。

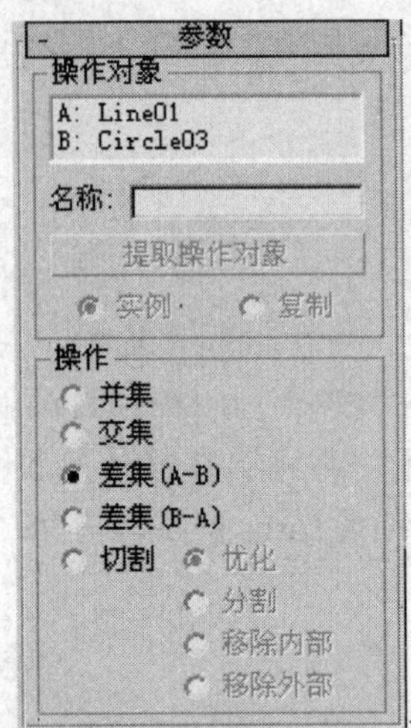

图5-59 【参数】面板形态

- 【并集】: 结合两个物体，减去相互重叠的部分，效果如图 5-60 所示。

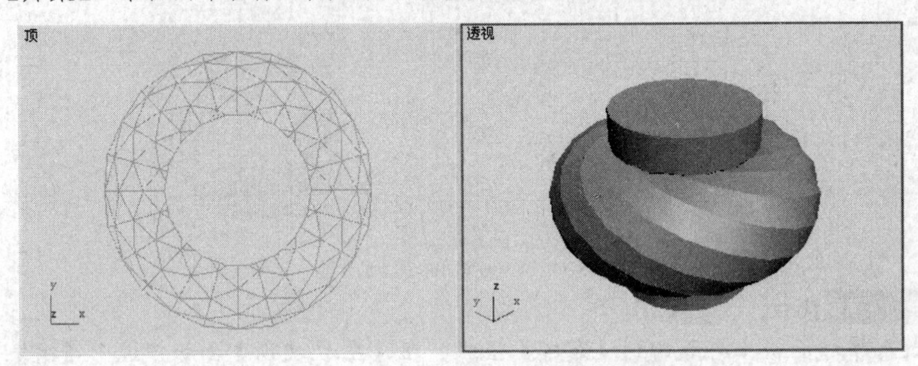

图5-60 布尔并运算效果

- 【交集】: 保留两个物体相互重叠的部分，删除不相交的部分，效果如图 5-61 所示。

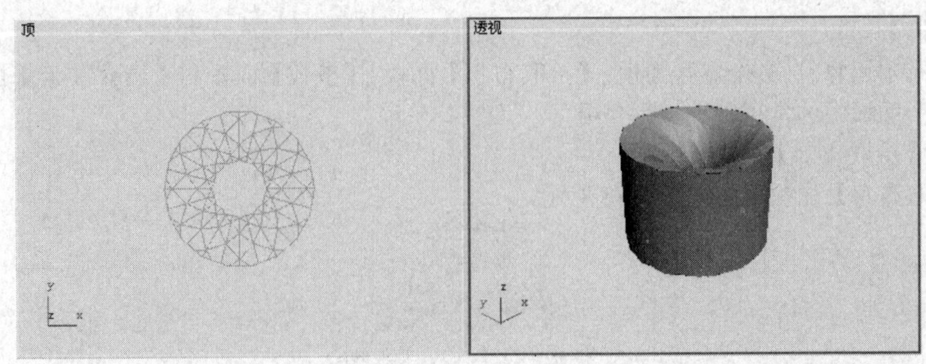

图5-61 布尔交运算效果

- 【差集(A－B)】: 用第 1 个被选择的物体减去与第 2 个物体相重叠的部分，剩余第 1 个物体的其余部分，效果如图 5-62 所示。

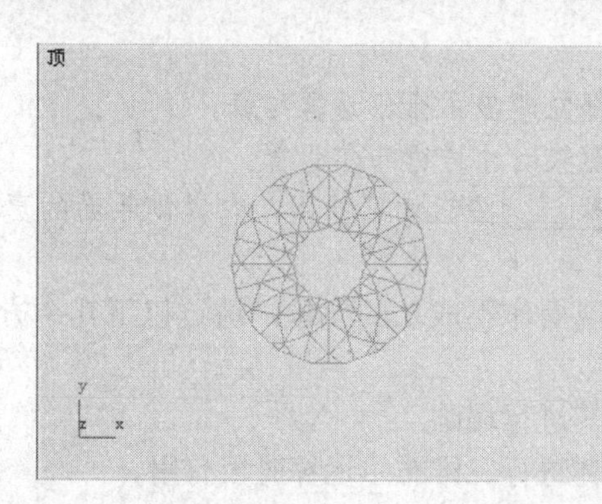

图5-62　A 减 B 效果

- 【差集(B－A)】：用第 2 个物体减去与第 1 个被选择的物体相重叠的部分，剩余第 2 个物体的其余部分，效果如图 5-63 所示。

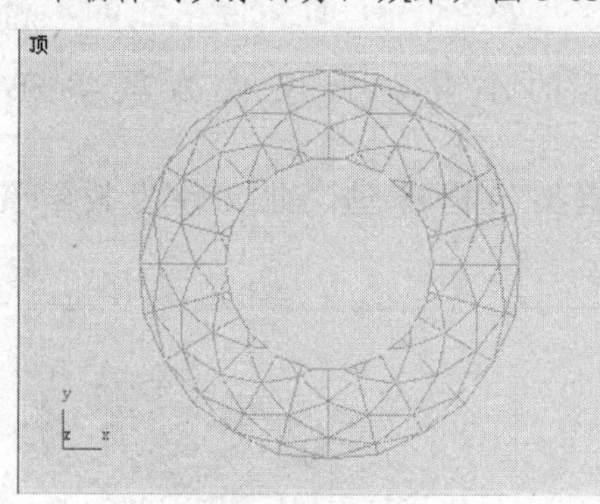

图5-63　B 减 A 效果

(3)　【显示/更新】面板

【显示/更新】面板形态如图 5-64 所示。

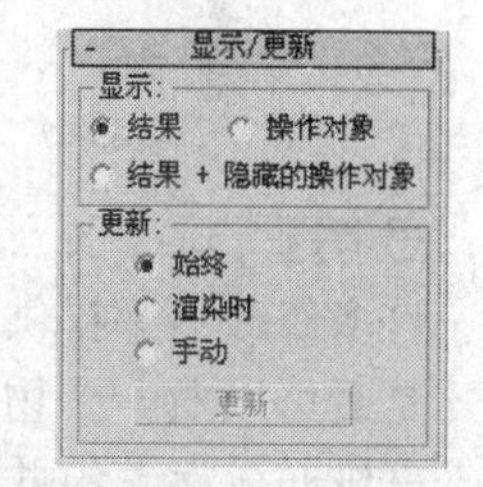

图5-64　【显示/更新】面板形态

【显示】选项栏中的参数说明如下。

- 【结果】：选择此选项后，只显示最后的运算结果。
- 【操作对象】：选择此选项后，显示出所有的运算对象，效果如图 5-65 所示。
- 【结果+隐藏的操作对象】：选择此选项后，在实体着色的视图内，以线框方式显示出隐藏的运算对象，以实体着色方式显示出运算结果，主要用于动态布尔运算的编辑操作，结果如图 5-66 所示。

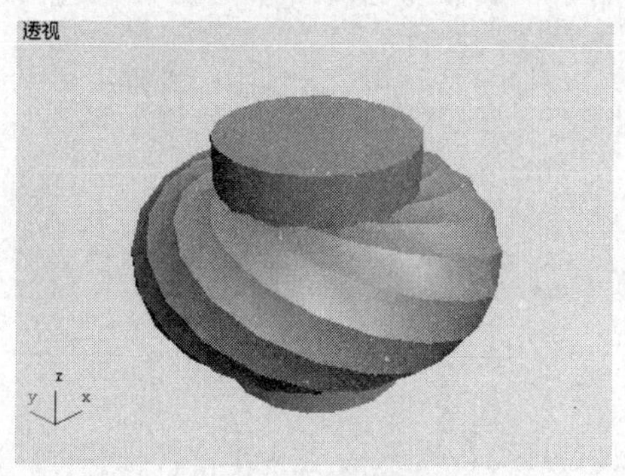

图5-65　显示所有的运算对象

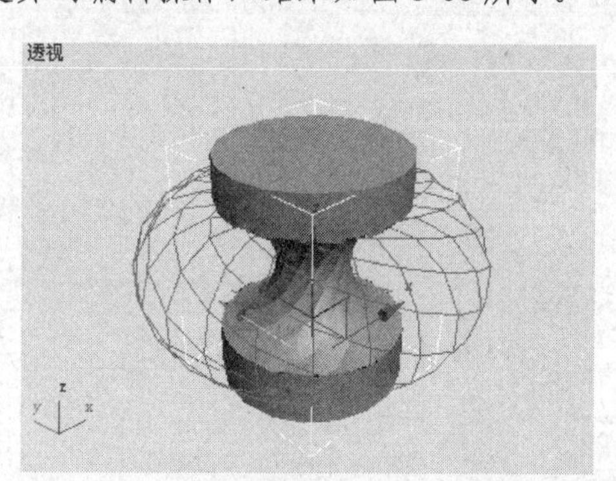

图5-66　【结果+隐藏的操作对象】方式的显示结果

【更新】选项栏中的参数说明如下。

- 【始终】: 选择此选项时，每一次操作后都立即显示布尔运算结果。
- 【渲染时】: 选择此选项时，只有在最后渲染时才进行布尔运算。
- 【手动】: 选择此选项时，下面的 更新 按钮才可使用，它提供手动的更新控制，需要观看更新效果时，单击此按钮即可。

对复杂物体进行三维布尔运算时，往往会出现操作不成功的现象，通过以下几个方法可成功进行布尔运算。

① 将物体转换为【可编辑多边形】物体或对其进行塌陷。

② 适当增加物体的表面段数，这在对复杂物体进行三维布尔运算时很有用。

5.5 课后作业

一、操作题

1. 利用弯曲修改功能制作图 5-67 所示的小凳。此文件为教学资源中的“LxScenes\05_01.max”文件。
2. 利用晶格修改功能创建图 5-68 所示的钢架结构模型。此文件为教学资源中的“LxScenes\05_02.max”文件。

图5-67 小凳形态

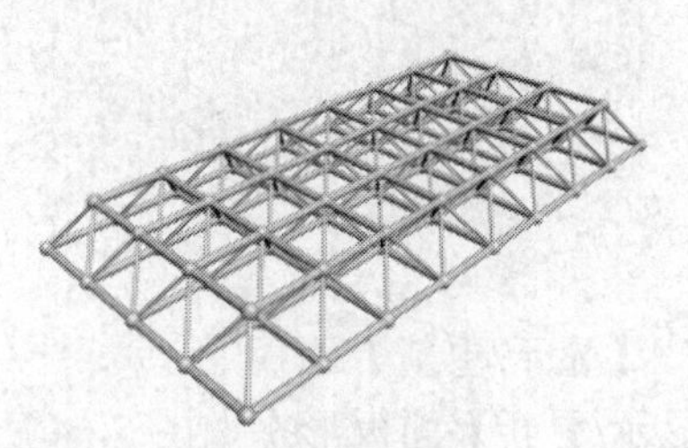

图5-68 钢架效果

二、思考题

1. 许多修改器都提供限制功能，在使用过程中应注意什么？
2. 是否可以对一个物体进行两次弯曲？关键是什么？
3. 三维布尔运算中并、交、差集的含义分别是什么？
4. 成功进行布尔运算有哪几个可行方法？

第6讲

二维画线与三维生成

【学习目标】

• 利用键盘输入法绘制立体图线。	
	• 通过编辑线型绘制花窗。
• 利用二维画线绘制平面图。	
	• 利用【挤出】修改器创建齿轮。
• 利用放样和扫描功能制作仿古椅。	

6.1 二维画线的作用与概念

在 3ds Max 9 中，除了可直接创建现成的三维物体之外，还有许多二维物体可供使用。比如二维画线功能，这是一种矢量作图方式，类似于 AutoCAD 中的二维画线。在初始创建时，这些二维线型只是一种辅助物体，只能在视图中显示，渲染时不可见，可通过画线可渲染功能直接将二维线形转换为三维物体，也可以通过对二维线型的编辑修改，将它们转换成三维物体，这样大大丰富了三维造型的建模手段。

6.2 二维画线

二维画线功能是 3ds Max 9 中一种基本的绘图方法，既可以自由地创建任意形态的二维图形，也可以通过键盘输入创建规则的二维图形。

6.2.1 知识点讲解

- 线：用于绘制任意形状的闭合或开放式的曲线或直线。
- 圆：用来创建二维圆形。
- 弧：用来创建二维圆弧。
- 多边形：用来创建二维多边形。
- 文本：可以直接创建文字图形，也可以产生各种字体的中文字形，字体的大小、内容和间距都可以调整。
- 矩形：用来创建二维矩形。
- 椭圆：用来创建二维椭圆。
- 圆环：用来创建二维同心圆环。
- 星形：用来创建二维星形。
- 螺旋线：用来创建二维螺旋线。
- 截面：这是一种特殊类型的对象，可以对网格对象进行切片处理，生成基于切片横截面的二维线型。

6.2.2 范例解析（一）——徒手画线与正交

在 3ds Max 9 中进行徒手画线，可直接画出曲线和正交线。其中线的创建方法简单而具有代表性，大多数二维线型的创建方法都与之相似。下面就以线为例介绍二维线型的创建方法。

范例操作

1. 重新设定系统。单击 / / 线 按钮，在【创建方法】面板中选择默认的【初始类型】/【角点】和【拖动类型】/【Bezier】（贝塞尔）选项。
2. 按住键盘上的 Shift 键，在前视图中单击鼠标左键，确定直线的第 1 点，向右移动鼠标指针，在合适位置单击鼠标左键，确定第 2 点。
3. 向上移动鼠标指针，然后单击鼠标左键，确定第 3 点。松开 Shift 键，此时就绘制了一个正交线段。

4. 移动鼠标指针，在合适位置按住鼠标左键不放，拖曳鼠标，生成一个圆弧状的曲线，调整上半部曲线的弧度至合适位置后松开鼠标左键，确定第 4 点，然后再向下移动鼠标指针，单击鼠标左键确定曲线的第 5 点，向上移动鼠标指针，确定第 6 点。单击鼠标右键完成操作，此时绘制的是一条带直角的非闭合曲线，如图 6-1 所示。
5. 选择菜单栏中的【文件】/【保存】命令，将此场景保存为“06_01.max”文件。将此场景的线架文件以相同的名字保存在教学资源中的“Scenes”目录中。

【知识链接】

【创建方法】面板形态如图 6-2 所示。

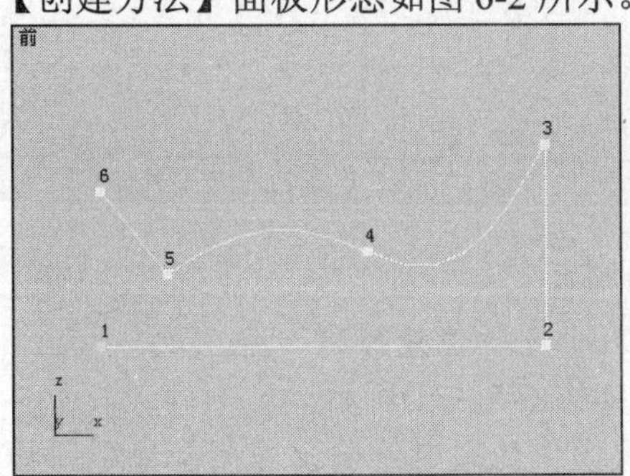

图6-1　非闭合曲线

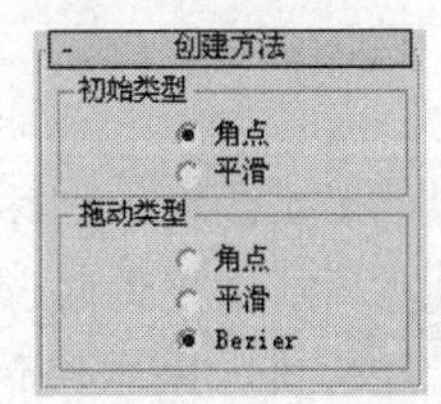

图6-2　【创建方法】面板形态

- 【初始类型】选项栏：确定曲线起始点的状态，包括【角点】和【平滑】两种类型，它们分别用于绘制直线和曲线。
- 【拖动类型】选项栏：确定拖动鼠标指针时引出的线的类型，包括【角点】、【平滑】和【Bezier】3 种类型。例如选中【Bezier】选项，可生成贝塞尔曲线。

6.2.3 范例解析（二）——键盘输入画线

在创建二维线型时，可以利用键盘输入创建基本体的方法。下面利用键盘输入法创建一个立体图线，效果如图 6-3 所示。

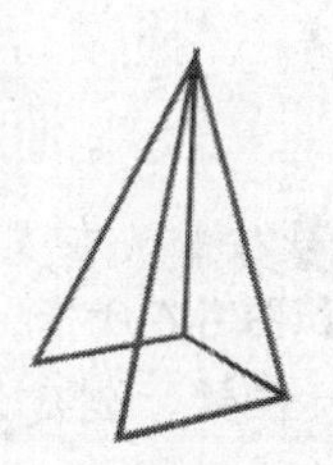

图6-3　立体图线效果

范例操作

1. 重新设定系统。激活透视图，单击 / / 线 按钮，展开其下的【键盘输入】面板，确认【X】、【Y】、【Z】选项的值均为“0.0”，单击 添加点 按钮，此时在原点处创建了一个点。
2. 将【Y】值设为“30”，单击 添加点 按钮，再创建一点，此时就在前视图中绘制了一条直线。
3. 将【X】值设为“30”，单击 添加点 按钮，再创建一点。

4. 依次在（0，0，50）、（30，0，0）、（0，0，0）、（0，0，50）、（0，30，0）点处单击 添加点 按钮，创建各点。
5. 单击 关闭 按钮，在透视图中绘制出立体图线，适当调整透视图的显示角度，结果如图 6-3 所示。
6. 选择菜单栏中的【文件】/【保存】命令，将此场景保存为“06_02.max”文件。将此场景的线架文件以相同的名字保存在教学资源中的“Scenes”目录中。

【知识链接】

【键盘输入】面板形态如图 6-4 所示。

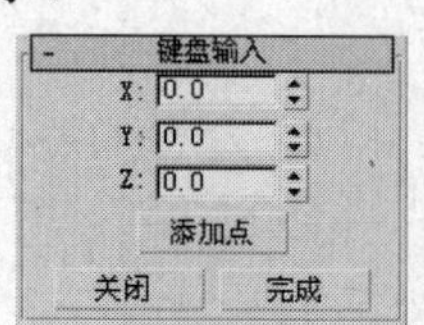

图6-4 【键盘输入】面板形态

- 添加点 按钮：输入坐标值后单击此按钮，可在此坐标值处创建一点。
- 关闭 按钮：单击此按钮，绘制闭合线型，如图 6-5 左图所示。
- 完成 按钮：单击此按钮，在完成键盘输入操作的同时绘制出非闭合线型，如图 6-5 右图所示。

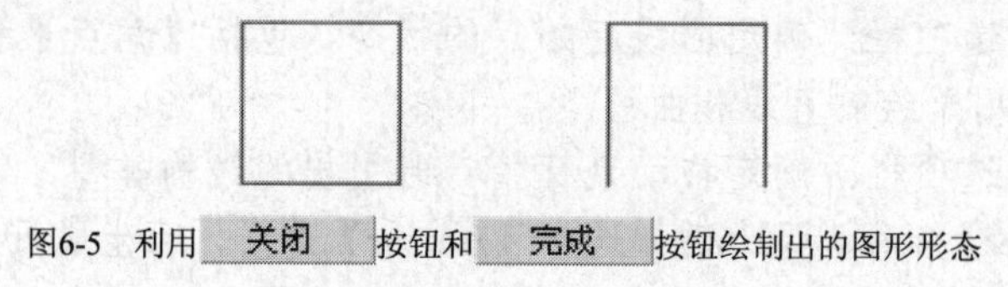

图6-5 利用 关闭 按钮和 完成 按钮绘制出的图形形态

6.2.4 范例解析（三）——创建文本

在 3ds Max 9 中可直接创建文字图形，并且支持中英文混排以及当前操作系统所提供的各种标准字体，字体的大小、内容和间距都可以进行参数化调节，使用起来非常方便。

范例操作

1. 重新设定系统。单击 / / 文本 按钮，在【参数】面板中选择“黑体”字体，在【文本】框内输入文字，例如“动画”，如图 6-6 所示。
2. 激活前视图，然后在视图中单击鼠标左键，创建的文本就出现在前视图中，形态如图 6-7 所示。

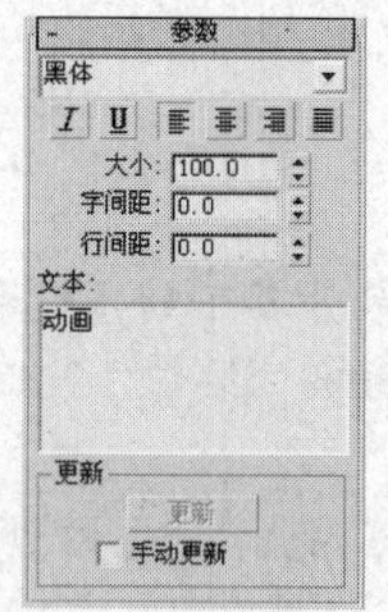

图6-6 在文本框内输入文字

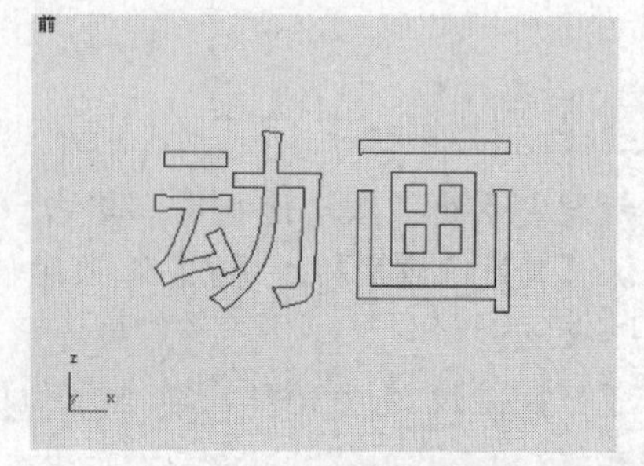

图6-7 文本在前视图中的形态

【知识链接】

文本的【参数】面板中常用选项解释如下。

- 排版按钮组：在这里进行简单的排版。

  I 按钮：设置斜体字体。

  U 按钮：加下划线。

  按钮：左对齐。

  按钮：居中。

  按钮：右对齐。

  按钮：两端对齐。

  其中，I 按钮和 U 按钮的效果如图 6-8 所示。

斜体　<u>加下划线</u>　*<u>斜体加下划线</u>*

图6-8　斜体字体及加下划线的效果

- 【大小】：设置文字的大小尺寸。
- 【字间距】：设置文字之间的间隔距离。
- 【行间距】：设置文字中行与行之间的距离。

在 3ds Max 9 中还有圆、椭圆、螺旋线等二维画线功能，它们的创建方法基本相同。表 6-1 中列出了标准二维线型的图例和创建方法。

表 6-1　标准二维线型的图例和创建方法

名称及创建方法	图例	名称及创建方法	图例
线 ① 单击鼠标左键确定第 1 点； ② 移动鼠标指针，单击鼠标左键确定第 2 点； ③ 单击鼠标右键完成创建	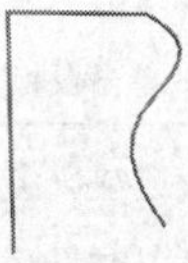	圆 ① 按住鼠标左键拖曳； ② 松开鼠标左键完成创建	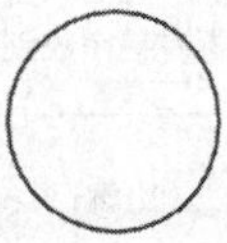
弧 ① 按住鼠标左键拖曳； ② 松开鼠标左键移动； ③ 单击鼠标左键，完成创建		多边形 ① 按住鼠标左键拖曳； ② 松开鼠标左键完成创建	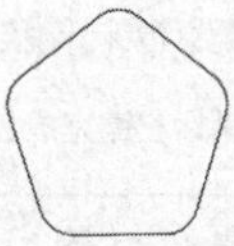
文本 ① 在文本框内输入文字； ② 在视图中单击鼠标左键完成创建	 MAX MAX MAX MAX MAX MAX	截面 ① 在原物体上按住鼠标左键拖出矩形； ② 单击 创建图形 按钮创建截面	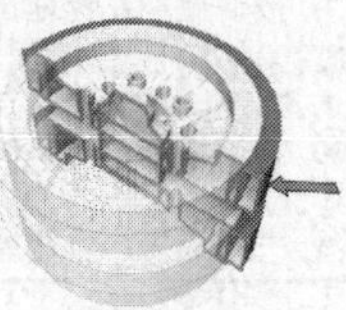
矩形 ① 按住鼠标左键确定第 1 个角点； ② 移动鼠标指针； ③ 松开鼠标左键确定第 2 个角点	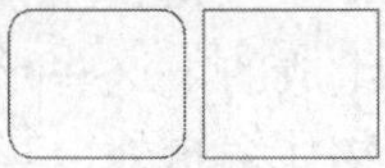	椭圆 ① 按住鼠标左键拖曳； ② 松开鼠标左键完成创建	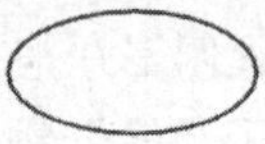

续 表

名称及创建方法	图例	名称及创建方法	图例
圆环 ① 按住鼠标左键拖曳； ② 松开鼠标左键移动； ③ 单击鼠标左键确定，完成创建		星形 ① 按住鼠标左键拖曳； ② 松开鼠标左键移动； ③ 单击鼠标左键完成创建	
螺旋线 ① 按住鼠标左键拖曳； ② 松开鼠标左键移动； ③ 单击鼠标左键并拖曳； ④ 单击鼠标左键完成创建			

在 /样条线 下拉列表框中有一个扩展样条线 选项，其下提供了更为复杂的二维线型。表 6-2 中列出了这些线型的图例和创建方法。

表 6-2　扩展二维线型的图例及创建方法

名称及创建方法	图例	名称及创建方法	图例
W矩形 ① 按住鼠标左键拖出矩形框； ② 移动鼠标指针，确定内框大小； ③ 单击鼠标左键完成创建		通道 ① 按住鼠标左键拖出长度和宽度； ② 移动鼠标指针，确定厚度； ③ 单击鼠标左键完成创建	
角度 ① 按住鼠标左键拖出长度和宽度； ② 移动鼠标指针，确定厚度； ③ 单击鼠标左键完成创建		三通 ① 按住鼠标左键拖出长度和宽度； ② 移动鼠标指针，确定厚度； ③ 单击鼠标左键完成创建	
宽法兰 ① 按住鼠标左键拖出长度和宽度； ② 移动鼠标指针，确定厚度； ③ 单击鼠标左键完成创建			

6.3 二维线型编辑

二维图形一般是由顶点、线段和线型等元素组成的，这些元素又叫做子物体。在二维图形中，除了【线】物体可以直接在其原始层进行子物体编辑外，其他参数化线型必须先进入修改命令面板，然后在修改器列表下拉列表框中选择【编辑样条线】命令，为二维图形添加编辑样条曲线修改。

6.3.1 知识点讲解

- 顶点编辑：顶点编辑是以顶点为最小单位进行编辑，包括对顶点的光滑属性设置，打断、结合顶点，加入顶点等。
- 线段编辑：线段编辑是以线段为最小单位进行编辑，可对线段进行拆分等操作。
- 线型编辑：线型编辑是以线型为最小单位进行编辑，可以对线型进行镜像修改，制作线型轮廓线等，其中比较常用的是二维布尔运算功能。
- 修剪：对于相交的样条线，利用此功能可以移除多余的样条线部分。如果线段没有相交，则不进行任何处理。
- 延伸：利用此功能，可沿样条线末端的曲线方向进行延伸，直到另一条相交的样条线上。如果没有相交的样条线，则不进行任何处理。

6.3.2 范例解析（一）——顶点编辑

下面利用前面所画的线型练习一下顶点编辑过程。

范例操作

1. 选择菜单栏中的【文件】/【打开】命令，打开教学资源中“Scenes”目录下的“06_01.max”文件。
2. 在前视图中选择线型，单击按钮进入修改命令面板，然后单击【选择】面板中的（顶点）按钮，选择图 6-9 左图所示的顶点。
3. 在此顶点上单击鼠标右键，在弹出的快捷菜单中选择【角点】命令，如图 6-9 中图所示，所选顶点两侧的线显示为折线形态，如图 6-9 右图所示。

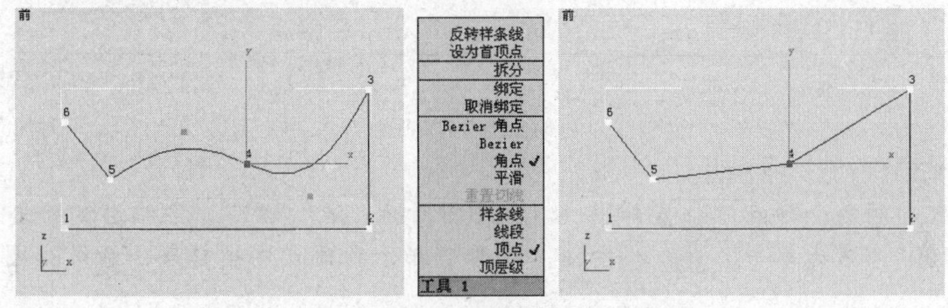

图6-9　所选顶点的位置及改变后的形态

4. 在此顶点上单击鼠标右键，在弹出的快捷菜单中选择【Bezier】（贝塞尔）命令，此时顶点的两侧会出现两个绿色的调节杆，如图 6-10 左图所示。单击主工具栏中的按钮，然后通过移动调节杆的位置来调整顶点两侧曲线的状态，如图 6-10 右图所示。

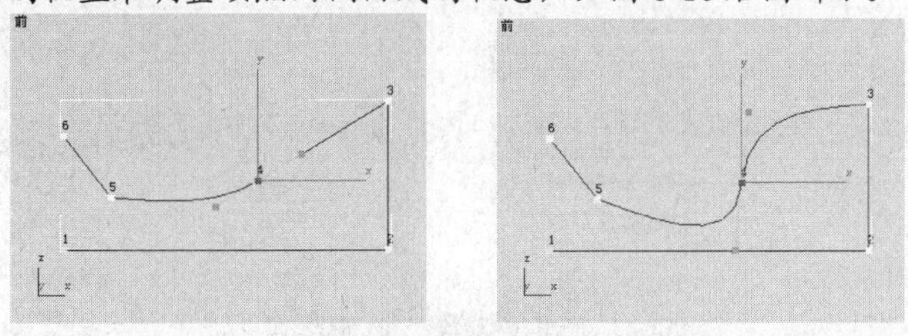

图6-10　【Bezier】点类型

5. 按住鼠标左键向下拖动滚动条，直至出现【几何体】面板。
6. 单击 断开 按钮，打断此顶点，然后在断点处单击鼠标左键，选择一个顶点进行移动，会发现原顶点变成了两个顶点，如图 6-11 所示。

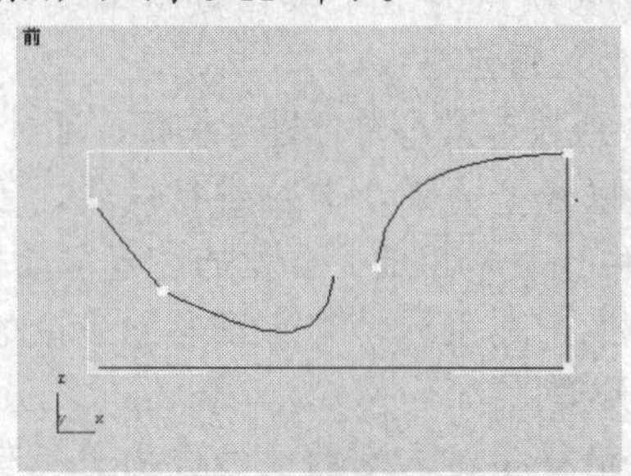

图6-11 顶点断开后的形态

要点提示 在【选择】面板中，取消选择【显示】/【显示顶点编号】选项，可取消曲线上的编号显示状态。

7. 在【几何体】面板中，勾选【端点自动焊接】/【自动焊接】选项，单击图 6-12 左图所示的顶点，然后将其移动至右上方的顶点上，使两个顶点焊接为一个顶点，如图 6-12 右图所示。

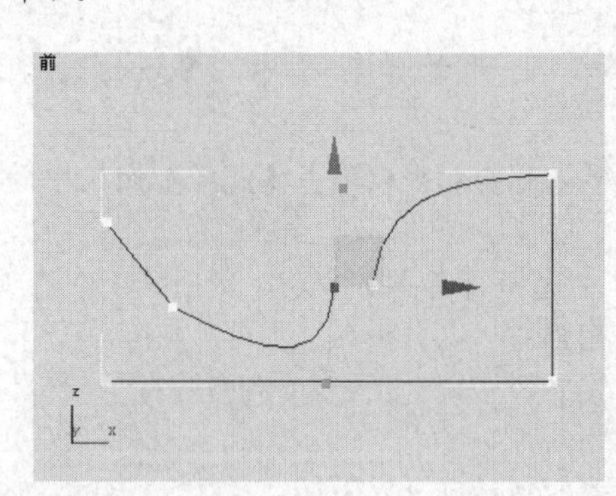

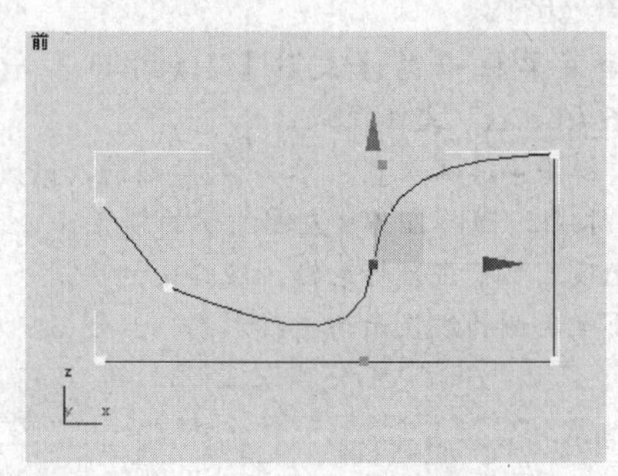

图6-12 焊接两个顶点

焊接顶点还有另一种方法。

8. 选择底部的两个顶点，位置如图 6-13 左图所示，在 焊接 按钮右侧的文本框内输入“100”，然后单击 焊接 按钮，将两个断开的顶点焊接起来，结果如图 6-13 右图所示。

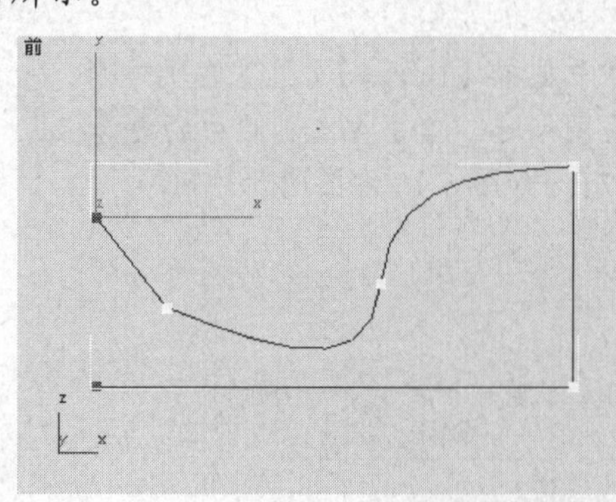

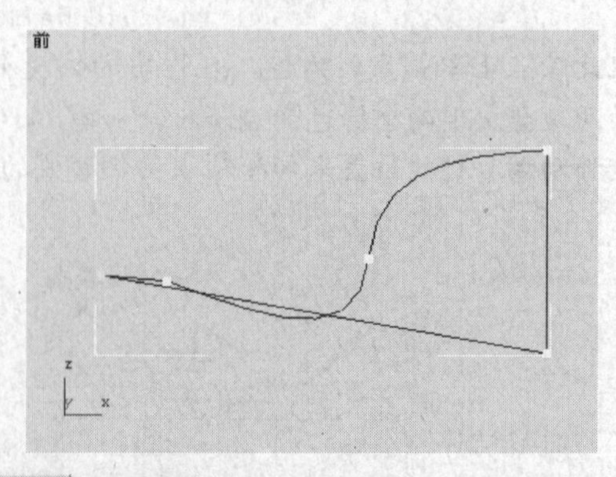

图6-13 利用 焊接 按钮焊接顶点

【自动焊接】选项与 焊接 按钮的区别在于，前者是将一个顶点移动到另外一个顶点上进行焊接，而后者是两个顶点同时移动进行焊接。在使用 焊接 按钮进行焊接时，其右侧文本框内的数值（即焊接阈值）要尽量设置得大些，这样才能保证焊接成功。

【知识链接】

【几何体】面板中的常用选项如下。

- 连接 按钮：连接两个断开的顶点，也就是在两点之间加入新线段。
- 插入 按钮：插入一个或多个顶点，创建出其他线段。
- 圆角 和 切角 按钮：对所选顶点进行加工，形成圆角或切角效果，如图6-14所示。

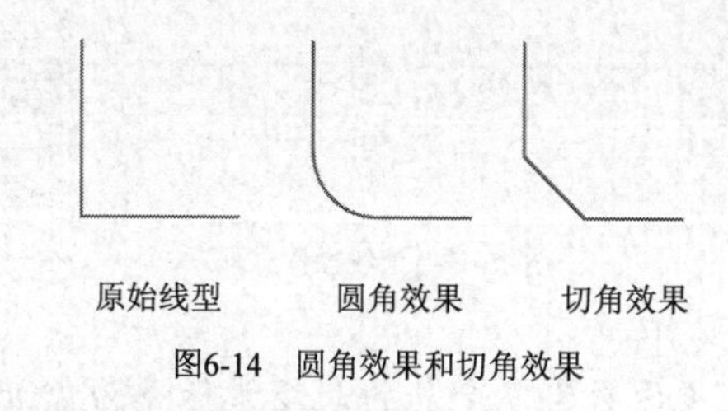

图6-14　圆角效果和切角效果

6.3.3　范例解析（二）——线段编辑

下面利用线段编辑方法制作花格图案，结果如图6-15所示。

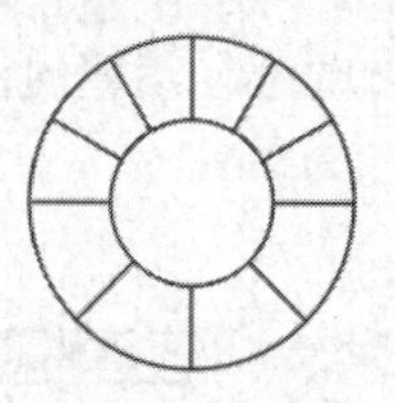

图6-15　花格图案

范例操作

1. 重新设定系统。激活前视图，单击 / 圆环 按钮，在前视图中创建一个【半径1】为"90"，【半径2】为"45"的圆环。
2. 单击 按钮进入修改命令面板，在修改器堆栈面板中选择【编辑样条线】命令，为圆环线型添加编辑样条线修改。
3. 单击【选择】面板中的 （线段）按钮，在前视图中选择图6-16左图所示的线段子物体。
4. 在【几何体】面板中，将 拆分 按钮右侧的文本框内的数值设为"2"，然后单击 拆分 按钮，所选的线段子物体被平分为3段，如图6-16所示。

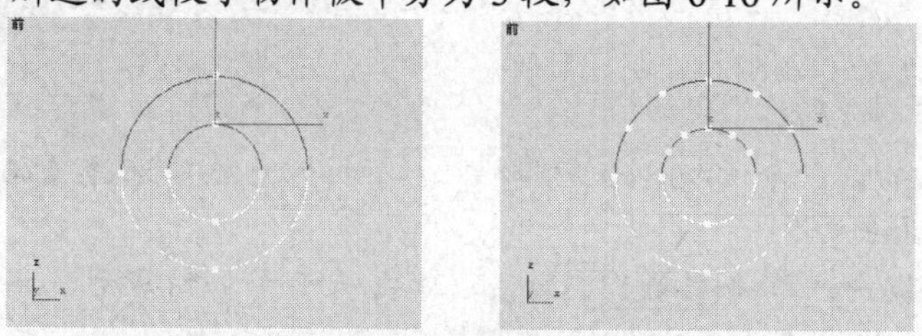

图6-16　所选的线段子物体的位置及拆分效果

5. 选择菜单栏中的【编辑】/【反选】命令，反向选择其余的线段子物体，将 拆分 按钮右侧的文本框内的数值设为"1"，然后单击 拆分 按钮，将所选的线段子物体平分为 2 段。
6. 在【几何体】面板中，单击 横截面 按钮，将鼠标指针放在一个线段子物体上，此时鼠标指针形态如图 6-17 左图所示。单击鼠标左键，拖动鼠标指针到外侧圆弧的一个线段子物体上，如图 6-17 中图所示。再单击鼠标左键，此时在内外圆弧的顶点间就出现了连线，结果如图 6-17 右图所示。

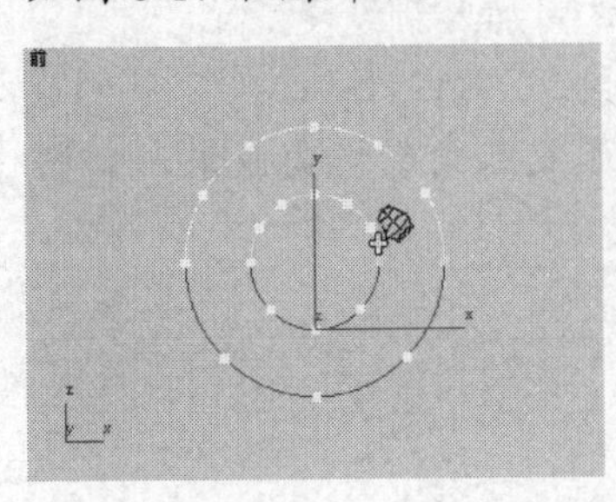
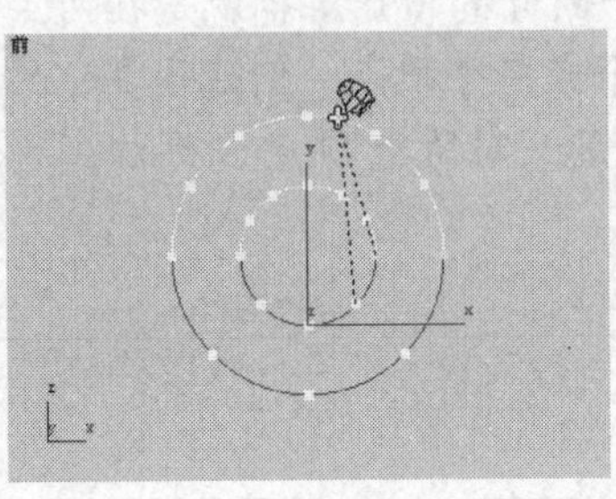
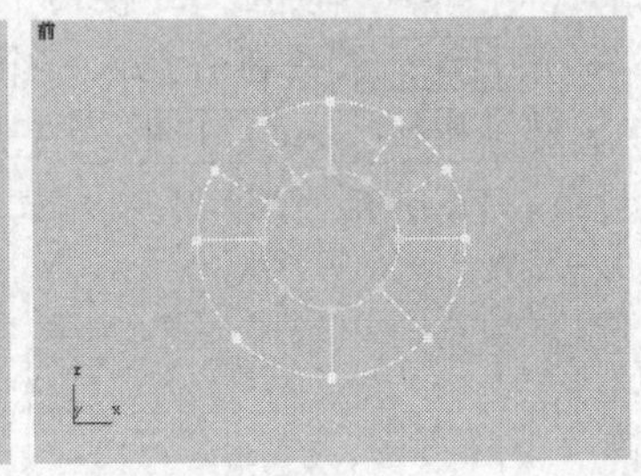

图6-17 连线操作过程

7. 单击鼠标右键，完成连线操作。
8. 选择菜单栏中的【文件】/【保存】命令，将此场景保存为"06_03.max"文件。此场景的线架文件以相同的名字保存在教学资源中的"Scenes"目录中。

6.3.4 范例解析（三）——线型编辑

下面以一个花窗的制作过程来介绍二维布尔运算的使用方法，结果如图 6-18 所示。

范例操作

1. 重新设定系统。单击创建命令面板中的 / 矩形 按钮，在前视图中绘制一个长、宽均为 200 的矩形。
2. 单击主工具栏中的 按钮，并在此按钮上单击鼠标右键，在弹出的【栅格和捕捉设置】窗口中，选择【中点】选项，然后关闭此窗口。
3. 单击 多边形 按钮，在【创建方法】面板中点选【边】选项，在【参数】面板中设置【边数】为"4"，捕捉前视图中矩形的中点绘制菱形，结果如图 6-19 所示。

图6-18 花窗形态

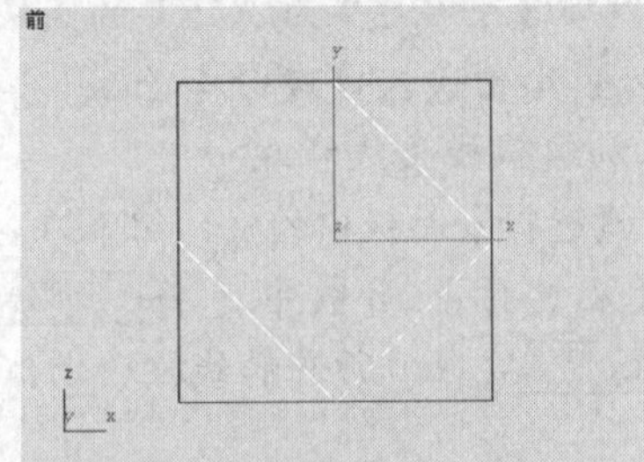

图6-19 矩形与菱形的位置

4. 单击 按钮进入修改命令面板，在 修改器列表 下拉列表框中选择【编辑样条线】命令，为其添加编辑样条曲线修改。
5. 在【几何体】面板中，单击 附加 按钮，单击前视图中的矩形，将其结合到当前四边形中，使场景中的曲线成为一个整体。

6. 单击【选择】面板中的 （样条线）按钮，在前视图中选择矩形线型子物体，在 轮廓 按钮右侧的文本框内输入“20”，为其绘制轮廓，结果如图 6-20 左图所示。
7. 选择菱形，以相同的值向内绘制轮廓，结果如图 6-20 右图所示。

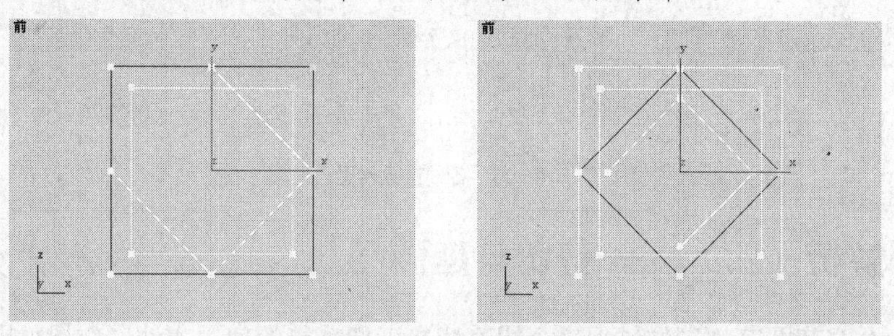

图6-20　为矩形和菱形绘制轮廓

8. 选择小矩形，单击【几何体】面板中的 按钮，再单击其左侧的 布尔 按钮，分别对小矩形与大菱形做布尔减运算，结果如图 6-21 所示。

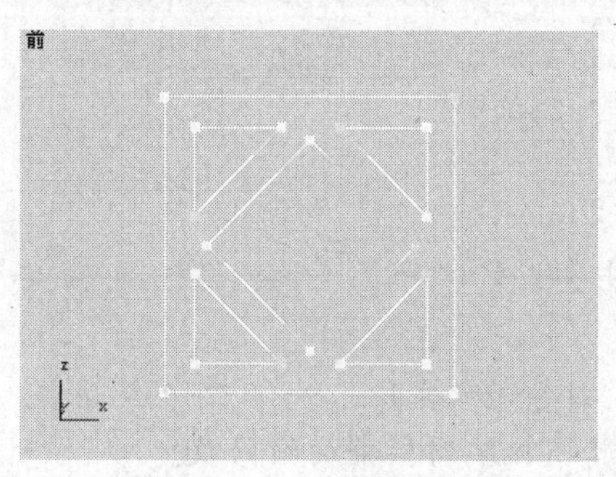

图6-21　布尔减运算结果

9. 选择菜单栏中的【文件】/【另存为】命令，将此场景另存为“06_04.max”文件。此场景的线架文件以相同的名字保存在教学资源中的“Scenes”目录中。

【知识链接】

布尔运算有 3 种方式：并运算、交运算和差运算。

- （并运算）：布尔并运算就是结合两个造型涵盖的所有部分。
- （差运算）：布尔差运算就是用第 1 个被选择的造型减去与第 2 个造型相重叠的部分，剩余第 1 个造型的其余部分。
- （交运算）：布尔交运算就是保留两个造型相互重叠的部分，其他部分消失。

这 3 种布尔运算方式的结果如图 6-22 所示。

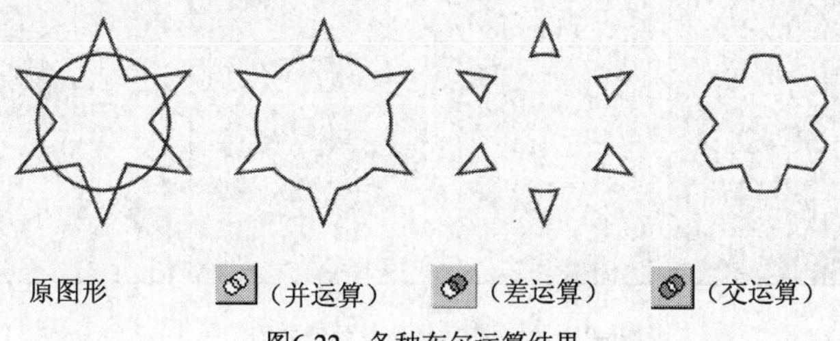

图6-22　各种布尔运算结果

【几何体】面板中的 镜像 按钮用来对所选择的曲线进行 水平、 垂直、 双向镜像操作。如果在镜像前勾选其下的【复制】复选框，则会产生一个镜像复制品，效果如图 6-23 所示。

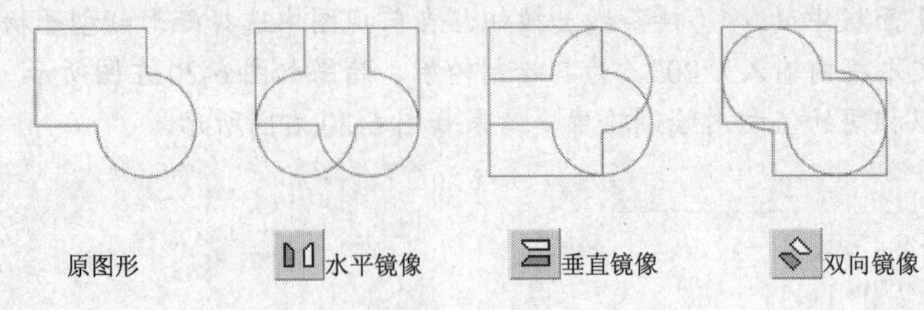

图6-23　各种镜像效果

6.3.5 范例解析（四）——剪切与延伸

下面利用一个窗花图案的制作过程来介绍剪切与延伸功能的使用方法，结果如图 6-24 所示。

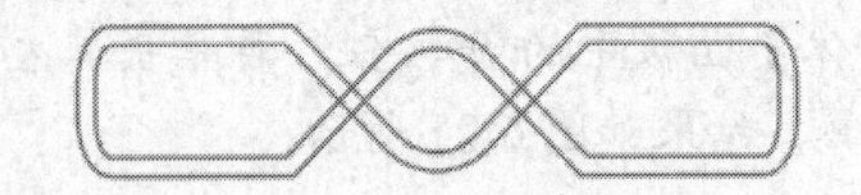

图6-24　窗花图案形态

1. 选择菜单栏中的【文件】/【打开】命令，打开教学资源中 “Scenes” 目录下的 “06_05.max” 文件。
2. 激活前视图，选择矩形，单击按钮进入修改命令面板，在修改器列表下拉列表中选择【编辑样条线】命令，为其添加编辑样条曲线修改。
3. 在【几何体】面板中，单击附加按钮，然后选择菱形曲线，将其结合到矩形曲线中，使场景中的曲线成为一个整体。
4. 单击附加按钮，使其关闭。
5. 单击【选择】面板中的按钮，在前视图中选择菱形线型子物体，再单击【几何体】面板中的炸开按钮，将其打散。
6. 在【几何体】面板中，单击延伸按钮，将鼠标指针放在炸开后的线段上，此时鼠标指针形态如图 6-25 左图所示。单击鼠标左键，使线段向矩形边处延伸，结果如图 6-25 中图所示。
7. 利用相同的方法，为其他线段做延伸处理，结果如图 6-25 右图所示。

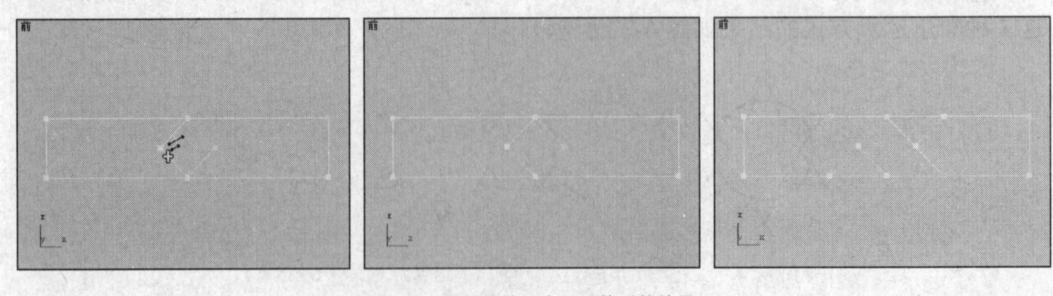

图6-25　鼠标指针形态及延伸后的结果

8. 在【几何体】面板中，单击修剪按钮，将鼠标指针放在要剪切的线段上，此时鼠标指针形态如图 6-26 左图所示。单击鼠标左键，剪切掉该线段，然后用相同的方法修剪其余线段，结果如图 6-26 右图所示。

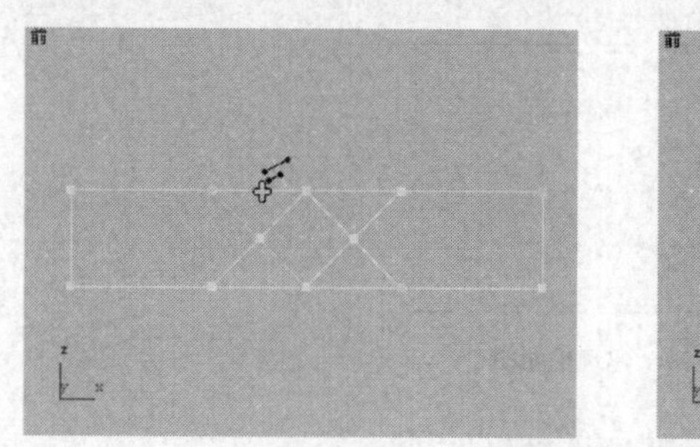
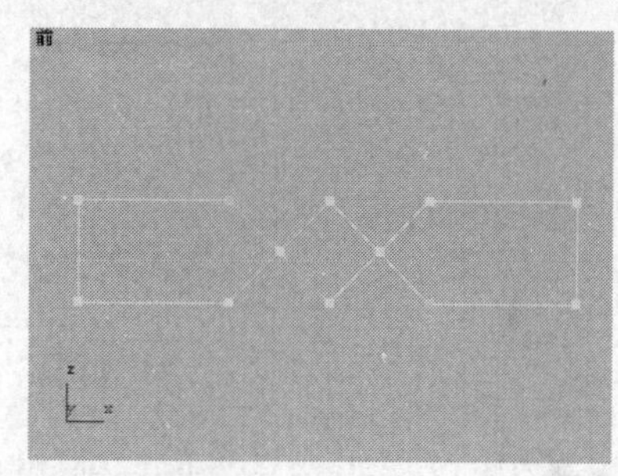

图6-26　鼠标指针形态及剪切后的效果

9. 单击【选择】面板中的按钮，在前视图中选择修剪处的非闭合顶点，范围如图6-27左图所示。在【几何体】面板中，确认 焊接 按钮右侧文本框内的数值大于0.1，然后单击 焊接 按钮，焊接所有的点，使修改后的线段结合为一条线型，结果如图6-27右图所示。

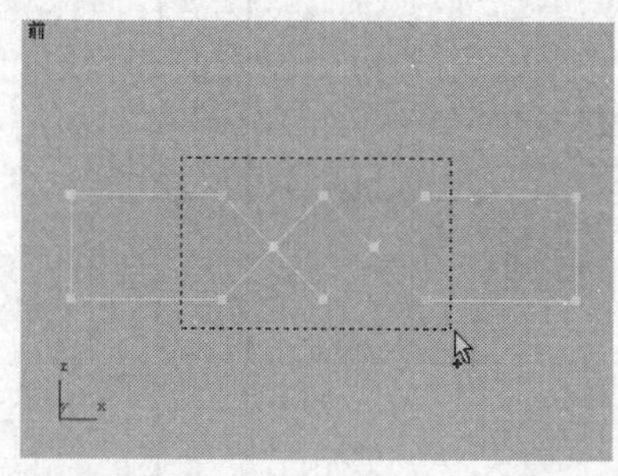
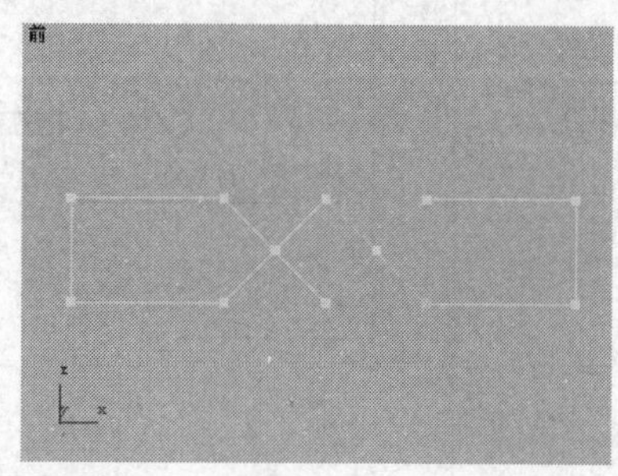

图6-27　焊接后的效果

10. 选择图 6-28 左图所示的顶点，将圆角值设为“15”，为其制作圆角，结果如图 6-28 右图所示。

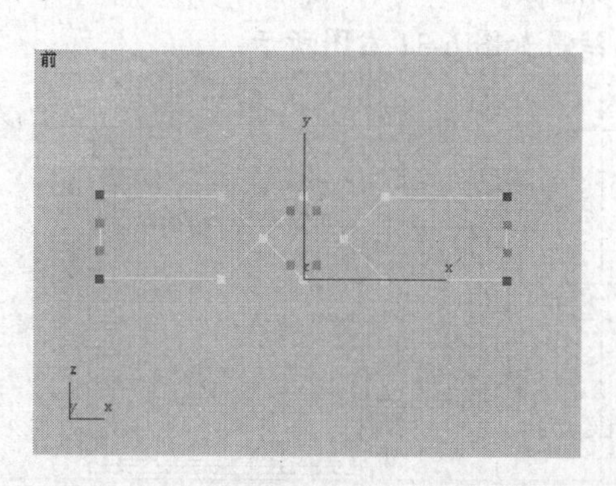
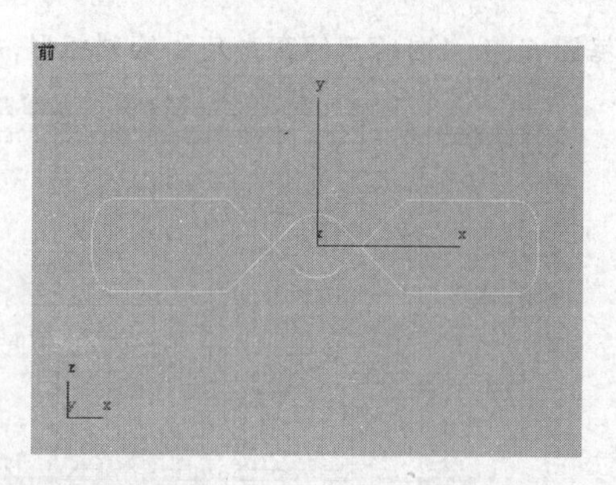

图6-28　为顶点设置圆角效果

11. 单击按钮，选择修剪后的样条线，在【几何体】面板的 轮廓 按钮右侧的文本框内输入“–5”，为其绘制轮廓。
12. 单击按钮，使其关闭，然后将线型向上移动复制，结果如图 6-24 所示。
13. 选择菜单栏中的【文件】/【另存为】命令，将此场景另存为“06_05_ok.max”文件。此场景的线架文件以相同的名字保存在教学资源中的“Scenes”目录中。

6.3.6　课堂练习——绘制建筑平面图

利用二维画线功能，绘制图 6-29 所示的建筑平面图。

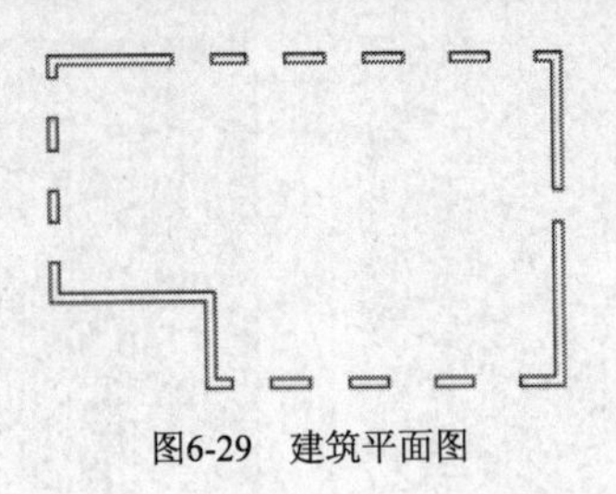

图6-29 建筑平面图

操作提示

1. 利用键盘输入法绘制轮廓线，形态如图 6-30 所示。

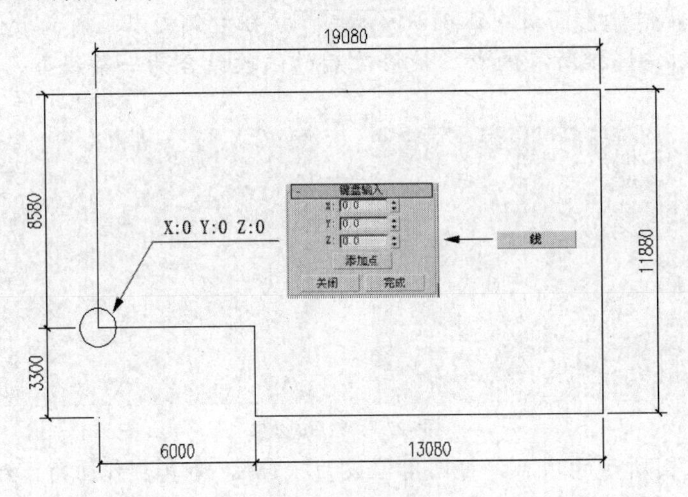

图6-30 绘制轮廓线

2. 根据图 6-31 左图所示的窗户尺寸绘制矩形，结果如图 6-31 右图所示。

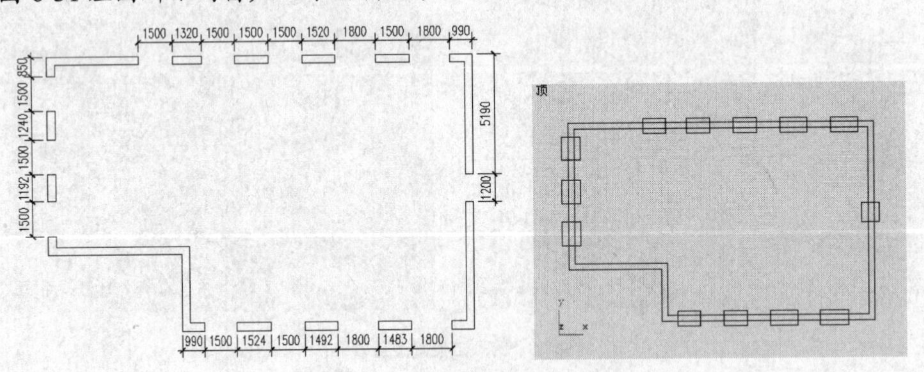

图6-31 根据平面图尺寸绘制矩形

3. 将各线型结合在一起，进行二维修剪，形成平面图形，最后选择所有的顶点，利用默认值进行焊接，结果如图 6-29 所示。
4. 选择菜单栏中的【文件】/【保存】命令，将场景保存为“06_06.max”文件。此场景的线架文件以相同的名字保存在教学资源中的“Scenes”目录中。

6.4 轮廓线型类三维生成法

二维线型的另外一个重要用途就是通过一些特殊的转换法将其转换为三维物体，这是一类重要的造型工具。根据转换方法的不同，可分为 3 类：直接转换法、轮廓线型转换法、截面加路径类转换法。

直接转换法较为简单，可通过一个画线可渲染选项，直接完成将 2D 转换为 3D 的任务，并且提供了多个外观尺寸参数可供调节，使用起来很方便。

轮廓线型类转换法是通过一些修改命令，将一个轮廓线型沿某一轴向进行简单生长，从而得到一个三维物体。

截面加路径类转换法的造型能力非常强，可以创建出更为复杂的三维物体，但制作过程也较为复杂。这类转换法通常需要截面和路径两种线型同时配合使用。

6.4.1 知识点讲解

- 【车削】修改功能：通过旋转一个二维图形，生成三维物体。施加该命令后，通常需要调节对齐轴向与对齐位置，才能得到正确结果。
- 【挤出】修改功能：为一条闭合曲线图形增加厚度，将其挤出，生成三维实体。如果为一条非闭合曲线进行挤出处理，那么挤出后的物体是一个面片。

6.4.2 范例解析（一）——车削修改功能

利用车削修改功能创建一个烟灰缸物体，结果如图 6-32 所示。

图6-32　烟灰缸物体

范例操作

1. 重新设定系统。激活前视图，单击 / / 线 按钮，配合键盘上的 Shift 键绘制一段直角曲线，结果如图 6-33 所示。

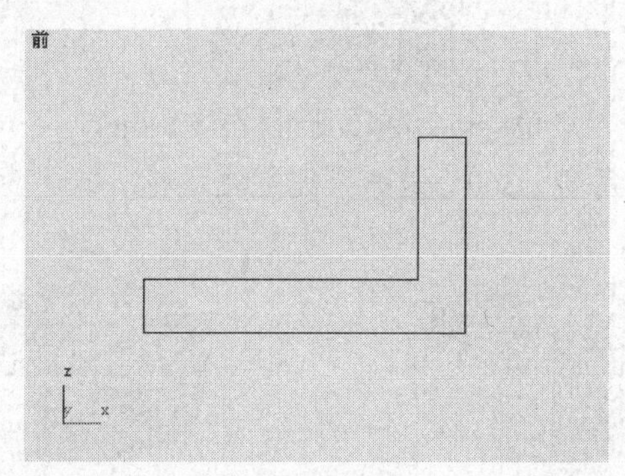

图6-33　曲线形态

2. 单击 按钮进入修改命令面板，单击【选择】面板中的 按钮，选择图 6-34 左图所示的顶点，在【几何体】面板中设置【圆角】值为“3”，对曲线的顶点进行圆角修改，结果如图 6-34 右图所示。

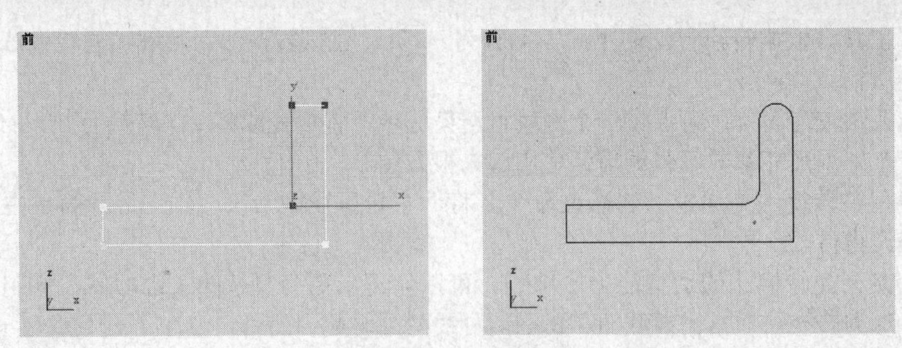

图6-34 对顶点进行圆角修改

3. 在修改器堆栈面板中选择【车削】修改器，为曲线添加车削修改，在【参数】面板中将【分段】值设为“32”，使其边缘平滑，单击【对齐】栏中的 最小 按钮，结果如图 6-32 所示。
4. 选择菜单栏中的【文件】/【保存】命令，将场景保存为“06_07.max”文件。此场景的线架文件以相同的名字保存在教学资源中的“Scenes”目录中。

【知识链接】

车削修改功能的【参数】面板如图 6-35 所示。

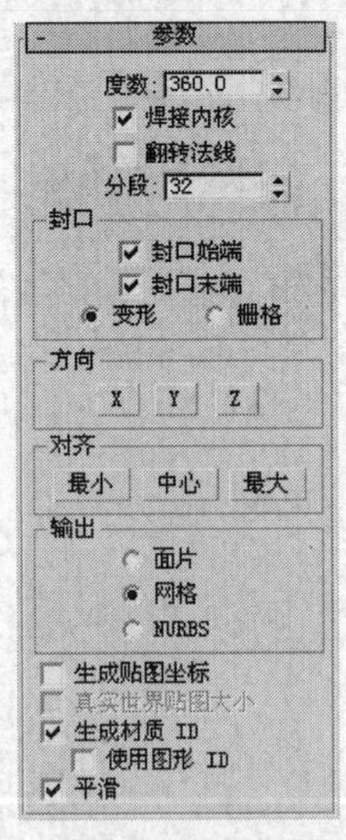

图6-35 车削修改功能的【参数】面板

- 【度数】：设置旋转角度，360° 是一个完整的环形，小于 360° 为不完整的扇形，形态如图 6-36 所示。

图6-36 不同的旋转角度形成不同的形态

- 【分段】：设置旋转圆周上的片段划分数，值越高，物体越光滑。
- 【方向】：设置旋转中心轴的方向，如果选择的轴向不正确，物体就会产生扭曲。
- 【平滑】：勾选此选项后，系统会自动平滑物体的表面，产生光滑过渡，否则会产生硬边，如图 6-37 所示。

图6-37 勾选【平滑】选项前后的效果

6.4.3 范例解析（二）——挤出修改功能

下面利用挤出修改功能，将绘制的平面图形制作成三维物体，效果如图 6-38 所示。

图6-38 挤出效果

范例操作

1. 重新设定系统。激活前视图，单击 / / 星形 按钮，在前视图中创建一个星形，形态及参数设置如图 6-39 所示。

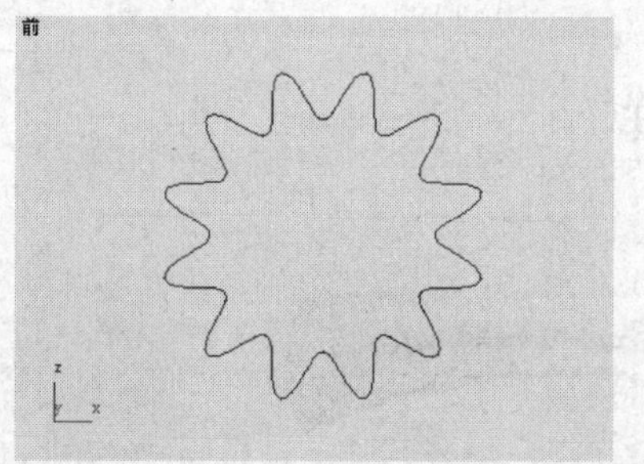
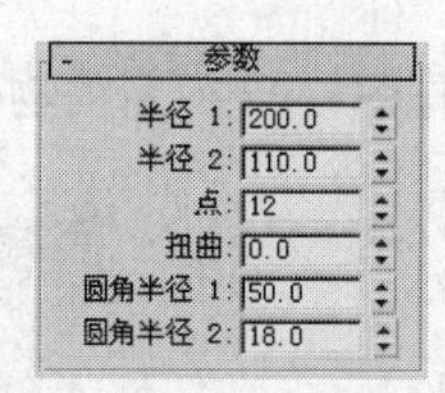

图6-39 星形形态及参数设置

2. 在其左侧再创建一个小星形，将其沿 z 轴旋转一定角度，使其齿轮与大星形相对，位置及参数设置如图 6-40 所示。

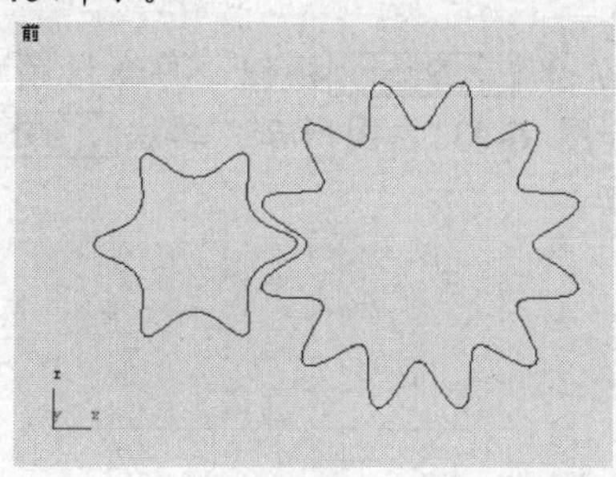
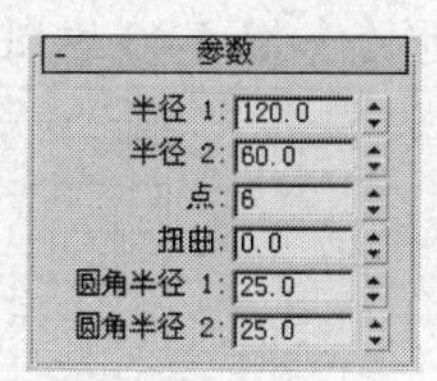

图6-40 小星形的位置及参数设置

3. 选择两个星形，单击 按钮进入修改命令面板，在修改器堆栈面板中选择【挤出】修改器，为线型添加挤出修改。

4. 在【参数】面板中设置【数量】值为“60”，星形的挤出效果如图 6-38 所示。
5. 选择菜单栏中的【文件】/【保存】命令，将场景保存为“06_08.max”文件。此场景的线架文件以相同的名字保存在教学资源中的“Scenes”目录中。

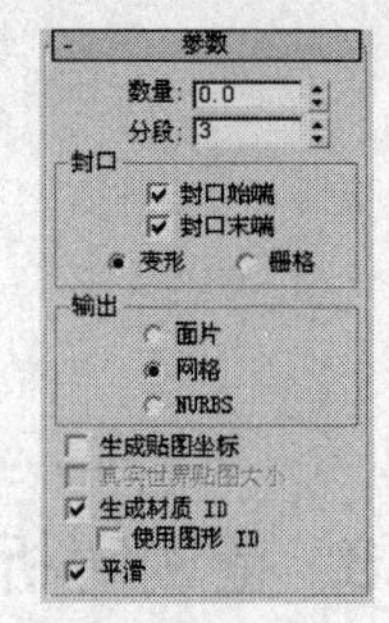

图6-41 挤出修改的【参数】面板

【知识链接】

挤出修改的【参数】面板形态如图 6-41 所示。

- 【数量】：设置挤出的厚度。
- 【分段】：设置挤出厚度上的片段划分数。

6.5 截面加路径类三维生成法

有一些外形复杂的物体，如线条各异的现代派雕塑、形态不对称的支撑柱造型等，很难通过对基本体进行组合或修改而生成，而利用放样功能却可以较为容易地完成这些复杂的造型。放样物体中的截面和路径可以是直线，也可以是曲线，并允许使用封闭或不封闭的线段。

6.5.1 知识点讲解

- 【放样】：先建立一个二维截面，然后使其沿一条路径生长，从而得到三维物体。
- 【扫描】：用于沿样条线或 NURBS 曲线路径挤出横截面，类似于放样建模。通过【扫描】修改器可以制作一系列预制的横截面，例如角度、通道和宽法兰，也可以自定义截面。

6.5.2 范例解析（一）——放样

利用放样功能制作图 6-42 所示的物体。

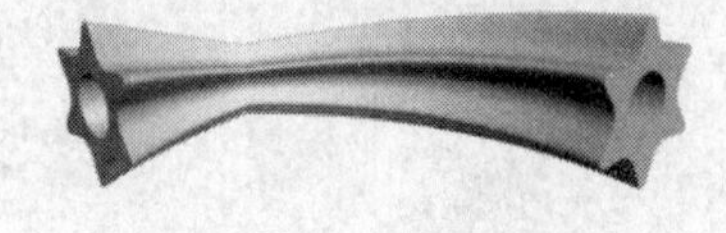

图6-42 放样结果

范例操作

1. 重新设定系统。激活前视图，单击 / / 星形 按钮，再激活顶视图，展开【键盘输入】面板，设置星形的尺寸和位置，如图 6-43 左图所示。单击 创建 按钮，在顶视图中创建一个星形，形态如图 6-43 右图所示。

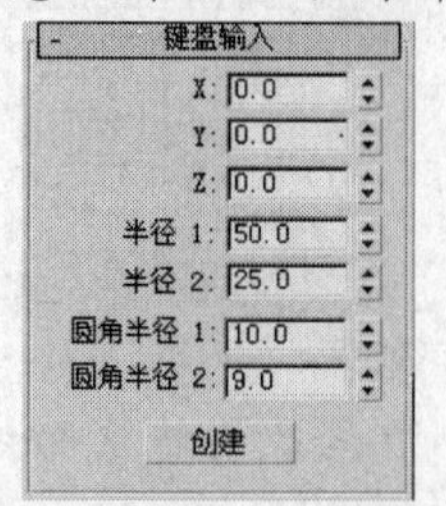

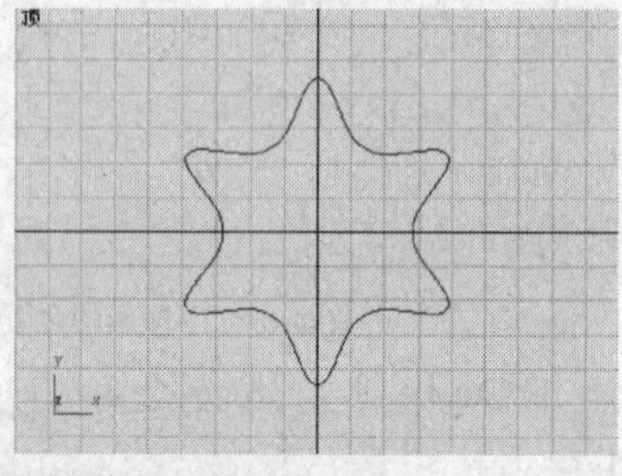

图6-43 星形形态及参数设置

2. 单击 / / 圆 按钮，展开【键盘输入】面板，在原点位置创建一个半径为“20”的圆形，位置如图 6-44 所示。

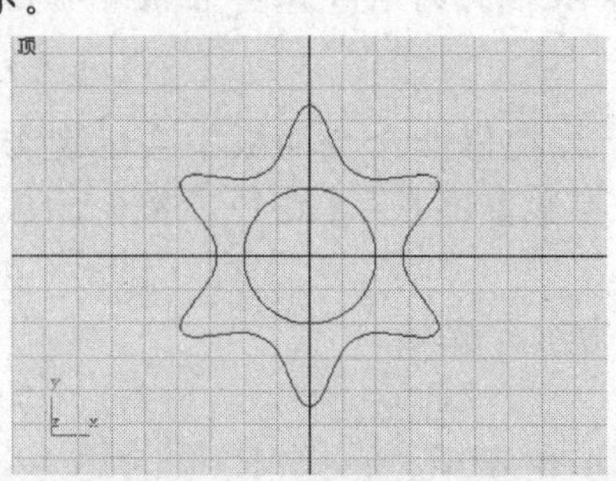

图6-44　圆形的位置

3. 确认圆形处于被选择状态，在修改命令面板中为其添加编辑样条线修改，并将星形附加到圆形中，使两个线型结合为一体。
4. 单击 / / 弧 按钮，在顶视图中绘制一段圆弧，参数设置及形态如图 6-45 所示。

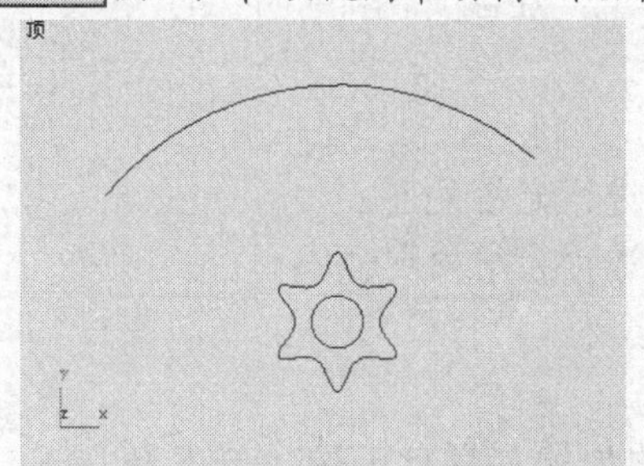

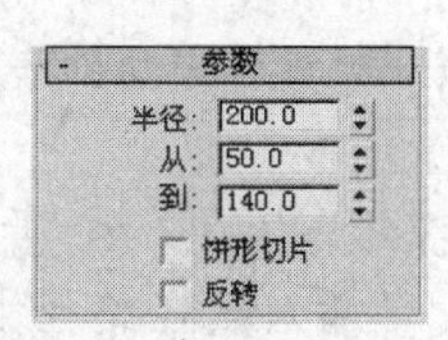

图6-45　圆弧的形态及参数设置

5. 选择星形样条线，在 标准基本体 下拉列表框中选择 复合对象 选项，单击其下的 放样 按钮，再单击【创建方法】面板中的 获取路径 按钮，在顶视图中拾取圆弧线型，创建放样物体，结果如图 6-46 所示。

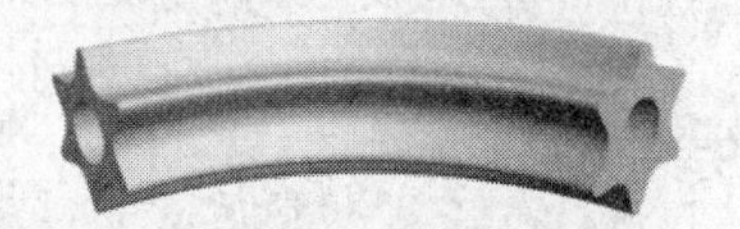

图6-46　放样结果

6. 单击 按钮，进入修改命令面板，展开【变形】面板，单击 缩放 按钮，打开【缩放变形】窗口。
7. 单击【缩放变形】窗口中工具栏中的 按钮，分别在直线上加入控制点，并调整控制点的位置及形态，如图 6-47 所示。

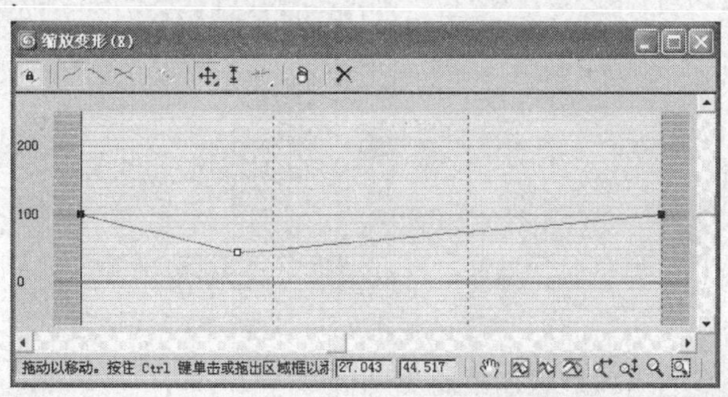

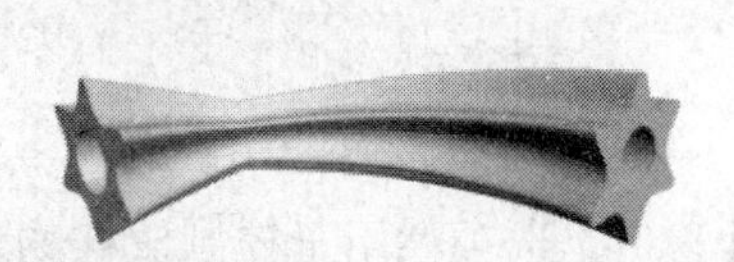

图6-47　【缩放变形】窗口中的设置及修改效果

8. 选择菜单栏中的【文件】/【保存】命令，将此场景保存为“06_09.max”文件。此场景的线架文件以相同的名字保存在教学资源中的“Scenes”目录中。

【知识链接】

对二维线型进行放样建模后，在修改命令面板中会出现与放样相关的几个参数面板，分别为【创建方法】面板、【曲面参数】面板、【路径参数】面板、【蒙皮参数】面板、【变形】面板。

下面对这些面板中的常用参数进行解释。

(1) 【创建方法】面板

【创建方法】面板形态如图 6-48 所示。

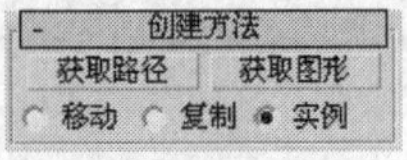

创建方法 获取路径 获取图形 移动 复制 实例

图6-48 【创建方法】面板

- 获取路径 按钮：在放样前如果先选择的是截面图形，那么单击此按钮，在视图中选择将要作为路径的图形。
- 获取图形 按钮：如果先选择的是路径图形，单击此按钮，在视图中选择将要作为截面的图形。

(2) 【曲面参数】面板

【曲面参数】面板形态如图 6-49 所示。

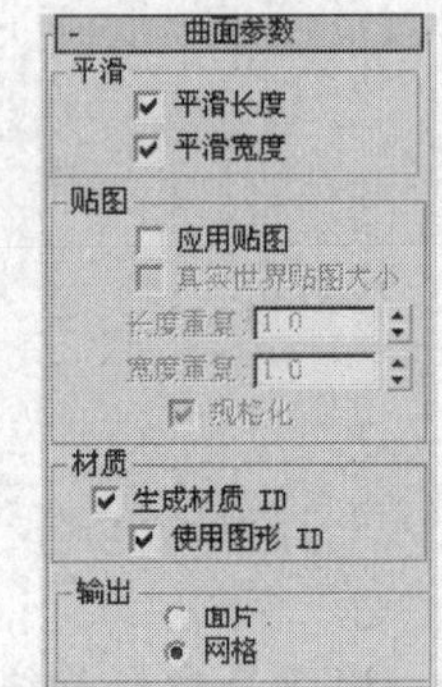

图6-49 【曲面参数】面板

- 【平滑长度】：对长度方向的表面进行光滑处理。
- 【平滑宽度】：对宽度方向的表面进行光滑处理。

(3) 【路径参数】面板

【路径参数】面板形态如图 6-50 所示。

- 【路径】：设置插入点在路径上的位置，以此来确定将要获取的截面在放样物体上的位置。
- 【百分比】：全部路径的总长为 100%，根据百分比来确定插入点的位置。
- 【距离】：以全部路径的实际长度为总数，根据实际距离确定插入点的位置。

(4) 【蒙皮参数】面板

【蒙皮参数】面板形态如图 6-51 所示。

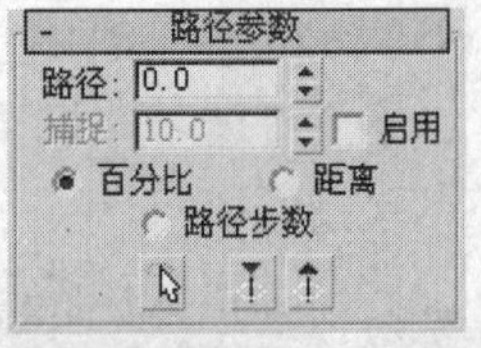

图6-50 【路径参数】面板

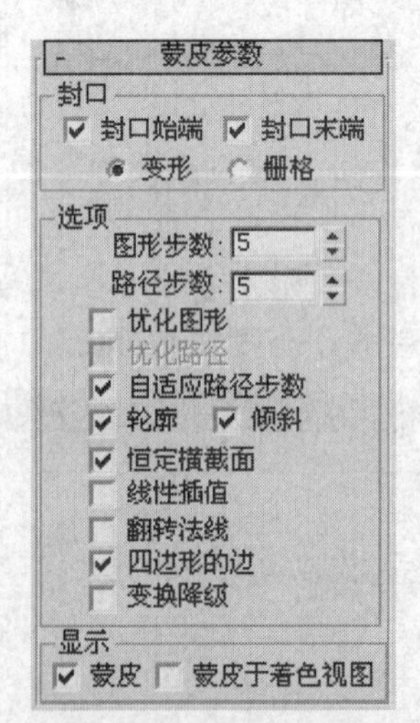

图6-51 【蒙皮参数】面板

【封口】选项栏用于控制放样物体的两端是否封闭，效果如图 6-52 所示。

全部封口　　取消选择【封口始端】　　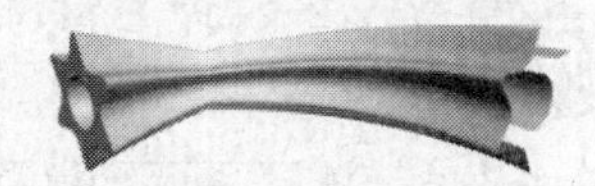

取消选择【封口末端】

图6-52　不同封口的效果

【选项】选项栏中部分参数的含义如下。

- 【图形步数】：设置截面图形顶点之间的步幅数，值越大，物体表皮越光滑。
- 【路径步数】：设置路径图形顶点之间的步幅数，值越大，造型弯曲越光滑。

【显示】选项栏中各参数的含义如下。

- 【蒙皮】：勾选此选项，将在视图中以网格方式显示它的表皮造型，效果如图 6-53 所示。

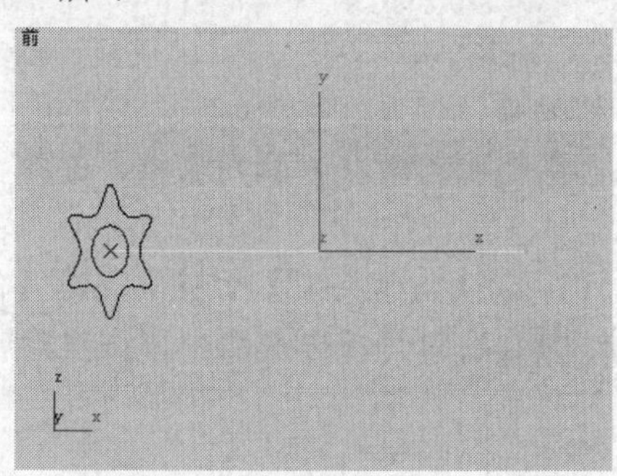

不勾选【蒙皮】

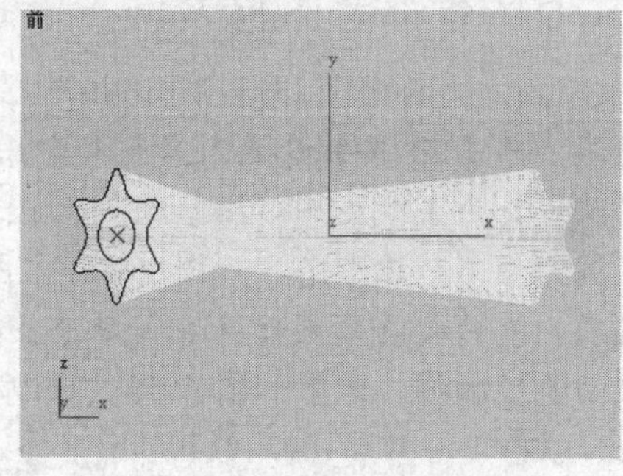

勾选【蒙皮】

图6-53　【蒙皮】效果

- 【蒙皮于着色视图】：勾选此选项，将在实体着色（平滑+高光）模式下的视图中显示它的表皮造型。

(5)　【变形】面板

【变形】面板形态如图 6-54 所示，其中提供了 5 个变形工具，在它们的右侧都有一个按钮。如果此按钮为开启状态，表示正在发生作用，否则对放样造型不产生影响，但其内部的设置仍保留。

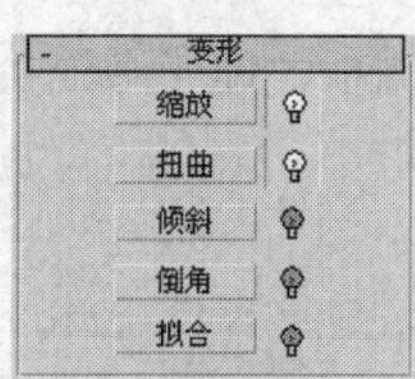

图6-54　【变形】面板

【变形】面板中常用的变形修改功能说明如下。

- 缩放：通过改变截面图形在 x、y 轴向上的缩放比例，使放样物体发生变形。
- 扭曲：通过改变截面图形在 x、y 轴向上的旋转比例，使放样物体发生螺旋变形。

6.5.3　范例解析（二）——扫描

下面介绍扫描功能的基本使用方法。

范例操作

1. 分别单击 / / 线 按钮和 星形 按钮，在顶视图中创建一条直线和一个【半径1】为“15”，【半径2】为“5”的星形，调整透视图的显示角度，如图 6-55 所示。

图6-55　直线和星形形态

2. 选择直线，单击 按钮，进入修改命令面板。单击 修改器列表 下拉列表框，选择其中的【扫描】修改器，为直线施加扫描修改。
3. 此时直线为直角挤出形态，如图 6-56 左图所示。在【截面类型】面板中点选【使用定制截面】选项，直线会再次显示为初始状态。单击 拾取 按钮，在透视图中单击星形，星形会沿着直线的长度扫描，结果如图 6-56 右图所示。

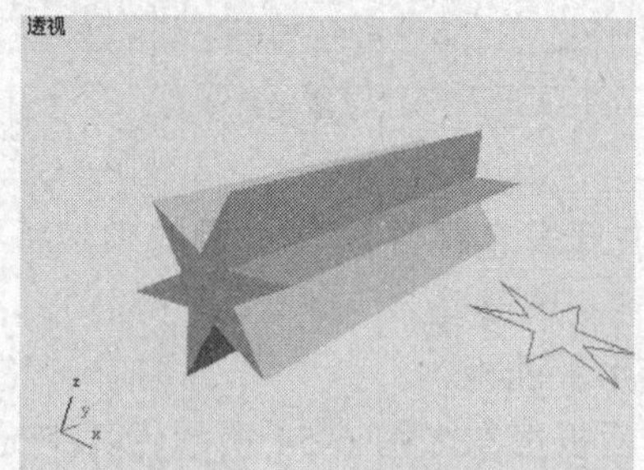

图6-56　直角挤出状态与星形扫描状态

【知识链接】

【扫描】修改器有两个固定的参数面板，即【截面类型】面板和【扫描参数】面板。

(1)　【截面类型】面板

【截面类型】面板形态如图 6-57 所示。

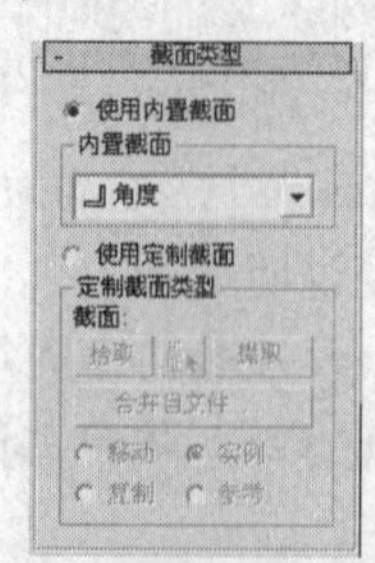

图6-57　【截面类型】面板形态

- 【使用内置截面】：选择该选项，可使用一个内置的备用截面。内置截面类型如表 6-3 所示。选择某一个截面后，在修改命令面板中会出现这个截面对应的【参数】面板，可修改截面的尺寸。

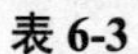

表 6-3　　内置截面类型

类型	图例	类型	图例
角度		管道	
条		1/4 圆	
通道		T 形	
圆柱体		管状体	
半圆		宽法兰	

- 【使用定制截面】：选择此选项，可以选择自己创建的图形作为截面。
- 拾取 按钮：单击此按钮，直接从场景中拾取图形。
- 提取 按钮：选择一个扫描物体，单击此按钮，可以副本、实例或参考的方式提取出截面。
- 合并自文件... 按钮：选择保存在另一个".max"文件中的截面。

(2)　【扫描参数】面板

【扫描参数】面板形态如图 6-58 所示。

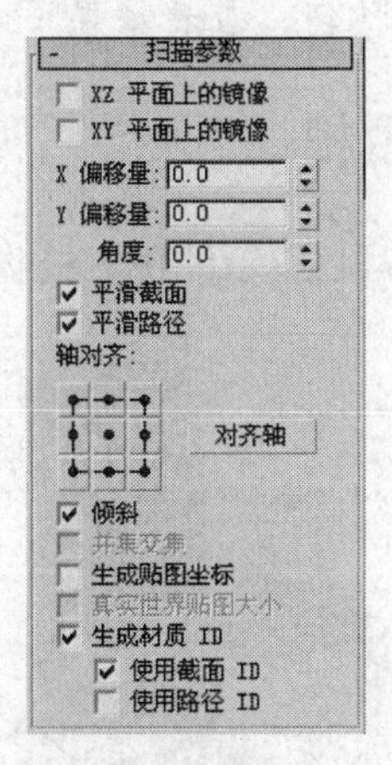

图6-58　【扫描参数】面板形态

- 【XZ 平面上的镜像】：勾选此选项后，截面相对于应用【扫描】修改器的样条线垂直翻转，如图 6-59 中图所示。默认设置为禁用状态。
- 【XY 平面上的镜像】：勾选此选项后，截面相对于应用【扫描】修改器的样条线水平翻转，如图 6-59 右图所示。默认设置为禁用状态。

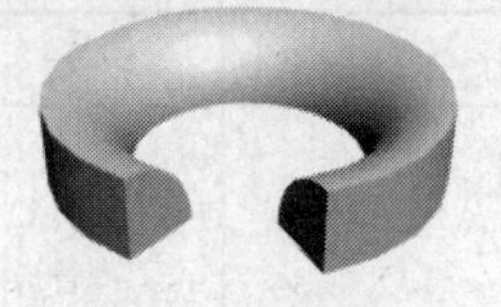

原物体　　截面垂直翻转　　截面水平翻转

图6-59　截面翻转比较

- 【角度】: 相对于基本样条线所在的平面旋转截面，如图 6-60 所示。

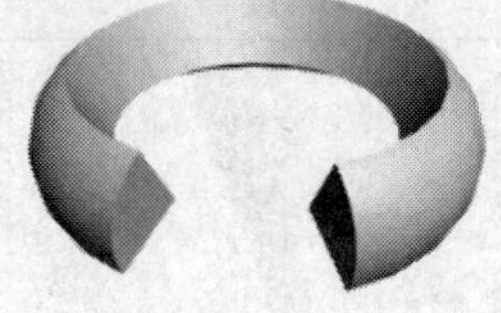

图6-60　截面旋转－30°时的形态

- 【平滑截面】: 沿截面的边界平滑曲面。默认设置为启用，效果如图 6-61 中图所示。
- 【平滑路径】: 沿样条线的长度平滑曲面。默认设置为启用，效果如图 6-61 右图所示。

原物体　　平滑截面　　平滑路径

图6-61　平滑截面和平滑路径效果

- 【轴对齐】: 提供将截面与路径对齐的 2D 栅格。在其下方的 9 个按钮中进行选择，可使截面的轴围绕路径移动。
- 对齐轴按钮：单击此按钮，在视图中显示 3×3 的对齐栅格、截面和路径。对齐结果满意后，再单击对齐轴按钮，查看结果。

6.5.4 课堂练习——制作仿古椅

下面综合本讲所讲内容，创建图 6-62 所示的仿古椅物体。

图6-62　仿古椅效果

1. 选择菜单栏中的【文件】/【打开】命令，打开教学资源中“Scenes”目录下的“06_10.max”场景文件。
2. 利用【扫描】修改器创建椅背的边框，再创建胶囊物体，为其添加 FFD（长方体）修改，形成椅背，制作流程如图 6-63 所示。

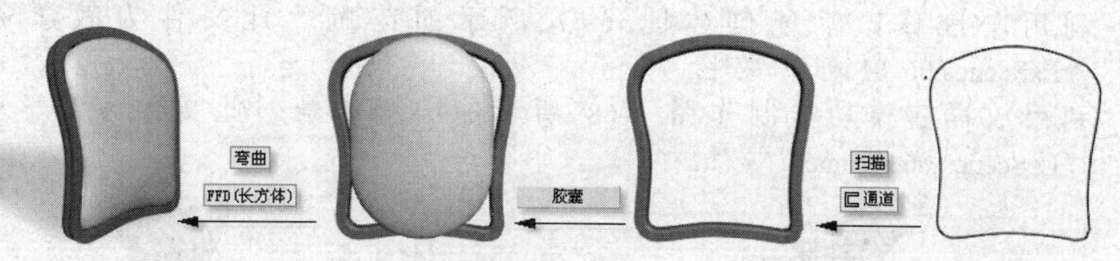

图6-63　椅背的制作流程

3. 利用放样功能生成椅子腿，再利用挤出修改创建椅座边框，制作流程如图 6-64 所示。

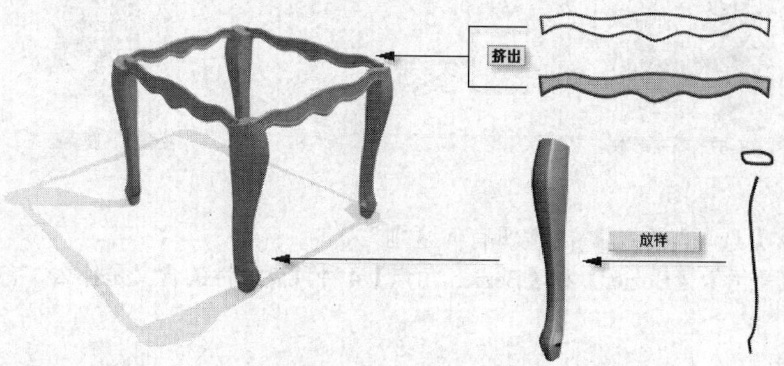

图6-64　椅子腿及椅座边框的制作过程

4. 利用放样功能创建扶手，制作过程如图 6-65 所示。

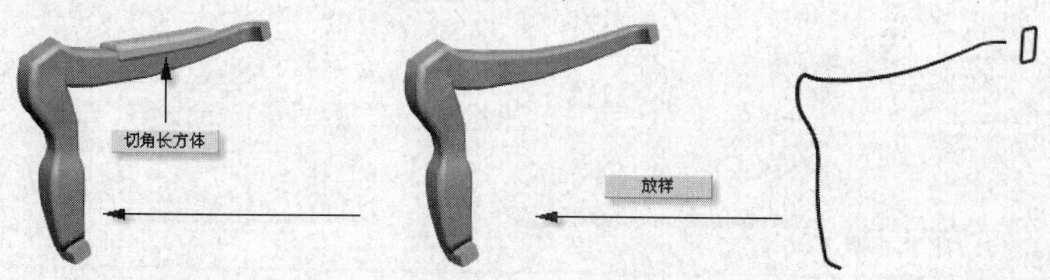

图6-65　扶手的制作过程

5. 添加细节，并将各零件组合成完整的椅子物体，制作流程如图 6-66 所示。

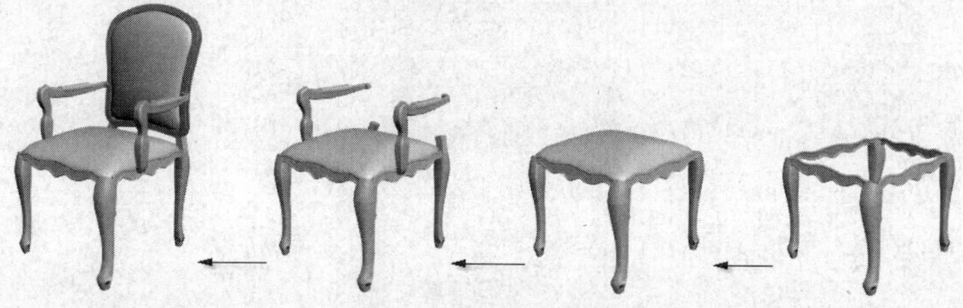

图6-66　组合形成完整的椅子

6. 选择菜单栏中的【文件】/【另存为】命令，将此场景另存为“06_10_ok.max”文件。此场景的线架文件以相同的名字保存在教学资源中的“Scenes”目录中。

6.6 课后作业

一、操作题

1. 利用车削修改功能创建图 6-67 所示的花瓶。此文件为教学资源中的“LxScenes\06_01.max”文件。
2. 利用放样建模功能制作图 6-68 所示的圆凳场景。此文件为教学资源中的“LxScenes\06_02.max”文件。

图6-67　花瓶形态

图6-68　圆凳形态

二、思考题

1. 【自动焊接】选项与 焊接 按钮有何区别？
2. 【角点】、【平滑】、【Bezier】和【Bezier 角点】4 种顶点属性的含义是什么？它们有何区别？

第 7 讲

复杂物体建模综合应用

【学习目标】

• 利用画线、挤出功能制作建筑的屋顶。	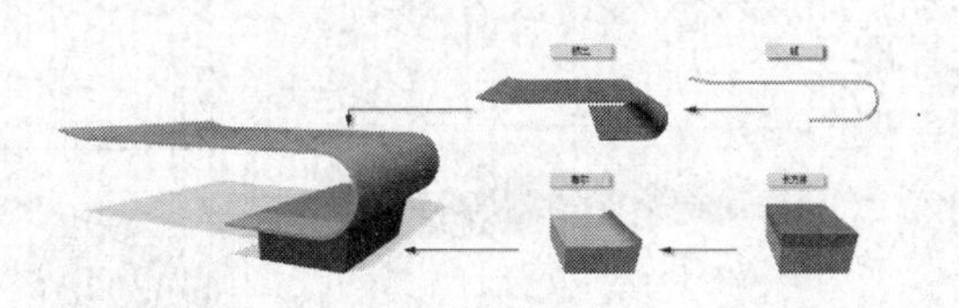
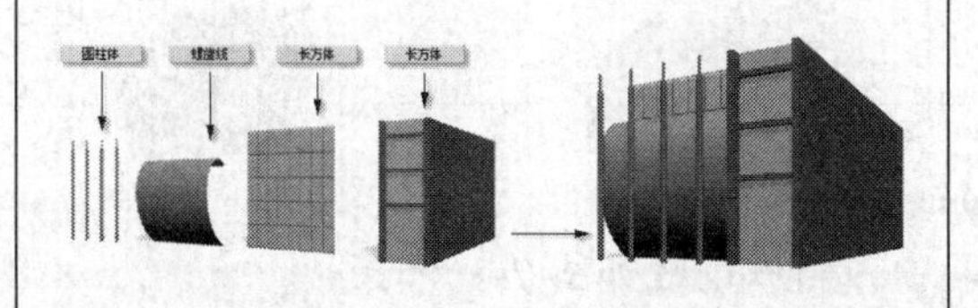	• 利用基本体制作建筑的主体部分。
• 利用放样功能制作雨棚造型。	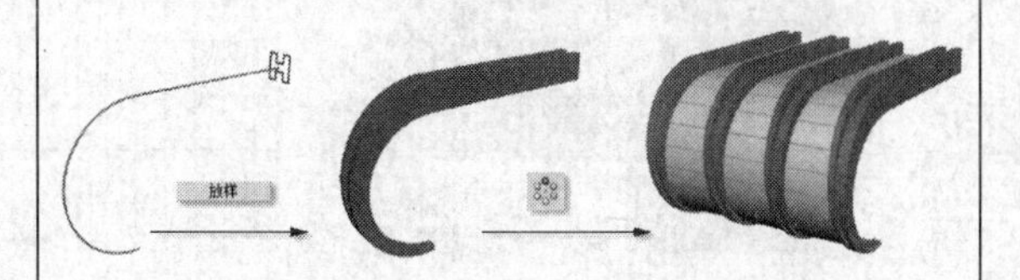
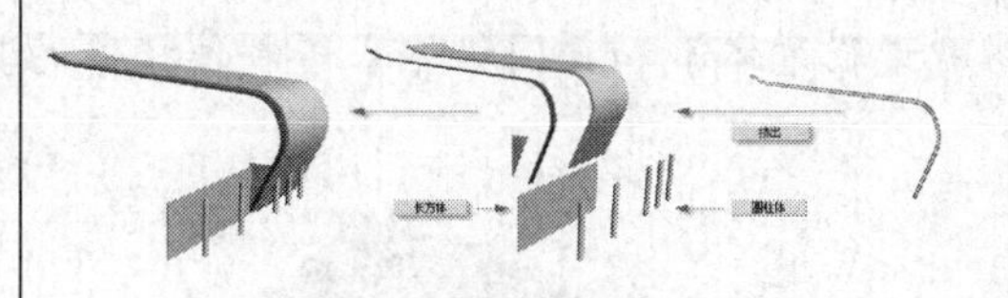	• 利用挤出修改功能和基本体创建楼体的后半部分。
• 将这些物体组合起来，完成最终的造型。	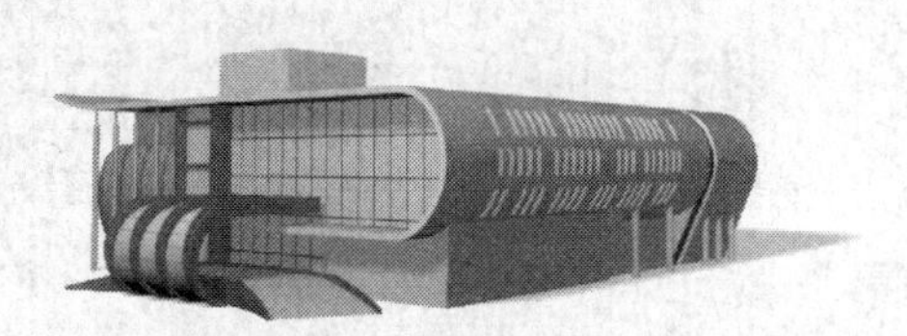

7.1 综合应用（一）——创建商务楼体外观

结合前面所讲内容，利用多种建模方法，搭建一个室外商务建筑物的外观，效果如图7-1所示。

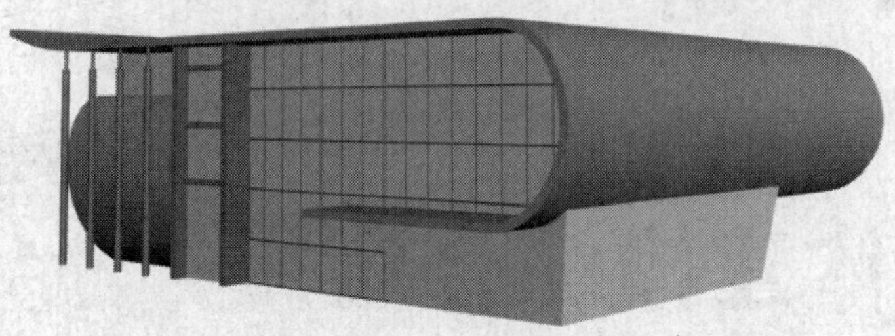

图7-1　商务楼体外观

1. 利用【长方体】以及锥化功能，制作出楼体的底部构件。利用画线、挤出功能生成屋顶和侧墙构件。制作过程如图7-2所示。

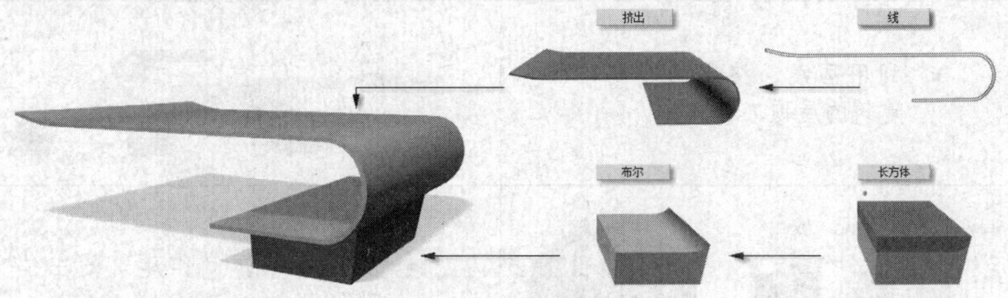

图7-2　屋顶的制作过程

2. 利用画线、挤出以及晶格功能，制作玻璃幕墙。制作过程如图7-3所示。

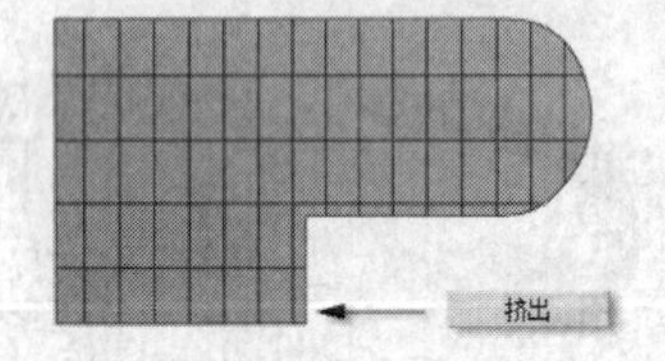

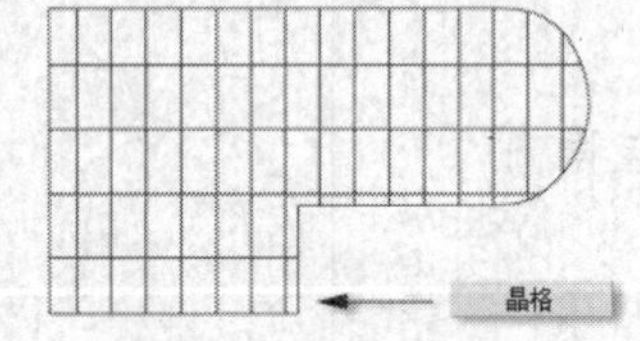

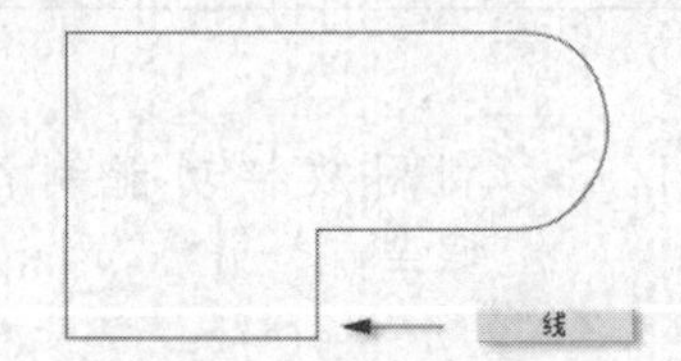

图7-3　玻璃幕墙的制作过程

3. 利用【长方体】制作大楼的入口部分，再利用【长方体】和【圆柱体】等制作楼体的其余部分，这些组件的效果如图7-4所示。

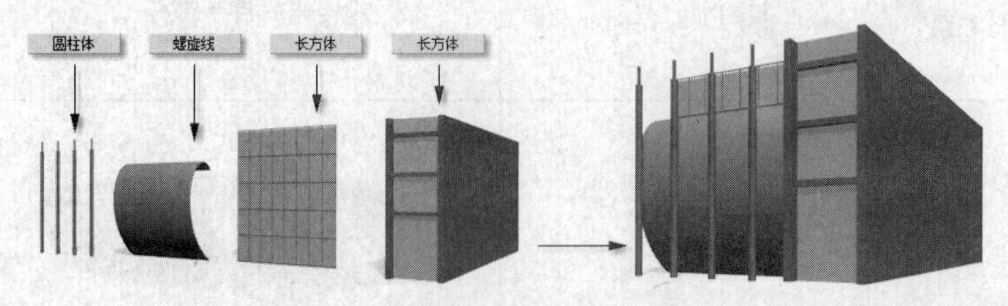

图7-4　楼体的其余组件效果

7.2 综合应用（二）——创建商务楼入口雨棚

前面已经创建完成了商务楼的主体部分，本节制作该楼入口的雨棚部分，以及楼体的后侧部分，然后将这几组构件组合起来，从而完成商务楼的模型搭建，效果如图 7-5 所示。

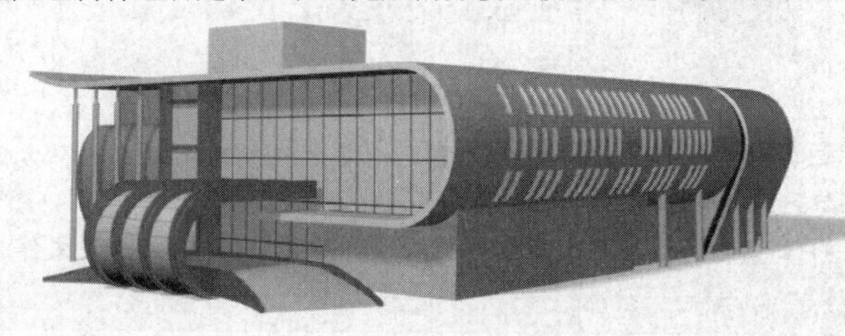

图7-5　完成后的商务楼体外观

1. 利用放样功能，制作雨棚的一个支架，然后通过克隆复制生成其他支架。雨棚的制作过程如图 7-6 所示。

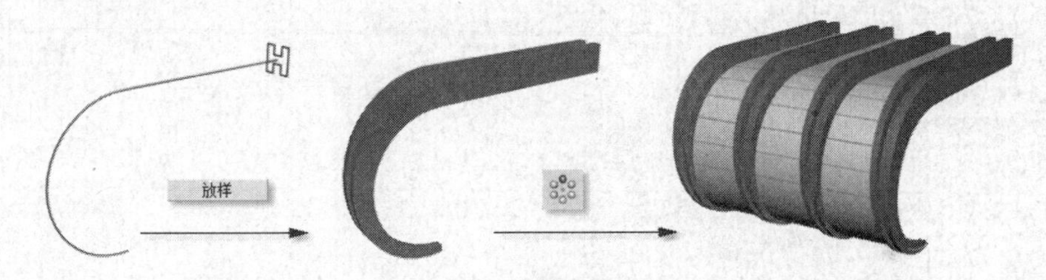

图7-6　雨棚的制作过程

2. 利用【长方体】，以及锥化和弯曲修改功能，制作弯曲的车道造型，制作过程如图 7-7 所示。

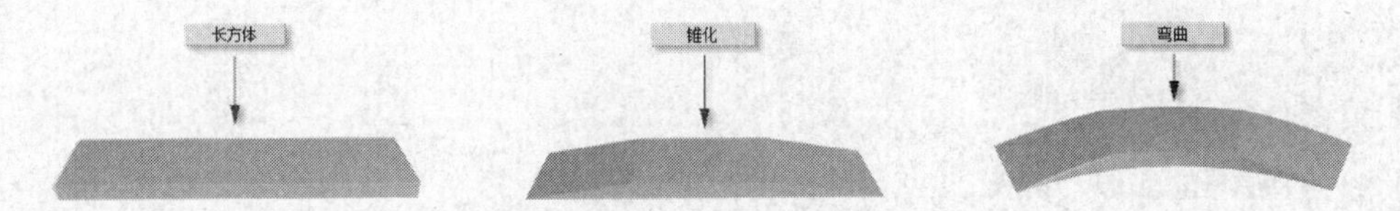

图7-7　车道的制作过程

3. 将雨棚和车道组合起来，效果如图 7-8 所示。

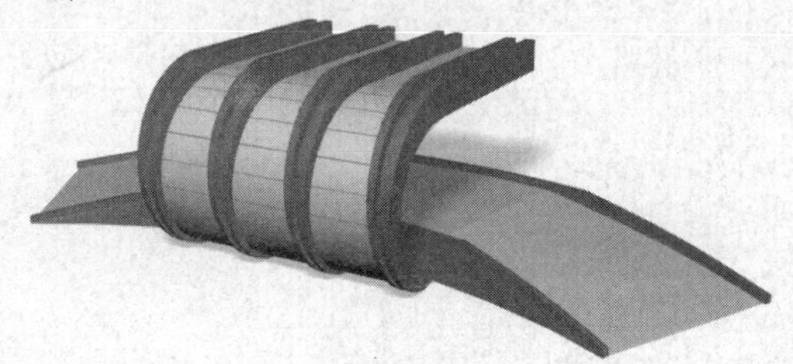

图7-8　雨棚和车道的组合效果

4. 利用挤出修改功能，制作该建筑的后半部分，制作过程如图 7-9 所示。

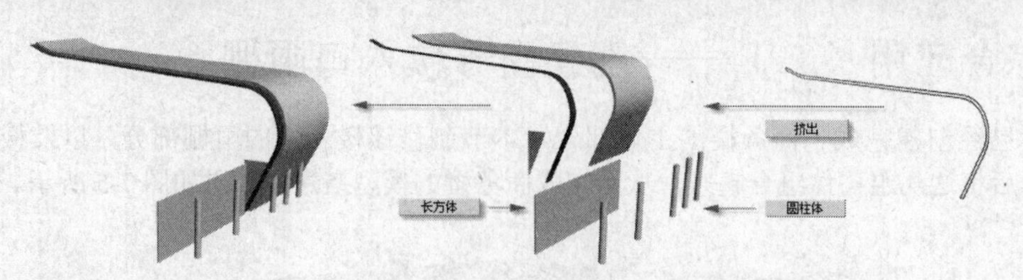

图7-9　建筑后部的组合效果

5. 利用三维布尔运算功能制作出大楼外侧的窗洞，然后在屋顶上创建一个方体，就完成了该建筑的建模过程，最终效果如图 7-5 所示。
6. 选择菜单栏中的【文件】/【保存】命令，将场景保存为“07_01.max”文件。

第 8 讲

材质应用与实例分析

【学习目标】

• 制作材质拼盘。	
	• 利用贴图通道制作包装纸效果。
• 室外场景贴图训练。	
	• 利用【多维/子对象】制作地面拼花效果。
• 室内场景贴图训练。	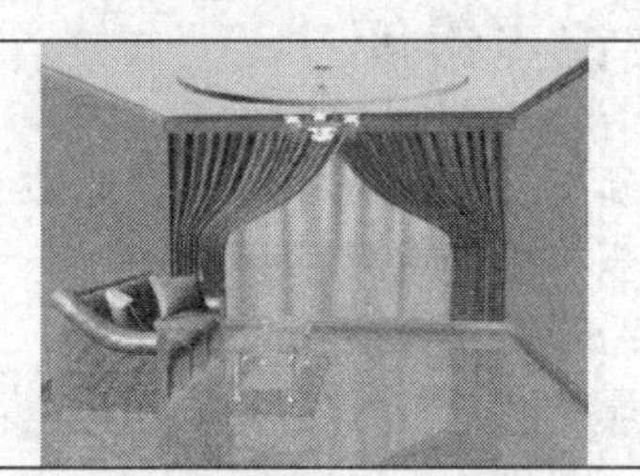

8.1 材质与贴图的概念

三维物体在初始创建时，它不具备任何表面纹理特征，但对其赋材质后，它就会具有与现实材料相一致的效果。材质是指对真实材料视觉效果的模拟，它在整个场景的气氛渲染中占有非常重要的地位，一个有足够吸引力的物体，它的材质必定真实可信。然而材质的制作是一个相对复杂的过程，不仅要了解物体本身的物质属性，还要了解它的受光特性，这就要求制作者有敏锐的观察力。

贴图是材质属性的一部分，多用来表现物体表面的纹理，它所反映的是不同材料的固有纹理走向和纹理特征。完整的材质概念除了物体的固有纹理之外，还包括该物体的反光属性、透明属性、自发光属性、表面反射/折射属性等更为宽泛的物理属性概念。

8.2 材质编辑器

在 3ds Max 9 中，单击主工具栏中的按钮（快捷方式为按键盘上的M键）可以打开或关闭【材质编辑器】窗口，如图 8-1 所示。所有材质的调节工作都在该窗口中完成。

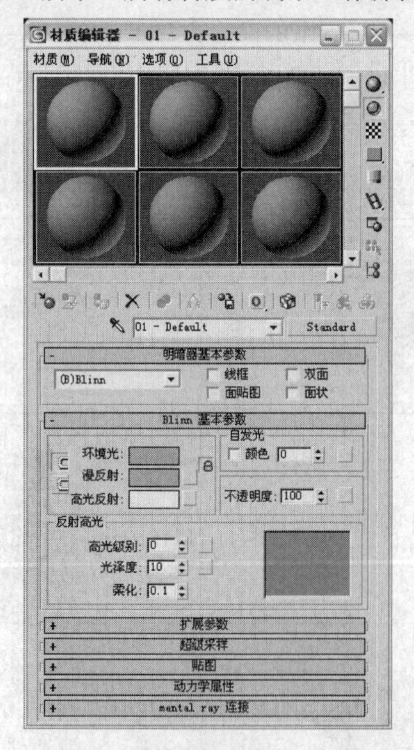

图8-1 【材质编辑器】窗口形态

8.2.1 知识点讲解

- 基础材质：是指物体表面的固有颜色、反光特性、物体的透明度以及自发光特性等基本材质属性。
- 【ActiveShade】交互式渲染：为用户提供了一个渲染的预览窗口，可以实时反映场景中灯光、材质的变化情况。

8.2.2 范例解析——基础材质与交互渲染方式

下面介绍基础材质的调节方法。

范例操作

1. 重新设定系统。单击扩展基本体创建命令面板中的 异面体 按钮，在透视图中创建一个【半径】为“60”的异面体，在【参数】面板中选择【系列】栏中的【星形 1】。
2. 在透视图左上方的标识上单击鼠标右键，在弹出的快捷菜单中选择【视图】/【ActiveShade】命令，将透视图转换为【ActiveShade】渲染窗口，形态如图 8-2 左图所示。
3. 选择菜单栏中的【渲染】/【环境】命令，弹出【环境和效果】窗口，在【公用参数】面板中将【背景】色改为白色，如图 8-2 中图所示。此时【ActiveShade】渲染窗口也变为白色背景，结果如图 8-2 右图所示。

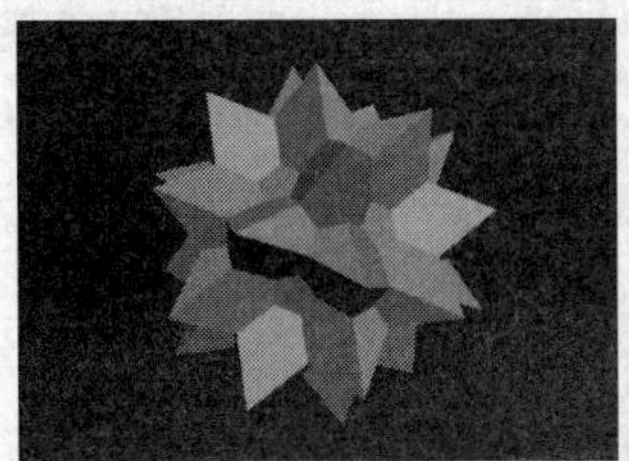
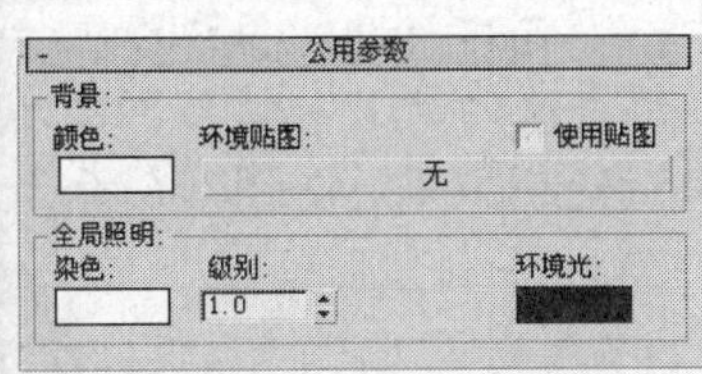

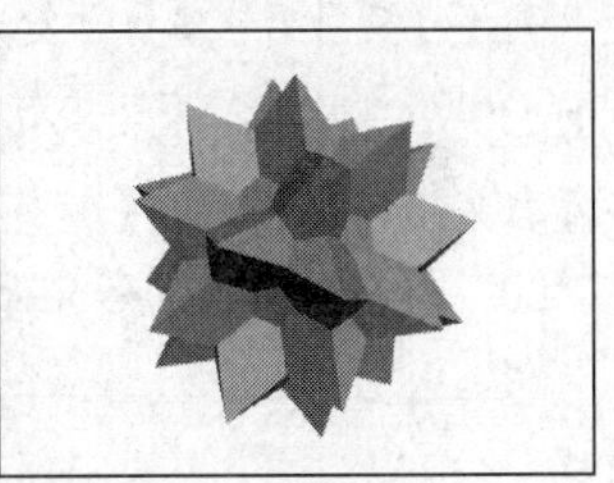

图8-2 【ActiveShade】渲染窗口

> 要点提示 【ActiveShade】窗口的分辨率不宜设置得过高，否则会大大延长预览的更新时间，降低工作效率。

4. 单击按钮，打开【材质编辑器】窗口，选择一个示例球，单击【漫反射】选项旁边的色块，弹出【颜色选择器】对话框，如图 8-3 所示。
5. 在此对话框中的红、绿、蓝 3 条色带中，在合适的位置单击鼠标左键，可以调整颜色。调整滑块在这 3 条色带中的不同位置，将示例球的颜色调成棕红色，单击对话框中的 关闭 按钮，关闭【颜色选择器】对话框。
6. 单击【材质编辑器】窗口中工具栏中的按钮，将此材质赋予异面体物体。此时，渲染窗口中的异面体变为棕红色。
7. 在【Blinn 基本参数】面板中将【高光级别】值设为“70”，增加高光区的高度；将【光泽度】值设为“35”，缩小高光区的尺寸，此时示例球的表面产生明显的高光亮点，如图 8-4 所示。在调节的过程中，【ActiveShade】渲染窗口中异面体的材质效果将随之同步改变。

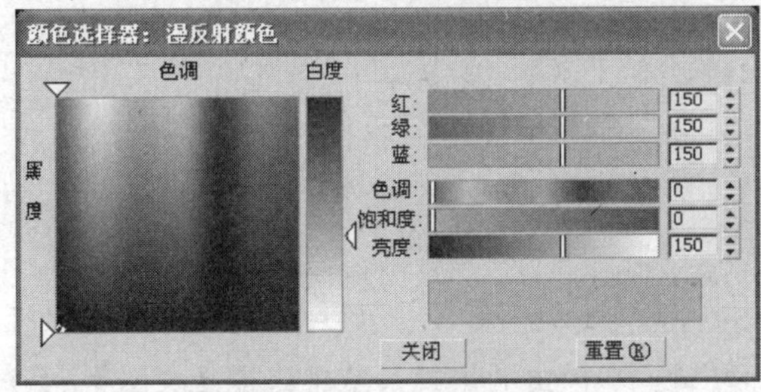

图8-3 【颜色选择器】对话框

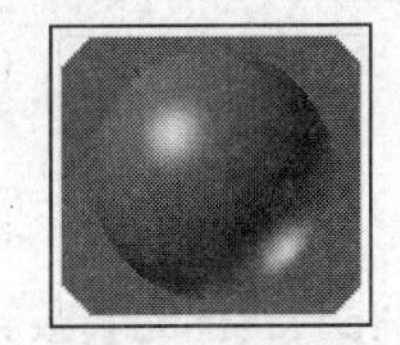

图8-4 同步材质的效果

8. 在【Blinn 基本参数】面板中，将【自发光】栏中的【颜色】的值分别设为“50”和“100”，观察自发光效果，如图 8-5 所示。

【颜色】值为“0”

【颜色】值为“50”

【颜色】值为“100”

图8-5　不同【颜色】值的自发光效果

要点提示　如果勾选【颜色】选项，可利用其右侧的颜色块选择材质的自发光色。取消选择此选项时，材质使用其【漫反射】色作为自发光色，此时色块变为数值输入状态。值为“0”时，材质无自发光，值为“100”时，材质有自发光。

9. 将【自发光】栏中的【颜色】值再改为“0”，使其不发光，然后将【不透明度】值分别设为“20”和“70”，观察异面体的透明效果，如图 8-6 所示。

【不透明度】值为“20”

【不透明度】值为“70”

图8-6　不同【不透明度】的渲染效果

10. 将【不透明度】值改为“100”，使异面体不透明。
11. 勾选【明暗器基本参数】面板中的【线框】选项，此时渲染窗口中的异面体以线框方式显示，如图 8-7 左图所示。
12. 勾选【双面】选项，异面体背面的线框也显示出来，如图 8-7 右图所示。在制作透视材质时常使用此选项。

图8-7　异面体的线框方式及双面方式

13. 在【ActiveShade】渲染窗口中单击鼠标右键，在弹出的快捷菜单中选择【视图】/【关闭】命令，如图 8-8 所示，关闭【ActiveShade】渲染窗口。

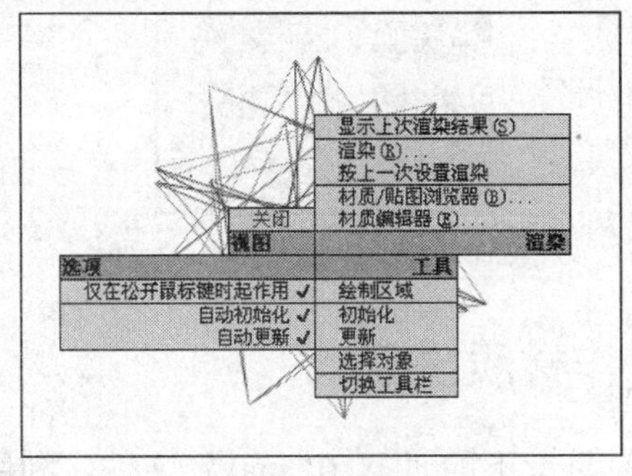

图8-8 关闭【ActiveShade】渲染窗口

【知识链接】

【明暗器基本参数】面板形态如图 8-9 所示。

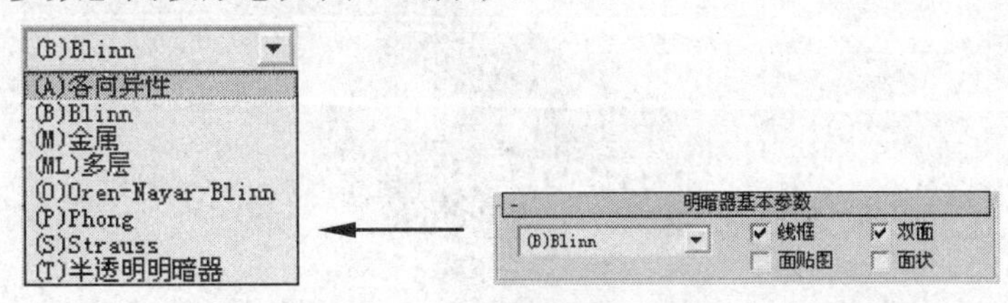

图8-9 【明暗器基本参数】面板

在此面板中可以指定【各向异性】、【Blinn】、【金属】、【多层】、【Oren-Nayar-Blinn】、【Phong】、【Strauss】和【半透明明暗器】8 种不同的材质渲染属性，利用它们确定材质的基本性质。其中【Blinn】、【金属】和【各向异性】是常用的材质渲染属性。

- 【Blinn】: 以光滑的方式进行表面渲染，易表现冷色坚硬的材质。
- 【金属】: 专用于金属材质的制作，可以提供金属的强烈反光效果。
- 【各向异性】: 适用于椭圆形表面，毛发、玻璃或磨砂金属模型的高光设置。

以上 3 种材质渲染属性的高光效果如图 8-10 所示。

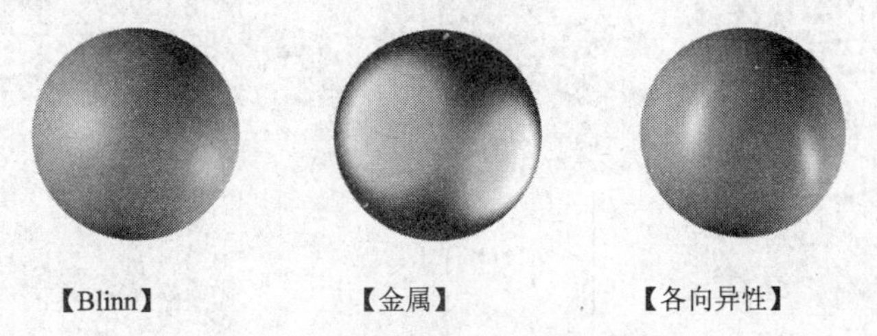

图8-10 几种材质渲染属性的高光效果

打开【ActiveShade】窗口有以下几种方法。

- 在【渲染场景】窗口中选中【ActiveShade】选项，再单击 ActiveShade 按钮，可打开【ActiveShade】窗口。
- 在激活视图的标识上单击鼠标右键，在弹出的快捷菜单中选择【视图】/【ActiveShade】命令，可将当前选择的视图转换为【ActiveShade】窗口，系统要求每次只能出现一个【ActiveShade】窗口。
- 单击按钮，如果当前场景中已经有了一个【ActiveShade】窗口，会弹出【ActiveShade】提示对话框，如图 8-11 所示，单击 确定 按钮，会打开【ActiveShade】浮动窗口。

图8-11 【ActiveShade】提示对话框

8.2.3 课堂练习——制作材质拼盘

打开教学资源中“Scenes”目录下的“08_01.max”文件，利用基础材质的调节方法为苹果制作各种材质效果，结果如图 8-12 所示。

图8-12 各种基础材质效果

操作提示

1. 单击按钮，打开【材质编辑器】窗口，分别为苹果制作金属、线框、硬塑料、透明和自发光材质，材质调节参数如图 8-13 所示。

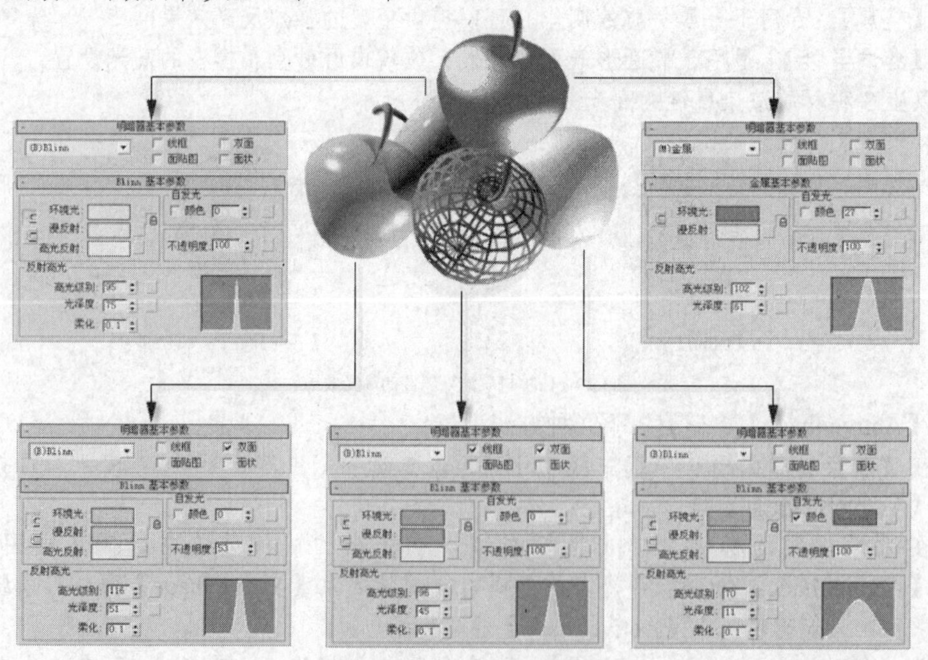

图8-13 各种基础材质的参数设置

2. 选择菜单栏中的【文件】/【另存为】命令，将场景另存为“08_01_ok.max”文件，此场景文件以相同的名字保存在教学资源中的“Scenes”目录中。

8.3 漫反射贴图与贴图坐标

多数物体在创建初期就已经拥有了默认的贴图坐标，当默认的贴图坐标不能满足要求时，可以通过特定的贴图坐标修改命令来进行二次修改。

UVW 贴图坐标是 3ds Max 9 中常用的一种物体贴图坐标指定方式，它之所以不用 *xyz* 坐标系统来指定，是因为贴图的坐标方式是一个相对独立的坐标系统。它相对于物体的 *xyz* 坐标系统，可以平移和旋转。如果将 UVW 坐标系统平行于 *xyz* 坐标系统，这时观察一个二维贴图图像，就会发现 U 相当于 *x*，代表贴图的水平方向；V 相当于 *y*，代表贴图的垂直方向；W 相当于 *z*，代表垂直于贴图平面的纵深方向。当为物体施加了 UVW 贴图坐标后，它便会自动覆盖以前指定的坐标，包括建立时的默认贴图坐标。

当一个物体要求有几种类型的贴图方式（如凹凸、透空、纹理等贴图）时，因为每种贴图方式都要求有不同的坐标系统，这时就应采用默认的坐标系统。相反，如果同一种材质要应用到几个不同的物体上，必须根据不同物体形态进行坐标系统的调整，这时就应当采用 UVW 贴图坐标系统。如果这两种坐标方式产生冲突，系统优先采用 UVW 贴图方式。

8.3.1 知识点讲解

- 漫反射色：物体的固有色称为漫反射色，它决定着物体表面的颜色和纹理。
- 【UVW 贴图】：用于对物体表面指定贴图坐标，以确定材质如何投射到物体的表面。
- 平面贴图方式：将贴图沿平面映射到物体表面，适用于平面物体的贴图需求，可以任意调整贴图的大小、比例，如图 8-14 所示。
- 圆柱贴图方式：将贴图沿圆柱侧面映射到物体表面，适用于圆柱类物体的贴图需求，如图 8-15 所示。

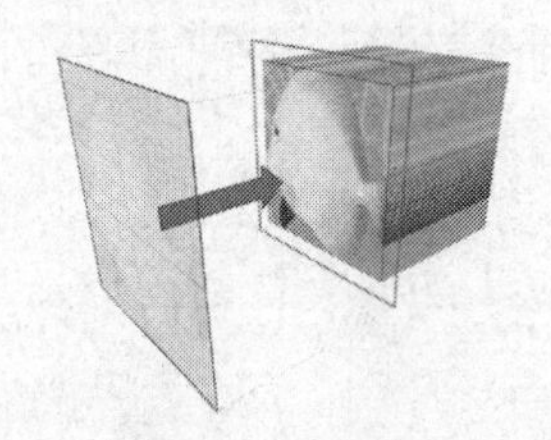

图8-14　平面贴图方式

图8-15　圆柱贴图方式

- 方体贴图方式：按 6 个垂直空间平面将贴图分别映射到物体表面，如图 8-16 所示，适用于立方体类物体的贴图需求。
- 球形贴图方式：将贴图沿球体内表面映射到物体表面，如图 8-17 所示，适用于球体或类球体物体的贴图需求。

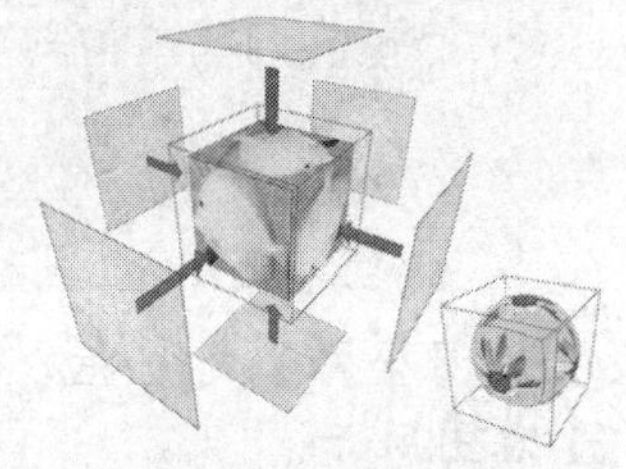

图8-16　方体贴图方式

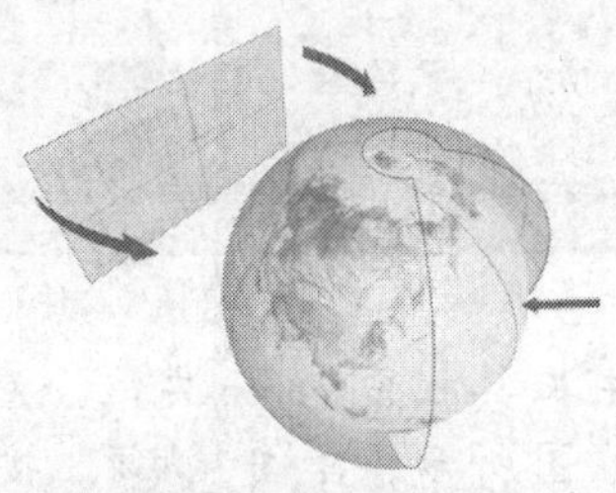

图8-17　球形贴图方式

- 【扫描线】渲染器：通过连续的水平线方式渲染场景，是 3ds Max 9 渲染场景时默认的渲染器，渲染结果通过渲染帧窗口显示出来。

8.3.2 范例解析（一）——物体贴图坐标修改

下面利用 UVW 贴图坐标为场景进行贴图修改，结果如图 8-18 所示。

图8-18　UVW 贴图效果

范例操作

1. 打开教学资源中"Scenes"目录下的"08_02.max"文件，这是一个没有赋材质的蝴蝶场景。
2. 单击主工具栏中的按钮，打开【材质编辑器】窗口，选择一个未编辑过的示例球。展开【贴图】面板，单击【漫反射颜色】右侧的 None 按钮，弹出【材质/贴图浏览器】对话框，双击【位图】选项。
3. 在弹出的【选择位图图像文件】对话框中选择教学资源中"Scenes"目录下的"ptiab21.jpg"贴图文件，单击 打开(O) 按钮，如图 8-19 所示。
4. 选择场景中的所有物体，然后将所选图形赋予选择的物体，单击按钮，在视图中显示贴图效果，如图 8-20 所示。

图8-19　【选择位图图像文件】对话框

图8-20　顶视图中的贴图效果

5. 单击主工具栏中的按钮，渲染顶视图，弹出【缺少贴图坐标】对话框，形态如图 8-21 左图所示。单击 继续 按钮，渲染效果如图 8-21 右图所示。

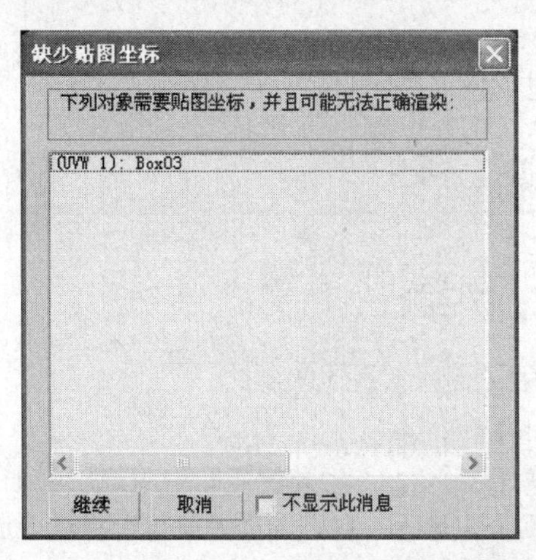

图8-21　【缺少贴图坐标】对话框及渲染效果

6. 关闭渲染窗口。单击按钮，进入修改命令面板，在修改器堆栈面板中选择【UVW 贴图】修改器，为物体添加 UVW 贴图修改，确认贴图方式为默认的【平面】贴图方式。
7. 再次渲染顶视图，效果如图 8-18 所示。
8. 选择菜单栏中的【文件】/【另存为】命令，将场景另存为“08_02_ok.max”文件。此文件以相同的名字保存在教学资源中的“Scenes”目录中。

【知识链接】

为物体添加 UVW 贴图坐标后，其修改器堆栈面板中便会出现【Gizmo】子对象层级。选择【Gizmo】层级后，可以对物体的贴图套框进行移动、旋转和缩放操作，从而对贴图的效果进行调节。在【材质编辑器】窗口中单击按钮，就可以在视图中实时看到贴图调节的效果，如图 8-22 所示。

【Gizmo】贴图套框根据贴图方式的不同，在视图上显示的形态也不同，如图 8-23 所示。顶部的黄色标记表示贴图套框的顶部，右侧绿色的线框表示贴图的方向。对圆柱贴图方式和球形贴图方式的贴图套框来说，绿色线框是贴图的接缝处。

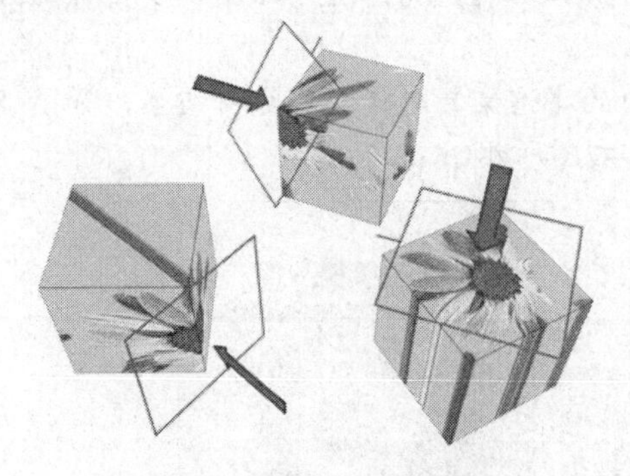

图8-22　在视图中调节贴图套框

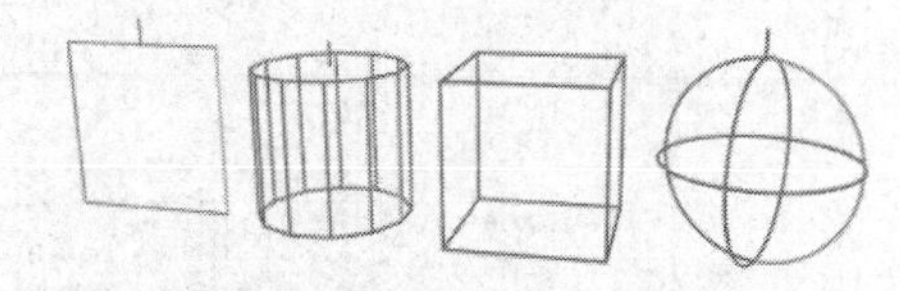

图8-23　不同贴图方式的贴图套框

8.3.3 范例解析（二）——贴图通道与扫描线渲染方式

一个完整的材质是由众多的物理属性共同构建的，每一个物理属性都有一个专用的贴图通道，在这些贴图通道中贴入不同的贴图，就可以得到千变万化的材质效果。这些贴图通道都存放在【贴图】面板中，如图 8-24 所示。

贴图	数量	贴图类型
环境光颜色	100	None
漫反射颜色	100	None
高光颜色	100	None
高光级别	100	None
光泽度	100	None
自发光	100	None
不透明度	100	None
过滤色	100	None
凹凸	30	None
反射	100	None
折射	100	None
置换	100	None

图8-24 【贴图】面板形态

在【贴图】面板中，每个贴图通道的右侧都有一个 None 按钮，通过单击此按钮，可打开【材质/贴图浏览器】对话框，在此对话框中选择一种贴图类型就可以激活该通道。

下面就利用贴图通道制作汉堡包的包装纸材质，效果如图 8-25 所示。

图8-25 包装纸效果

范例操作

1. 打开教学资源中“Scenes”目录下的“08_03.max”文件，选择场景中的包装纸物体。
2. 单击主工具栏中的按钮，打开【材质编辑器】窗口，选择一个未编辑过的示例球。
3. 展开【贴图】面板，在【漫反射颜色】贴图区域中贴入“TinFoil.jpg”贴图，单击按钮，将此材质赋予选择的物体。
4. 激活透视图，单击主工具栏中的按钮，在弹出的【渲染】对话框中进行渲染，如图 8-26 左图所示，物体的漫反射贴图渲染结果如图 8-26 右图所示。

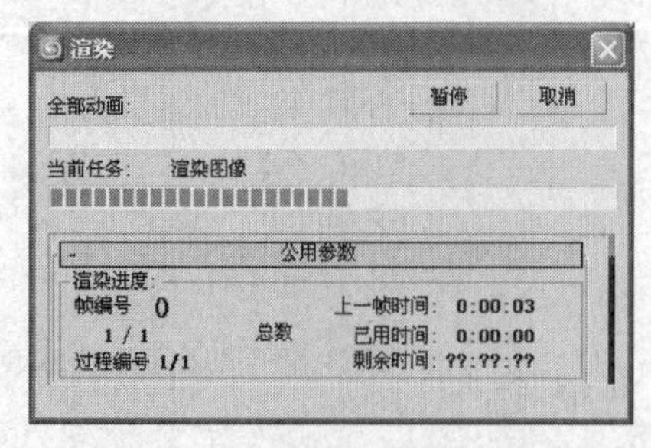

图8-26 【渲染】对话框形态及物体的漫反射贴图效果

下面增加物体的凹凸和反射质感。

5. 展开【贴图】面板，在【漫反射颜色】贴图区域内按住鼠标左键，将其贴图复制到【凹凸】贴图通道和【反射】贴图通道中，并设置【反射】值为“50”，【贴图】面板形态如图 8-27 左图所示。渲染透视图，效果如图 8-27 右图所示。

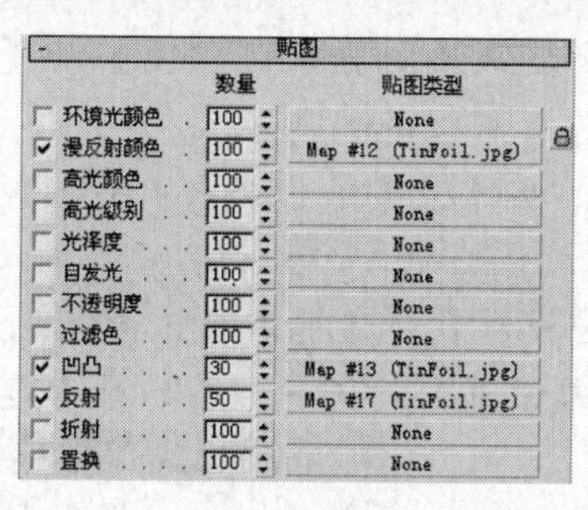

图8-27 【贴图】面板中的设置及渲染效果

下面调整最终渲染图的大小。

6. 关闭渲染结果窗口。单击主工具栏中的按钮，在弹出的【渲染场景】窗口中，将【输出大小】选项栏中的【宽度】和【高度】值分别改为“320”和“240”，单击右侧的 320x240 按钮也可以改变宽度和高度值。
7. 单击【渲染场景】窗口右下方的 渲染 按钮，渲染透视图。
8. 在渲染结果窗口中单击按钮，在弹出的【浏览图像供输出】对话框中的【保存在】下拉列表框中选择合适的文件夹保存路径。
9. 打开【保存类型】下拉列表，选择其中的【JPEG 文件】选项，如图 8-28 所示。
10. 在【文件名】右侧的文本框内输入文件名“汉堡包”，单击 保存(S) 按钮，此时会弹出【JPEG 图像控制】对话框，如图 8-29 所示。单击该对话框中的 确定 按钮，将渲染图以“汉堡包.jpg”的名字保存起来。
11. 选择菜单栏中的【文件】/【查看图像文件】命令，在弹出的【查看文件】对话框中选择刚保存的图像文件，单击 打开(O) 按钮，可打开刚渲染的图像文件。【查看文件】对话框形态如图 8-30 所示。

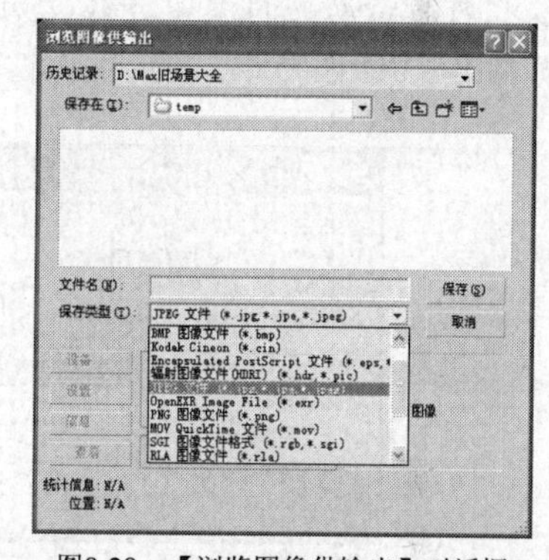

图8-28 【浏览图像供输出】对话框

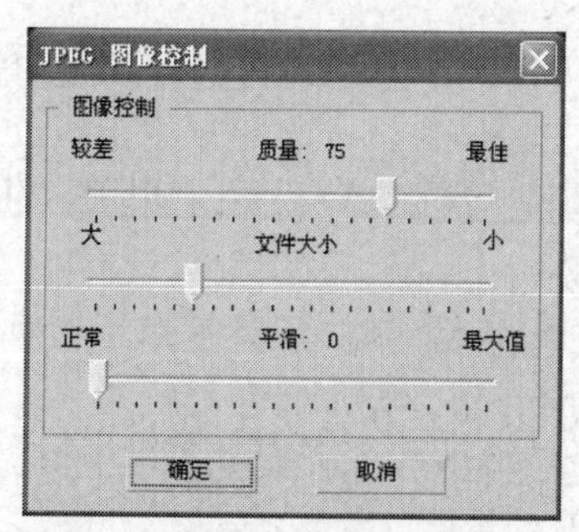

图8-29 【JPEG 图像控制】对话框形态

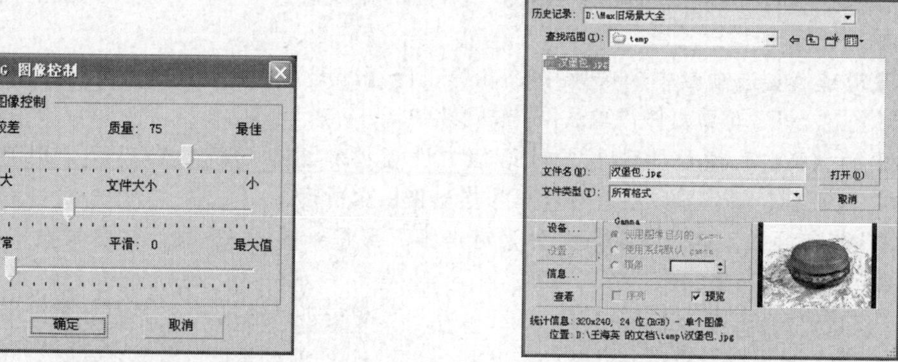

图8-30 【查看文件】对话框形态

12. 关闭“汉堡包.jpg”窗口。

下面进行动画渲染。

13. 返回【渲染场景】窗口，在【公用参数】面板的【时间输出】选项栏内选中【活动时间段】选项，如图 8-31 所示。

14. 在【输出大小】选项栏内确认🔒按钮处于开启状态，修改【宽度】和【高度】值分别为“400”和“300”。
15. 单击【渲染输出】选项栏内的 文件... 按钮，在【渲染输出文件】对话框中选择保存路径后，将文件名设为“汉堡包.avi”。
16. 单击 保存(S) 按钮，在弹出的【AVI 文件压缩设置】对话框中选择【Microsoft Video 1】压缩器，然后单击 确定 按钮。【AVI 文件压缩设置】对话框形态如图 8-32 所示。

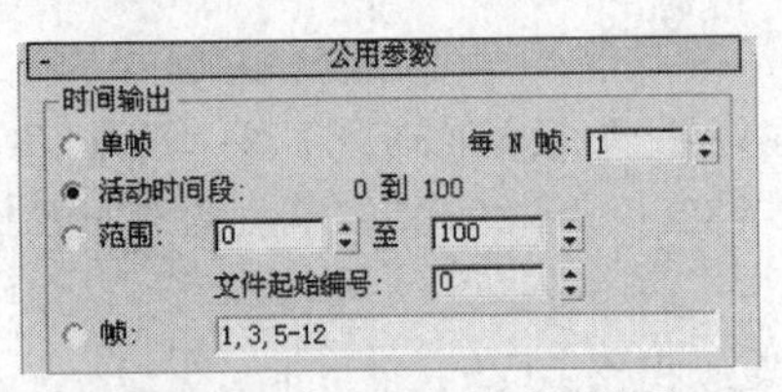

图8-31 选中【活动时间段】选项

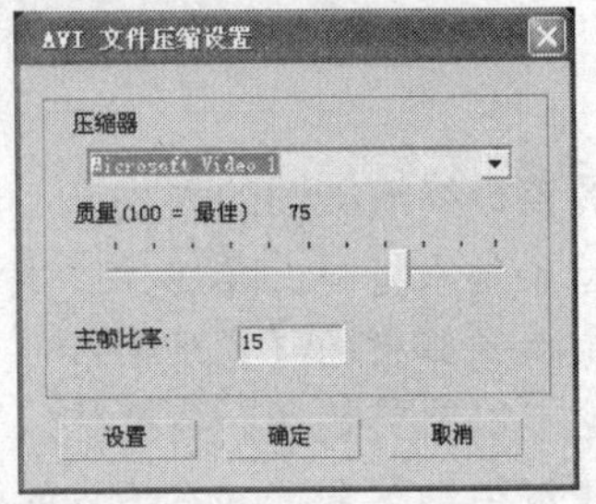

图8-32 【AVI 文件压缩设置】对话框形态

17. 单击【渲染场景】窗口中的 渲染 按钮开始渲染，在【渲染】对话框中的【全部动画】选项栏内显示动画的渲染进程，如图 8-33 左图所示。此时图像会以水平线的方式进行渲染，如图 8-33 右图所示。

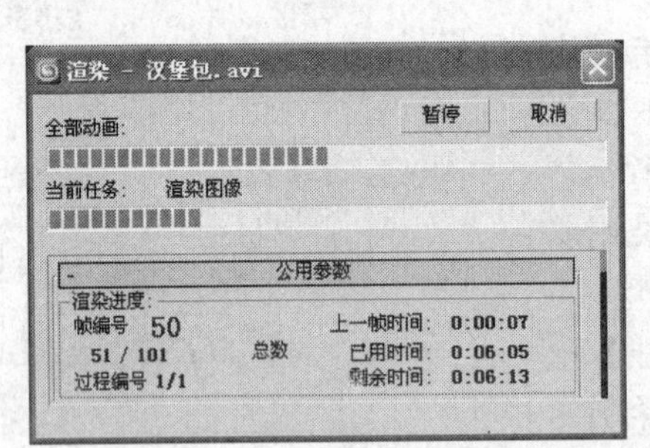

图8-33 【渲染】对话框形态及图像渲染过程

下面利用 RAM 播放器播放动画文件。

18. 渲染结束后，选择菜单栏中的【渲染】/【RAM 播放器】命令，打开3ds Max 9自带的RAM播放器。
19. 单击【通道 A】选项栏中的📂按钮，在弹出的【打开文件，通道A】对话框中选择刚渲染的“汉堡包.avi”动画文件，单击 打开(O) 按钮。
20. 在弹出的【RAM 播放器配置】对话框中设置播放窗口的宽度和高度分别为“400”和“300”。【RAM 播放器配置】对话框形态如图8-34所示。
21. 单击 确定 按钮，弹出【加载文件】对话框，形态如图 8-35 所示，从硬盘中将选择的动画文件加载到内存里。

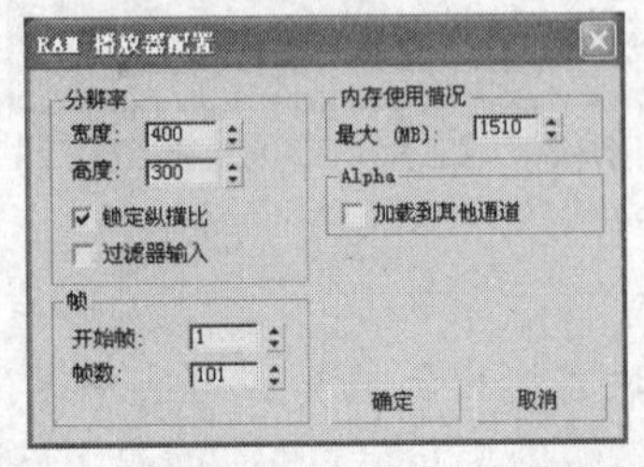

图8-34 【RAM 播放器配置】对话框形态

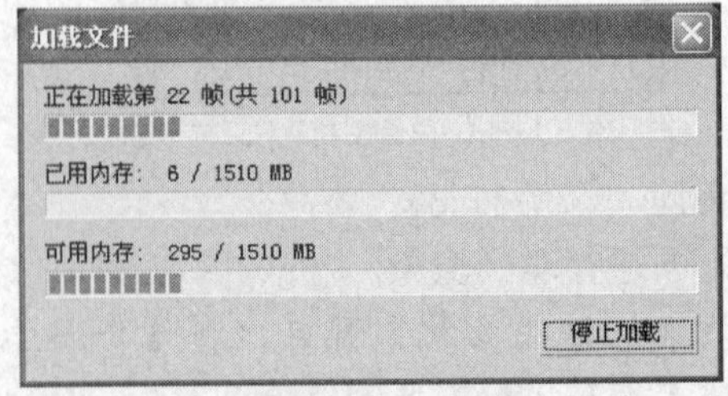

图8-35 【加载文件】对话框形态

经过一段时间后，“汉堡包.avi”文件就出现在【RAM 播放器】窗口中，此窗口的名称自动改为“帧”，形态如图 8-36 所示。

22. 单击【帧】窗口中的 ▶ 按钮，播放并观看动画效果。
23. 单击 ■ 按钮停止播放动画。
24. 关闭【帧】窗口，此时会弹出【退出 RAM 播放器】提示对话框，如图 8-37 所示。

图8-36 【帧】窗口形态

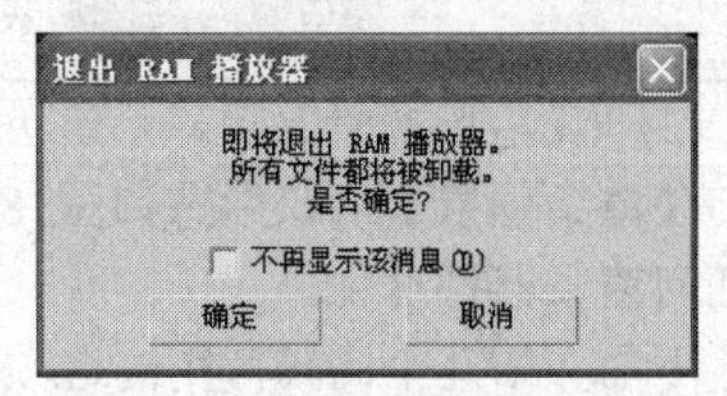

图8-37 【退出 RAM 播放器】对话框形态

25. 单击 确定 按钮，关闭【帧】窗口。
26. 选择菜单栏中的【文件】/【另存为】命令，将场景另存为“08_03_ok.max”文件。此文件以相同的文件名保存在教学资源中的“Scenes”目录中。

【知识链接】

(1) 其他贴图通道介绍

表 8-1 中列出了常用的贴图通道及效果说明。

表 8-1　　常用的贴图通道及效果说明

贴图通道	效果	说明
【漫反射颜色】		主要用于表现材质的纹理效果，当它设置为 100%时，会完全覆盖漫反射色的颜色
【高光颜色】		在物体的高光处显示出贴图效果
【光泽度】		在物体的反光处显示出贴图效果，贴图的颜色会影响反光的强度
【自发光】		将贴图以一种自发光的形式贴在物体表面，图像中纯黑的区域不会对材质产生任何影响，非纯黑的区域将会根据自身的颜色产生发光效果，发光的地方不受灯光以及投影影响

续 表

贴图通道	效果	说明
【不透明度】		利用图像的明暗度在物体表面产生透明效果，纯黑色的区域完全透明，纯白色的区域完全不透明
【凹凸】		通过图像的明暗强度来影响材质表面的光滑程度，从而产生凹凸的表面效果。白色图像产生凸起效果，黑色图像产生凹陷效果，中间色产生过渡效果
【反射】		通过图像来表现物体反射的图案，该值越大，反射效果越强烈。它与【Diffuse Color】贴图方式相配合，会得到比较真实的效果

(2) 【渲染场景】窗口

【渲染场景】窗口形态如图 8-38 所示，其中的【公共参数】面板用于进行基本渲染设置，对任何渲染器都适用。

下面介绍几个比较常用的选项。

① 【时间输出】选项栏用于确定将要对哪些帧进行渲染。

- 【单帧】选项：只对当前帧进行渲染，得到静态图像。
- 【活动时间段】选项：对当前活动的时间段进行渲染，当前时间段以视图下方的时间滑块上所显示的关键帧范围为依据。
- 【范围】选项：手动设置渲染的范围，这里还可以指定为负数。

② 【输出大小】选项栏用于确定渲染图像的尺寸大小。在这里除了使用系统列出的 4 种常用的渲染尺寸外，还可以通过修改【宽度】和【高度】值来自定义渲染尺寸。当激活【图像纵横比】右侧的 按钮时，系统会自动锁定长度和宽度的比例。图像纵横比=长度/宽度。

③ 【选项】选项栏用于对渲染方式进行设置。在渲染一般场景时，最好不要改动这里的设置。

④ 【渲染输出】选项栏用于选择视频输出设备，可通过单击 文件... 按钮来设置渲染输出的文件名称及格式。

(3) 渲染文件格式

在 3ds Max 9 中可以将渲染结果以多种文件格式保存，包括静态图像格式和动画格式。每种格式都有其对应的设置参数。

常用的 3ds Max 9 中的文件格式如下。

- AVI 格式：这是 Windows 平台通用的动画格式。
- BMP 格式：这是 Windows 平台标准的位图格式，支持 8 bit 256 色和 24 bit 真彩色两种模式，它不能保存 Alpha 通道信息。
- CIN 格式：这是柯达的一种格式，无参数设置。
- EPS、PS 格式：这是矢量图形格式。

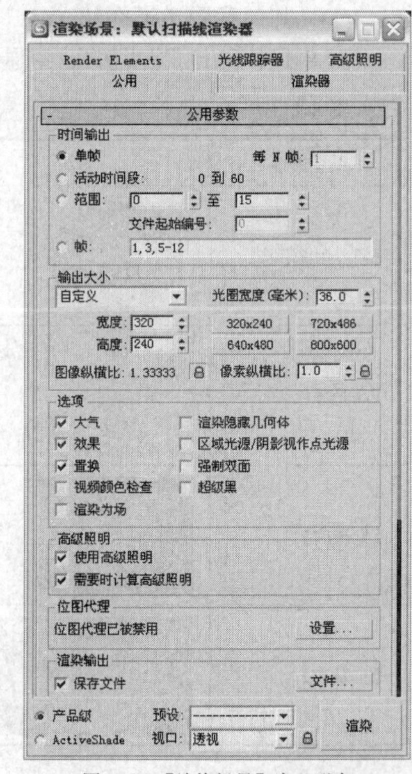

图8-38 【渲染场景】窗口形态

- FLC、FLI、CEL 格式：它们都属于 8 bit 动画格式，整个动画共用一个 256 色调色板，尺寸很小，但易于播放，只是色彩稍差，不适合渲染有大量渐变色的场景。
- JPG 格式：这是一种高压缩比的真彩色图像文件，常用于网络图像的传输。
- PNG 格式：这是一种专门为互联网开发的图像文件。
- MOV 格式：这是苹果机 OS 平台标准的动画格式，无参数设置。
- RLA 格式：这是一种 SGI 图形工作站图像格式，支持专用的图像通道。
- TGA、VDA、ICB、VST 格式：这是真彩色图像格式，有 16 bit、24 bit、32 bit 等多种颜色级别，可以带有 8 bit 的 Alpha 通道图像，并且可以不损失质量地进行文件压缩处理。
- TIF 格式：这是一种位图图像格式，用于在应用程序之间和计算机平台之间交换文件。

8.3.4 课堂练习——室外场景贴图训练

打开教学资源中“Scenes”目录下的“08_04.max”文件，对室外场景进行贴图，效果如图 8-39 所示。

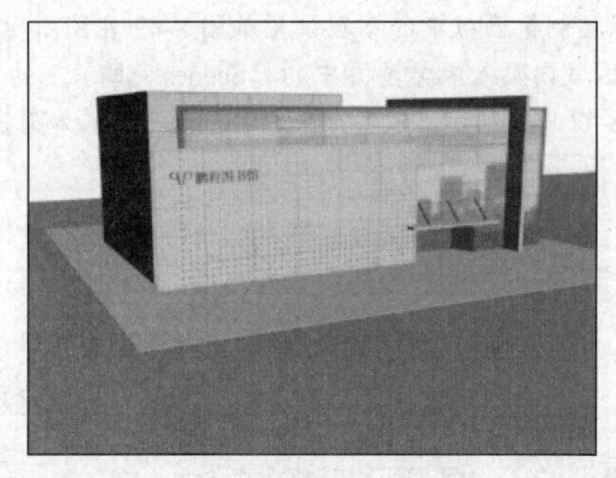

图8-39 室外场景贴图效果

操作提示

1. 选择“幕墙”物体，单击按钮打开【材质编辑器】窗口，选择一个未编辑过的示例球，改名为“幕墙”。修改【漫反射】颜色，在【漫反射颜色】贴图区域内贴入程序自带的【平铺】贴图，【高级控制】面板中的参数设置如图 8-40 所示。

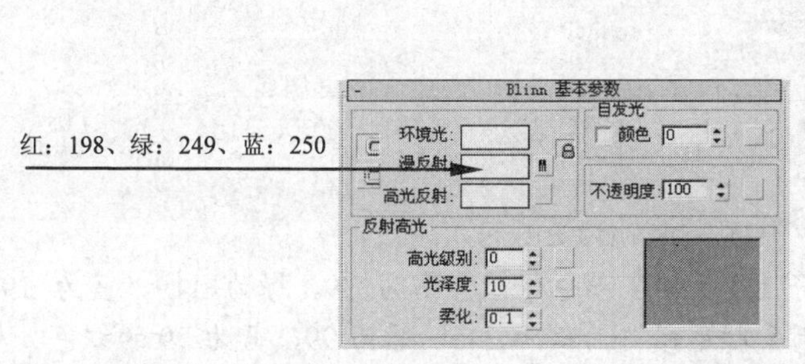

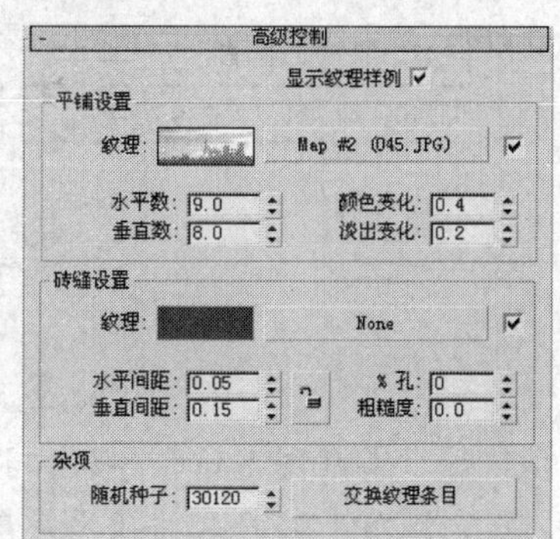

图8-40 幕墙的材质设置

2. 选择“侧墙”、“副楼”、“铺装”和“雨棚”物体，选择一个未编辑过的示例球，改名为“雨棚”。修改【漫反射】颜色为红为 238，绿为 232，蓝为 208 的浅黄色，在【漫反射颜色】贴图区域内贴入程序自带的【平铺】贴图，【高级控制】面板中的参数设置如图 8-41 所示。

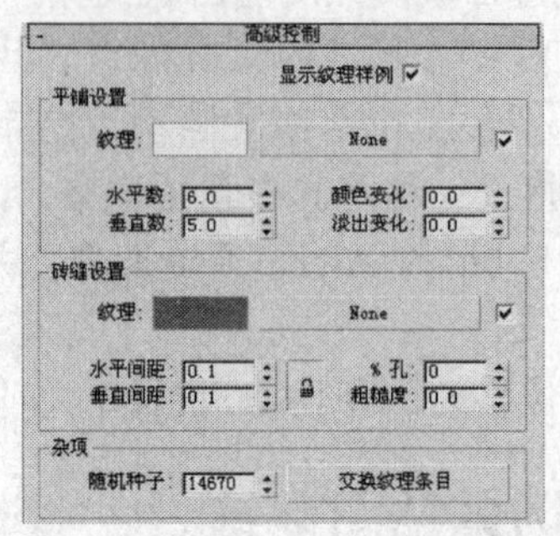

图8-41　所选物体的【平铺】材质参数设置

3. 选择“实墙”物体，选择一个未编辑过的示例球，改名为“实墙”。修改【漫反射】颜色为红为 238，绿为 232，蓝为 208 的浅黄色，在【漫反射颜色】贴图区域内贴入程序自带的【平铺】贴图，【高级控制】面板中的参数设置如图 8-42 左图所示。
4. 在【不透明度】贴图区域内贴入教学资源中的“Scenes”目录下的“bmpspher.tif”贴图，【坐标】面板的设置如图 8-42 中图所示，使其产生镂空效果，结果如图 8-42 右图所示。

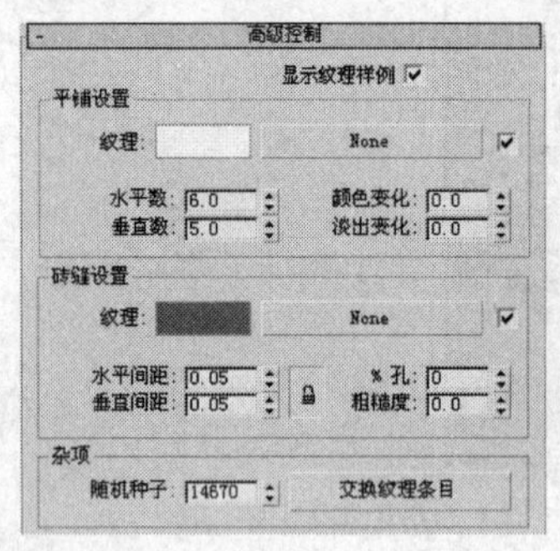
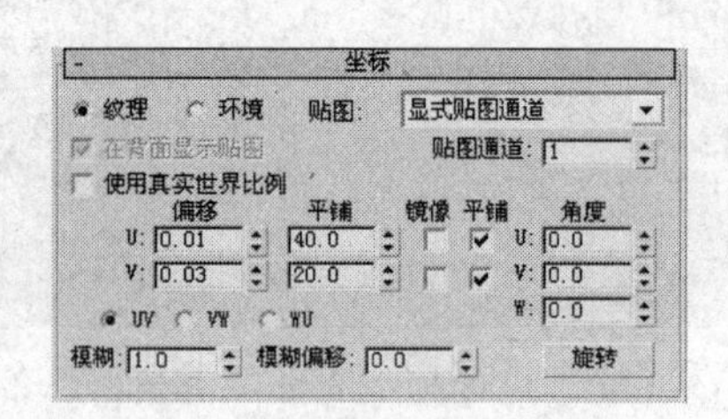

图8-42　“实墙”物体的材质设置及渲染效果

5. 选择“Plane01”物体，选择一个未编辑过的示例球，改名为“平面”，修改【漫反射】颜色为红为 174，绿为 169，蓝为 160 的灰色。
6. 选择“钢索”物体，选择一个未编辑过的示例球，改名为“钢索”。在【明暗器基本参数】面板中选择【金属】渲染属性，【金属基本参数】面板中的设置如图 8-43 所示。

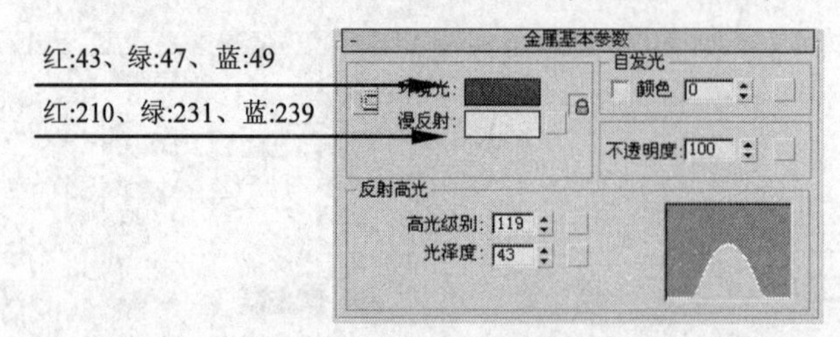

图8-43　“钢索”物体的材质设置

7. 选择“q”和“鹏程图书馆”字样，将【漫反射】颜色修改为红为 39，绿为 119，蓝为 193 的蓝色。选择“P”字样，将【漫反射】颜色修改为红为 245，绿为 99，蓝为 99 的红色。
8. 选择菜单栏中的【文件】/【另存为】命令，将场景另存为“08_04_M.max”文件。

8.4 复杂材质制作与【mental ray】渲染器的应用

本节将利用光线跟踪贴图方式制作金属和玻璃效果，其中玻璃效果不只是调节透明度，它还包含折射以及表面反射等属性，另外玻璃还具有不同的过渡色效果，这些都是增强玻璃真实感的重要手段。

在早期的 3ds Max 版本中，用户只能通过购买外挂插件的方式获得【mental ray】渲染器，现在可以在 3ds Max 9 中直接使用【mental ray】渲染器进行渲染，用户只需进行简单的学习就可以使用它。也就是说在 3ds Max 9 中，用户可以得到更高质量的渲染品质，而且该渲染器支持多平台和多处理器。

8.4.1 知识点讲解

- 【光线跟踪】贴图：是一种最准确地模拟物体反射与折射效果的贴图类型，渲染时间比较长。
- 【平面镜】贴图：用于使一组共平面的表面产生镜面反射效果，它必须指定给【反射】贴图通道。
- 【mental ray】渲染器：这是一个专业的 3D 渲染引擎，可以渲染出高品质的真实感图像，它是以块的方式生成图像的。

8.4.2 范例解析（一）——制作金属质感材质

打开教学资源中“Scenes”目录下的“02_02.max”文件，为茶几支柱赋【金属】材质，效果如图 8-44 所示。

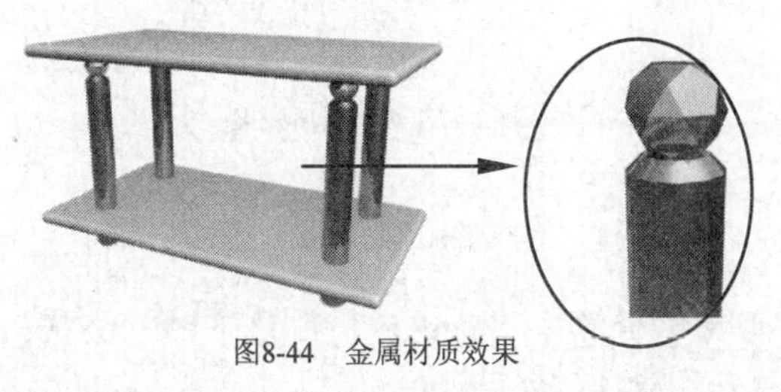

图8-44　金属材质效果

范例操作

1. 选择图 8-45 左图所示的茶几支柱物体，单击按钮打开【材质编辑器】窗口。
2. 选择一个未编辑过的示例球，将其明暗方式设为【金属】，将【漫反射】颜色设为红为 165，绿为 125，蓝为 19 的深黄色，其他参数设置如图 8-45 右图所示。

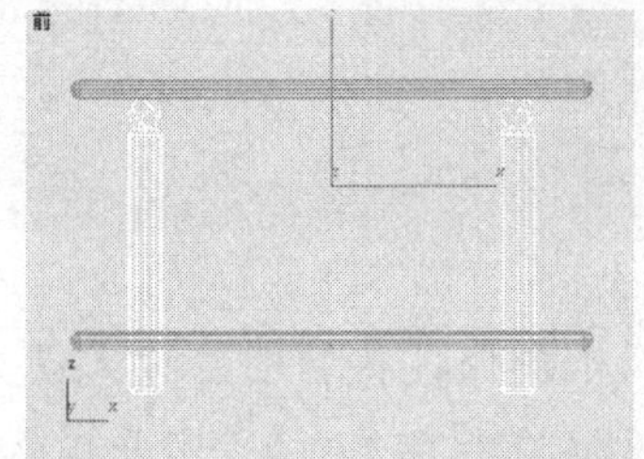

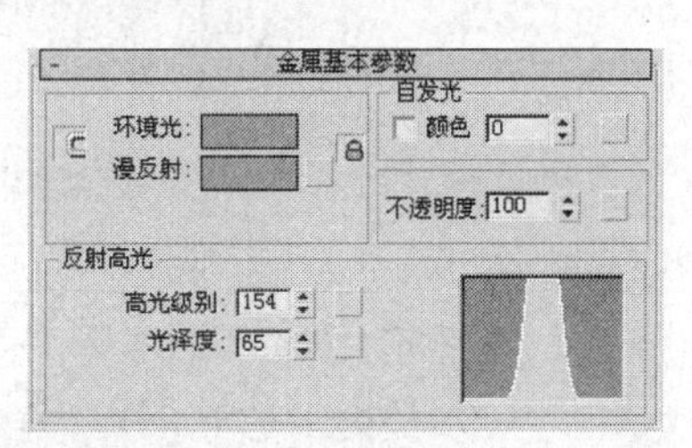

图8-45　所选范围及【金属基本参数】面板中的设置

3. 展开【贴图】面板，在【反射】贴图通道内贴入【光线跟踪】贴图，其余参数的设置如图 8-46 所示。

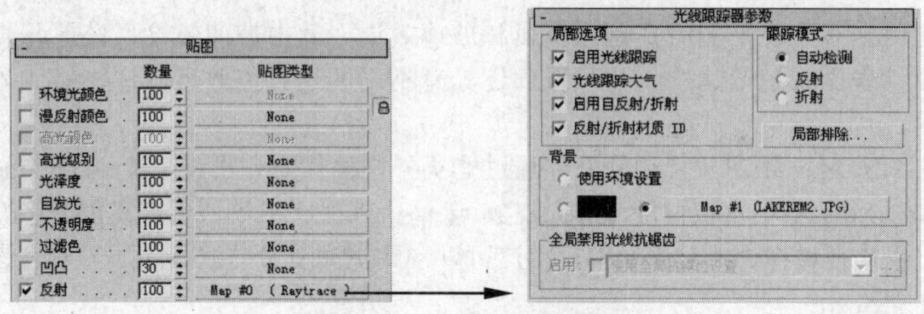

图8-46　贴入【光线跟踪】贴图

4. 单击【材质编辑器】窗口中的按钮，将此材质赋予所选择的物体。
5. 单击主工具栏中的按钮，渲染透视图，效果如图 8-44 所示。
6. 选择菜单栏中的【文件】/【另存为】命令，将场景另存为“08_05.max”文件。此文件以相同的文件名保存在教学资源中的“Scenes”目录中。

8.4.3 范例解析（二）——制作玻璃材质

下面利用【光线跟踪】贴图制作茶几面的玻璃材质，效果如图 8-47 所示。

图8-47　玻璃材质效果

范例操作

1. 继续上一场景，或打开教学资源中“Scenes”目录下的“08_05.max”文件，在前视图中选择上下两层桌面，位置如图 8-48 所示。

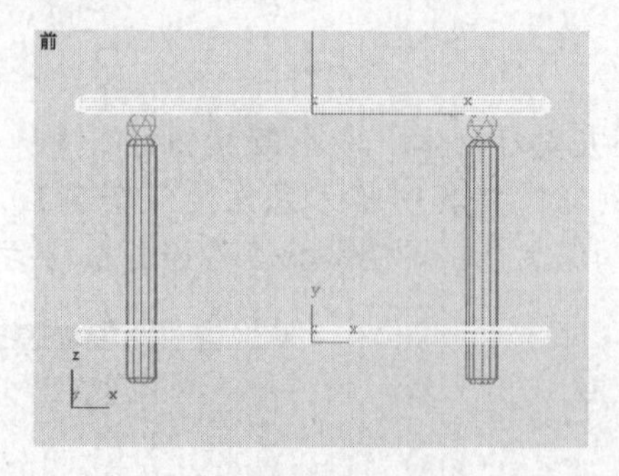

图8-48　所选物体的位置

2. 在【材质编辑器】窗口中选择一个未编辑过的示例球，将其明暗方式设为【各向异性】，【漫反射】色设为红为 198，绿为 219，蓝为 188 的浅绿色，【各向异性基本参数】面板中的参数设置如图 8-49 所示。

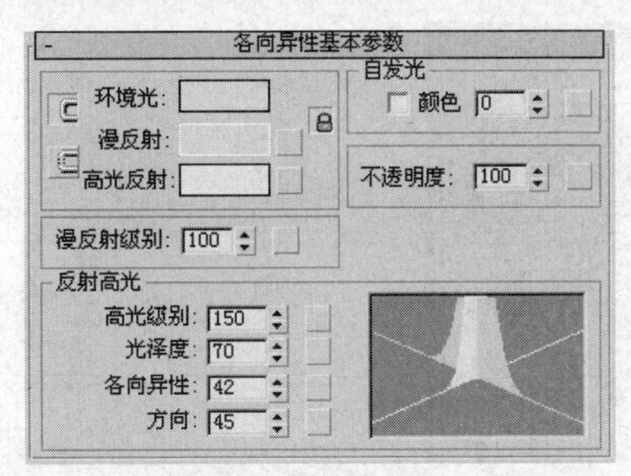

图8-49 【各向异性基本参数】面板中的参数设置

3. 在【折射】贴图通道内贴入【光线跟踪】贴图。
4. 在【光线跟踪器参数】面板中，单击【背景】选项栏中的 无 按钮，贴入【衰减】贴图。

要点提示 【衰减】贴图产生由明到暗的衰减效果，常用于【不透明度】、【自发光】等贴图区域，以产生透明衰减效果。

5. 单击【衰减参数】面板中的按钮，颠倒黑白两色的位置。
6. 单击两次按钮，返回顶层【材质编辑器】窗口，将【折射】值设为“70”。单击按钮，将此材质赋予所选物体。
7. 单击主工具栏中的按钮，打开【渲染场景】窗口，在【公用】选项卡中展开最下方的【指定渲染器】面板，形态如图 8-50 所示。
8. 单击【产品级】选项右侧的按钮，在弹出的【选择渲染器】对话框中选择【mental ray 渲染器】选项，如图 8-51 所示。

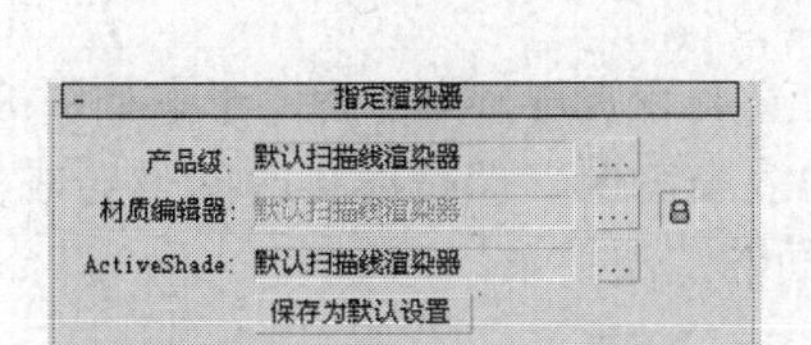

图8-50 【指定渲染器】面板形态

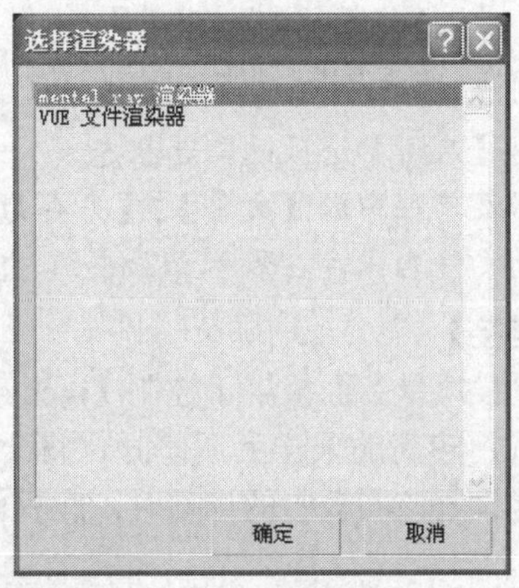

图8-51 【选择渲染器】对话框

9. 单击 确定 按钮并关闭【选择渲染器】对话框。此时在【指定渲染器】面板中的【产品级】选项内的渲染器就变成了“mental ray 渲染器”。
10. 单击【渲染场景】窗口中的 渲染 按钮，渲染透视图，图像会以块状方式进行渲染，渲染过程如图 8-52 所示。
11. 在【渲染场景】窗口中单击【渲染器】选项卡，在【采样质量】面板中，将【每像素采样数】选项栏中的【最小值】设为“1/64”，【最大值】设为“1”，渲染效果会变得粗糙，如图 8-53 所示。

图8-52 mental ray 的渲染过程

图8-53 修改【每像素采样数】选项栏中参数的效果

12. 在【采样质量】面板中，在【每像素采样数】选项栏中将【最小值】再改为“1/4”，【最大值】为“4”。
13. 在【渲染场景】窗口中单击【处理】选项卡，在【诊断】面板中勾选【启用】选项，如图 8-54 左图所示，然后渲染透视图，效果如图 8-54 右图所示。

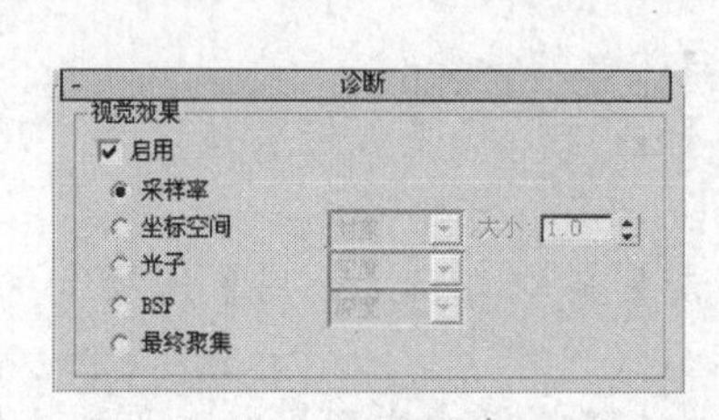

图8-54 【诊断】面板形态及渲染效果

利用【诊断】面板中的设置进行渲染，可以看到【采样质量】面板中的取样图。白色的点表示大的值，即取样多的部分；黑色的点表示小的值，即取样少的部分。

14. 取消【启用】选项的勾选状态。
15. 选择菜单栏中的【文件】/【另存为】命令，将场景另存为“08_06.max”文件。此文件以相同的文件名保存在教材资源中的“Scenes”目录中。

【知识链接】

【采样质量】面板用于控制【mental ray】渲染器的渲染品质与渲染速度，形态如图 8-55 所示。当选用较高的采样品质值时，将会得到非常精细的渲染图像，但是渲染时间也会成倍地增长，因此设置该面板中的选项时，应权衡品质与速度之间的主次关系。

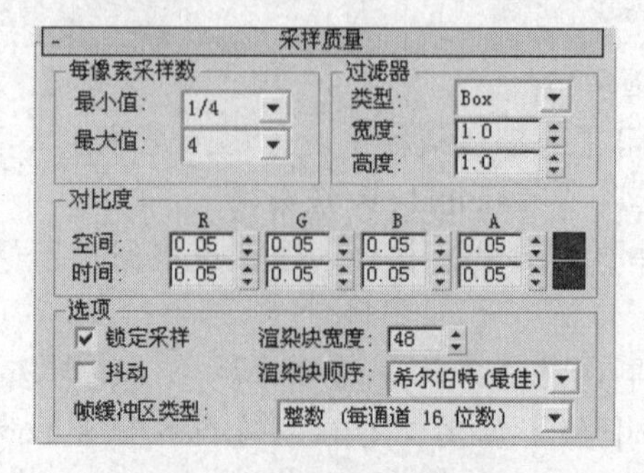

图8-55 【采样质量】面板形态

(1) 【每像素采样数】选项栏

该选项栏用来设置最大和最小的采样值，它决定了物体边缘的抗锯齿效果。采样值越大，效果越好，渲染时间越长。

(2) 【过滤器】选项栏

该选项栏用于确定采样时像素的过滤形式。

- 【类型】: 选择像素的组成形式，有“Box”、“Triangle”、“Gauss”、“Mitchell”和“Lanczos”5 种，默认是“Box”，但效果最差，越往下质量越好，一般使用“Mitchell”就可以获得很好的效果。每种类型的内部曲线计算方法如图 8-56 所示。

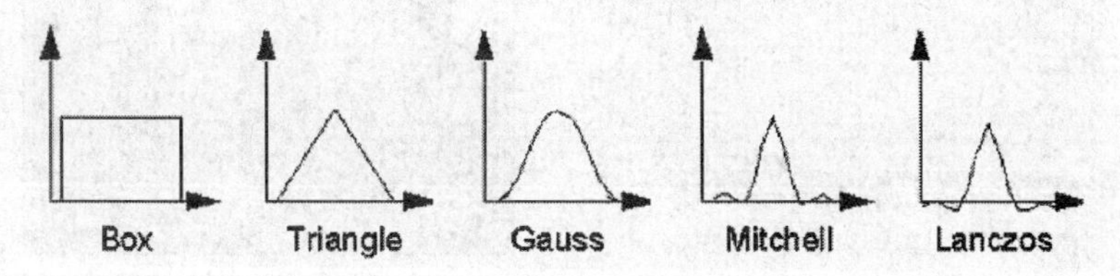

图8-56 每种类型的内部曲线计算方法

- 【宽度】和【高度】: 确定过滤区域的大小，值越大，渲染时间越长。

(3) 【对比度】选项栏

该选项栏用于设置采样的对比度，增加 RGB 值，减少采样值，降低渲染效果可以减少渲染时间。

- 【空间】: 用于单帧静止图像。
- 【时间】: 用于运动模糊。

(4) 【选项】选项栏

- 【锁定采样】: 如果渲染一段动画，勾选此项，mental ray 将用固定的采样值计算。取消勾选此项，mental ray 会使用随机采样率来计算每帧。
- 【抖动】: 一种特殊的反走样计算方式，可以减少锯齿，默认设置为禁用状态。

8.4.4 课堂练习——室外场景质感增强训练

下面为 8.3.4 节中的室外建筑增强材质效果，结果如图 8-57 所示。

图8-57 室外场景质感增强效果

操作提示

1. 打开教学资源中“Scenes”目录下的“08_04_M.max”文件，打开【材质编辑器】窗口，选择“幕墙”材质。展开【贴图】面板，在【反射】贴图通道中贴入【平面镜】贴图，【平面镜参数】面板形态如图 8-58 左图所示。

2. 单击 按钮，返回上一层级，修改【反射】值为“15”，渲染透视图，效果如图 8-58 右图所示。

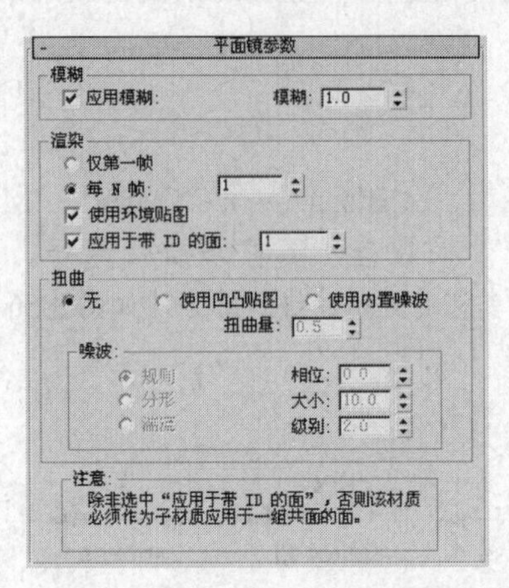

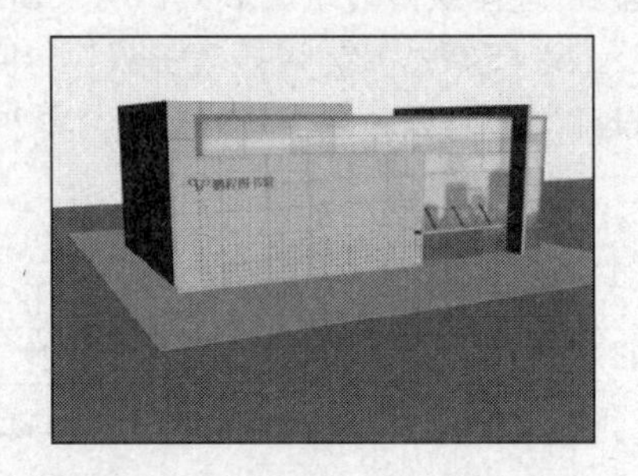

图8-58　幕墙的镜面反射效果

3. 选择“钢索”材质示例球，展开【贴图】面板，在【反射】贴图通道中贴入教学资源中“Scenes”目录下的“REFMAP.GIF”贴图。【坐标】面板形态如图 8-59 所示，“钢索”物体修改材质前后的效果如图 8-60 所示。

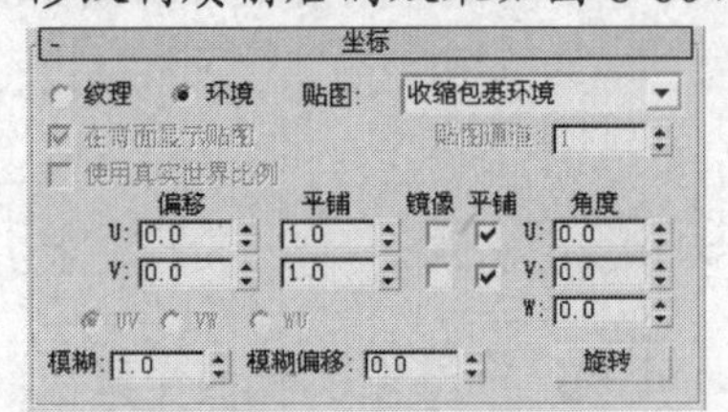

图8-59　【坐标】面板形态

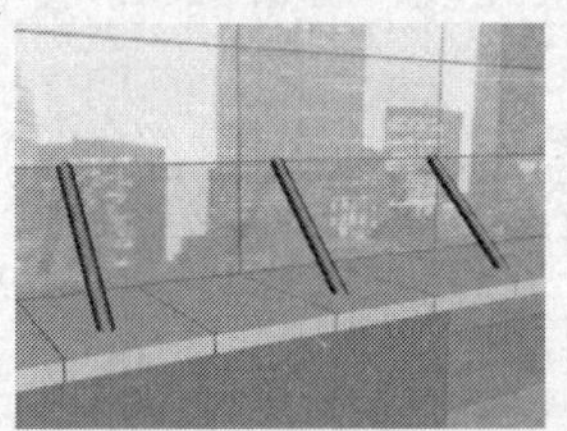

图8-60　钢索物体修改前后的效果比较

4. 选择“平面”材质示例球，展开【贴图】面板，在【反射】贴图通道中贴入【平面镜】贴图，【平面镜参数】面板形态如图 8-61 左图所示。

5. 单击 按钮，返回上一层级，修改【反射】值为“20”，渲染透视图，效果如图 8-61 右图所示。

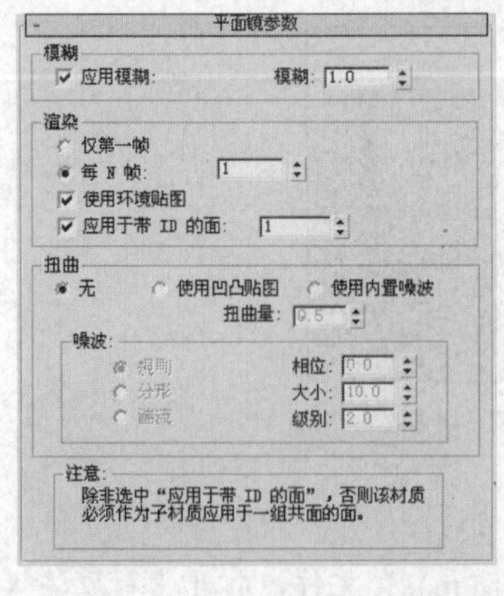

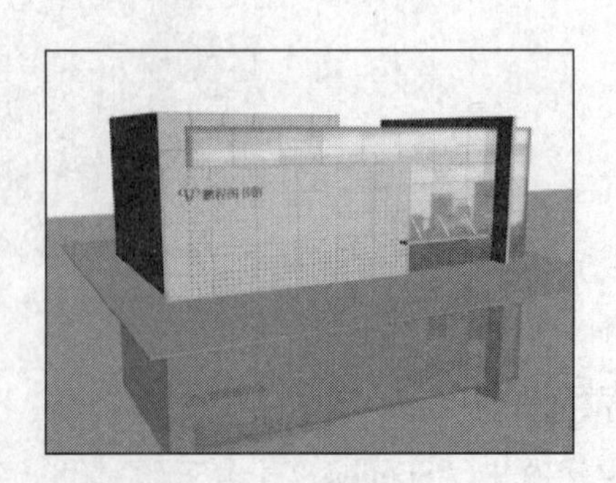

图8-61　平面的镜面反射效果

6. 选择菜单栏中的【文件】/【另存为】命令，将场景另存为“08_07.max”文件。此文件以相同的文件名保存在教学资源中的“Scenes”目录中。

【知识链接】

在使用【平面镜】材质时，必须要遵循以下原则，否则系统将不会正确计算反射效果。

① 使用此材质时，必须指定给一组共平面。

② 指定平面镜反射材质只有以下两个途径。

- 以【多维/子对象】类型的一个子级材质出现，通过ID号指定给一组共平面的表面。
- 以标准材质出现，通过其自身的【应用于带ID的面】指定给表面。

8.5 复合材质

除了以上介绍的标准材质以外，3ds Max 9还提供了许多功能各异的非标准材质，其中较为新颖、简便的材质是【建筑】材质，这类材质有很多预设的材质属性，如玻璃、金属、塑料等，不需要用户专门设置这些材质的反射、高光等材质属性，系统会根据场景自动进行计算，使用起来非常方便。另外还有一些比较常用的复合材质类型。例如【多维/子对象】材质。本节将重点介绍这些材质的具体使用方法。

8.5.1 知识点讲解

- 【建筑】材质：能快速模拟真实世界中的木头、石头、玻璃等材质，可调节的参数很少，其内置了光线跟踪的反射、折射和衰减，与光度学灯光和光能传递一起使用时，能够得到最逼真的效果。
- 【多维/子对象】材质：将多个材质组合成一种复合式材质，分别指定给一个物体的不同子物体。

8.5.2 范例解析（一）——【建筑】材质

为场景中的物体赋【建筑】材质，效果如图8-62所示。

图8-62 【建筑】材质效果

范例操作

1. 选择菜单栏中的【文件】/【打开】命令，打开教学资源中“Scenes”目录下的“03_03_ok.max”场景文件。
2. 选择左侧第1个瓶体，单击主工具栏中的按钮，打开【材质编辑器】窗口，选择一个未编辑的示例球。
3. 单击 Standard 按钮，在弹出的【材质/贴图浏览器】对话框中选择【建筑】选项，单击 确定 按钮，返回【材质编辑器】窗口。

4. 在【模板】面板中选择“擦亮的石材”选项，将【物理性质】面板中的【漫反射颜色】设为红为 240，绿为 221，蓝为 187 的黄色，将此材质赋予所选物体。
5. 在【材质编辑器】窗口中选择一个未编辑的示例球，利用相同的方法为其添加【建筑】材质，在【模板】面板中选择“金属 - 刷过的”选项，将此材质赋予左侧第 2 个瓶体。
6. 在【材质编辑器】窗口中选择一个未编辑的示例球，为其添加【建筑】材质，在【模板】面板中选择“玻璃 - 清析”选项，将【物理性质】面板中的【漫反射颜色】设为红为 216，绿为 250，蓝为 208 的绿色，将此材质赋予左侧第 3 个瓶体。
7. 在【材质编辑器】窗口中选择一个未编辑的示例球，利用相同的方法为其添加【建筑】材质，在【模板】面板中选择“塑料”选项，将【漫反射颜色】设为白色，然后将此材质赋予右侧第 1 个瓶体。
8. 渲染透视图，各种材质的效果如图 8-63 右图所示。
9. 选择菜单栏中的【文件】/【另存为】命令，将此场景另存为“08_08_ok.max”文件。此文件以相同的文件名保存在教学资源中的“Scenes”目录中。

图8-63　添加【建筑】材质前后的渲染效果比较

【知识链接】

添加【建筑】材质后，在【材质编辑器】窗口中有如下几个参数面板。

- 【模板】面板。
- 【物理性质】面板。
- 【特殊效果】面板。
- 【高级照明覆盖】面板。
- 【超级采样】面板。
- 【mental ray 连接】面板。

下面重点介绍【模板】面板和【物理性质】面板。

(1)　【模板】面板

【模板】面板形态如图 8-64 所示。

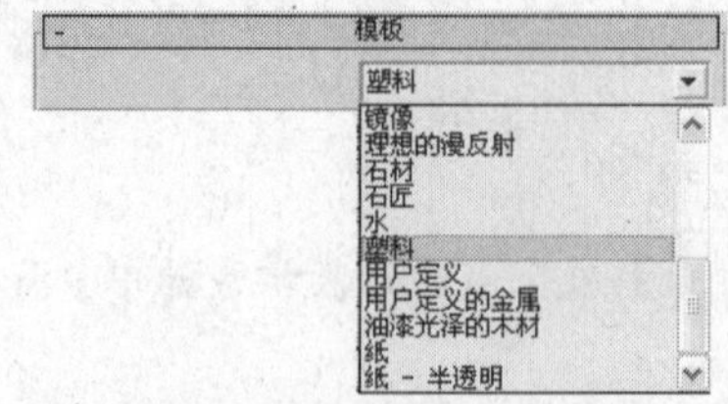

图8-64　【模板】面板形态

【模板】面板提供了可选择材质类型的列表。对于【物理性质】面板而言，模板不仅提供了要创建材质的近似种类，而且提供了这些材质的基本物理参数。选择好模板后可通过添加贴图等方法增强材质效果的真实感。

(2) 【物理性质】面板

【物理性质】面板形态如图 8-65 所示。

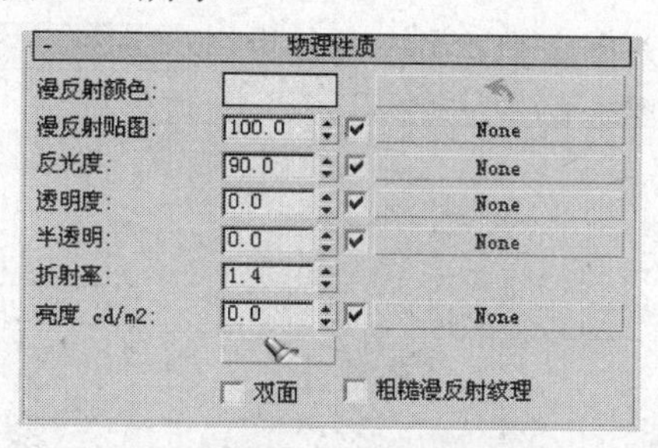

图8-65 【物理性质】面板形态

- 【漫反射颜色】: 设置漫反射的颜色，即该材质在灯光直射时的颜色。
- 按钮: 单击此按钮，可根据【漫反射贴图】通道中所指定的贴图计算出一个平均色，将此颜色设置为材质的漫反射颜色。如果在【漫反射贴图】通道中没有贴图，则这个按钮无效。
- 【漫反射贴图】: 为材质的漫反射指定一个贴图。
- 【反光度】: 设置材质的反光度。该值是一个百分比值，值为100时，此材质达到最亮；当值稍低一点时，会减少光泽；当值为0时，完全没有光泽。
- 【透明度】: 控制材质的透明程度。该值是一个百分比值，当值为100时，该材质完全透明；值稍低一点时，该材质为部分透明；值为0时，该材质完全不透明。
- 【半透明】: 控制材质的半透明程度。半透明物体是透光的，但是也会将光散射到物体内部。该值是一个百分比值，当值为0时，材质完全不透明；当值为100时，材质达到最大的半透明程度。
- 【折射率】: 折射率（IOR）用于控制材质对透过的光的折射程度和该材质显示的反光程度。范围为1.0～2.5。
- 【亮度cd/m2】: 当亮度大于0时，材质显示光晕效果。亮度以每平方米坎得拉进行测量。
- （由灯光设置亮度）按钮: 单击此按钮，可通过选择场景的灯光为材质指定一个亮度，这样灯光的亮度就会被设置为材质的亮度。
- 【双面】: 勾选此选项使材质双面显示。
- 【粗糙漫反射纹理】: 勾选此选项，将从灯光和曝光控制中排除材质，使用漫反射颜色或贴图将材质渲染为完全的平面效果。

8.5.3 范例解析（二）——【多维/子对象】材质

下面利用【多维/子对象】材质制作一个拼花图案，效果如图 8-66 所示。

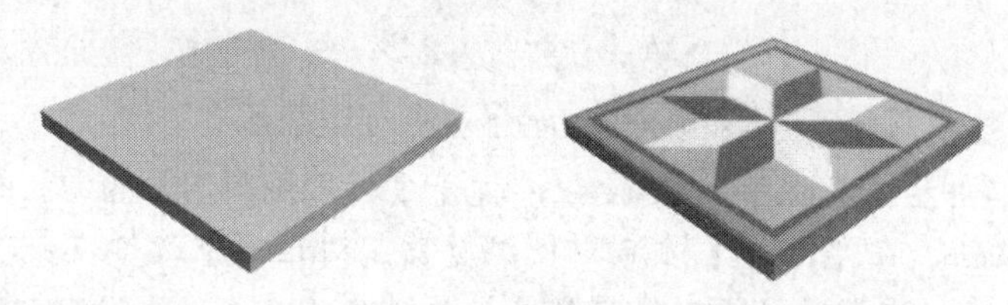

图8-66 拼花图案效果

范例操作

1. 重新设定系统，单击标准基本体创建命令面板中的 长方体 按钮，在透视图中创建一个长方体，形态及参数设置如图 8-67 所示。

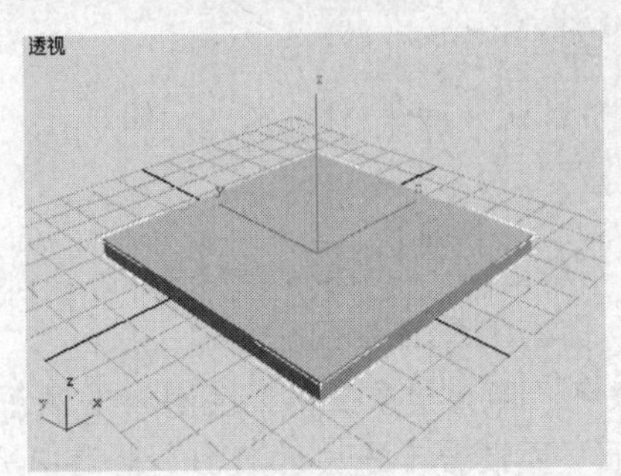

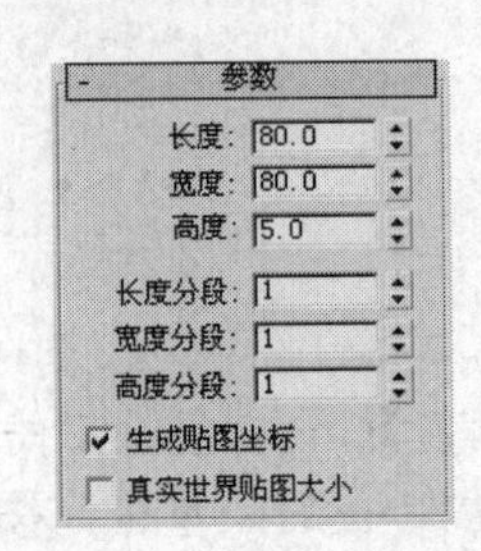

图8-67　长方体的形态及参数设置

2. 单击按钮进入修改命令面板，在【修改器列表】下拉列表框中选择【编辑多边形】命令，单击【选择】面板中的按钮，在顶视图中单击顶面，选择顶面的网格，结果如图 8-68 所示。

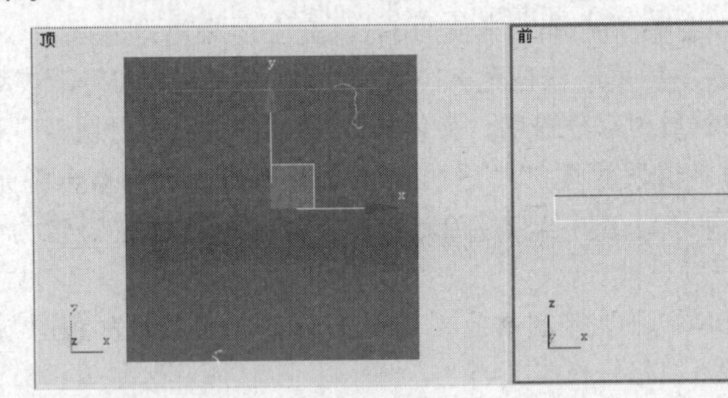

图8-68　所选网格的范围

3. 在【多边形属性】面板中确认【材质】栏中的【设置ID】为“1”，然后选择菜单栏中的【编辑】/【反选】命令，反向选择其余的多边形网格，范围如图8-69左图所示，然后将其【材质】栏中的【设置ID】设为“2”，【多边形属性】面板形态如图8-69右图所示。

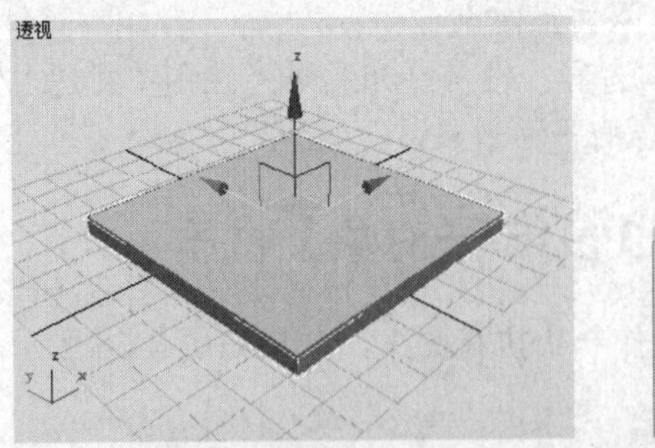

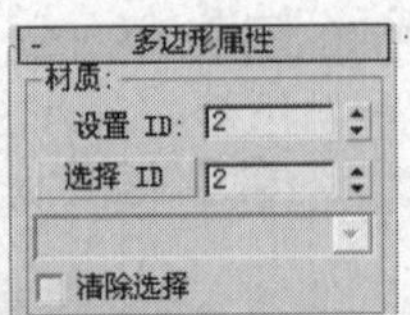

图8-69　所选多边形的位置及 ID 号设置

4. 关闭按钮。单击主工具栏中的按钮，打开【材质编辑器】窗口，选择一个示例球，单击 Standard 按钮，在弹出的【材质/贴图浏览器】对话框中选择【多维/子对象】选项，在随后弹出的【替换材质】对话框中保持默认设置，再单击 确定 按钮。
5. 在【多维/子对象基本参数】面板中单击 设置数量 按钮，将材质数设为 2。

6. 进入1号材质编辑器，在【Blinn基本参数】面板中将【高光级别】值设为“65”，【光泽度】值设为“45”，1号材质设置如图8-70所示。

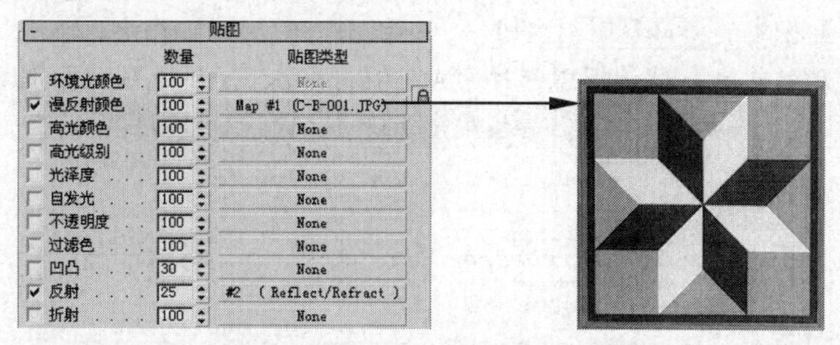

图8-70 1号材质设置

7. 将此材质赋予场景中的方体，渲染效果如图 8-66 右图所示。
8. 选择菜单栏中的【文件】/【保存】命令，将场景保存为“08_09.max”文件。此场景以相同的名字保存在教学资源中的“Scenes”目录中。

【知识链接】

【多维/子对象基本参数】面板形态如图 8-71 所示。

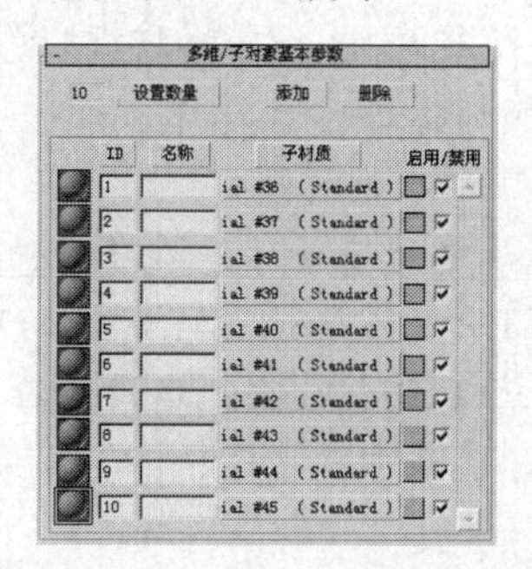

图8-71 【多维/子对象基本参数】面板形态

- 设置数量 按钮：设置子级材质的数目。
- 添加 按钮：单击一下此按钮，就增加一个子级材质。
- 删除 按钮：单击一下此按钮，就从后往前删除一个子级材质。

在 3ds Max 9 系统中，由于门、窗类建筑构件都自动设置了材质 ID 号，这样利用【多维/子对象】材质就可以直接为其设置材质。下面介绍利用【多维/子对象】材质为门、窗类物体赋材质的过程。

1. 重新设定系统。在透视图中创建一个推拉窗，各参数面板的设置如图 8-72 所示。

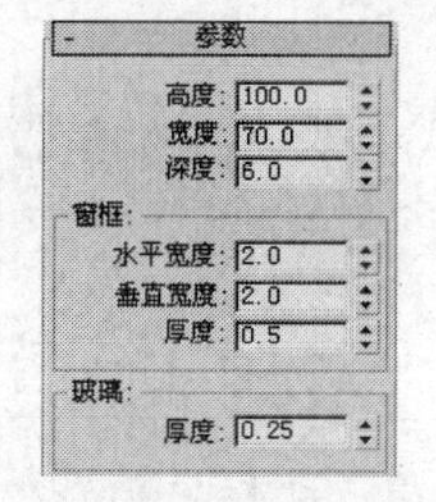

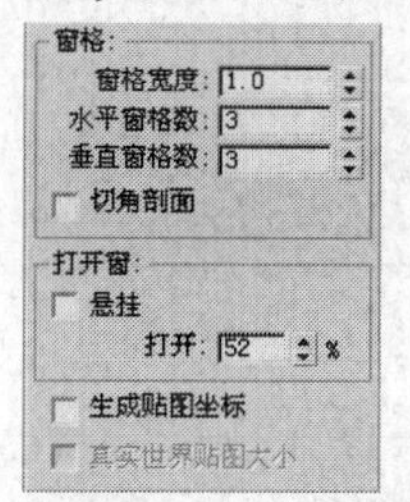

图8-72 推拉窗的参数设置

2. 单击主工具栏中的按钮，打开【材质编辑器】窗口，选择一个示例球。单击按钮，在打开的【材质/贴图浏览器】窗口中选择【浏览自】栏中的【材质库】选项，再单击此窗口下方的【文件】栏中的 打开... 按钮。
3. 在弹出的【打开材质库】对话框中选择“AecTemplates.mat”选项，如图 8-73 所示。

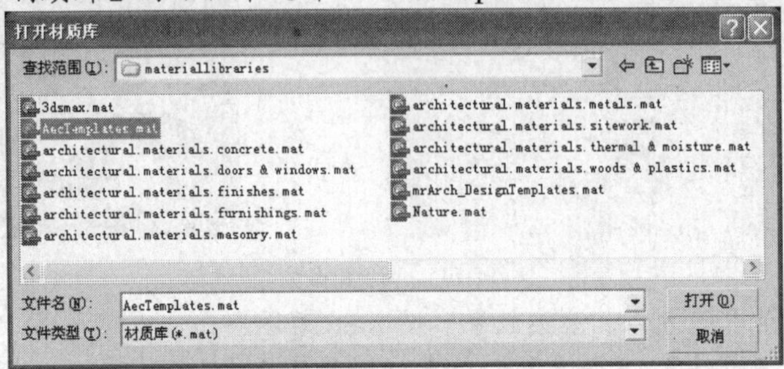

图8-73　【打开材质库】对话框

此材质库存放于安装目录“Autodesk\3ds Max 9\materiallibraries”下。

4. 单击 打开(O) 按钮，将选择的材质库调入【材质/贴图浏览器】窗口中，双击【Window-Template】材质，将其调入当前选择的示例球中。此时【多维/子对象基本参数】面板形态如图 8-74 所示。
5. 单击按钮，将此材质赋予场景中的窗物体。在【多维/子对象基本参数】面板中调节各材质通道的颜色，查看各通道在门中的不同位置，如图 8-75 所示。
6. 选择菜单栏中的【文件】/【保存】命令，将此场景保存为“08_10.max”文件。此场景的线架文件以相同的名字保存在教学资源中的“Scenes”目录中。

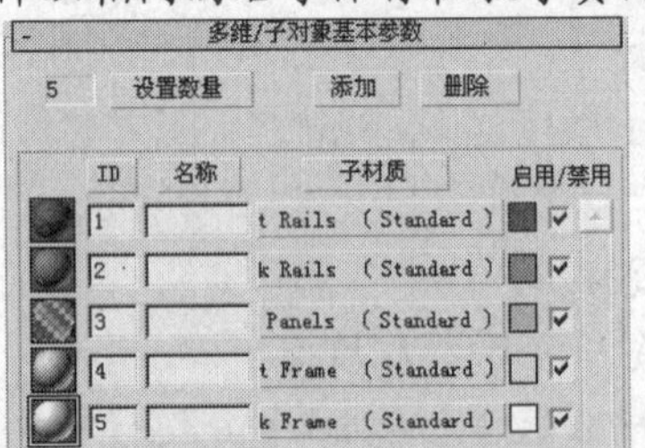

图8-74　【多维/子对象基本参数】面板形态

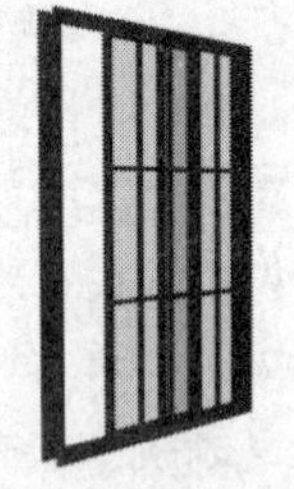

图8-75　门各位置上的不同材质

8.5.4　课堂练习——室内场景质感增强训练

打开教学资源中“Scenes”目录下的“08_11.max”文件，为室内场景赋材质，效果如图 8-76 所示。

图8-76　室内场景赋材质前后的效果比较

操作提示

1. 选择“墙”、“吊顶”和“天花板”物体，打开【材质编辑器】窗口，选择一个示例球，将其名称改为“墙”，进行图 8-77 所示的设置，将此材质赋予所选物体。
2. 选择“窗帘盒”、“顶线”和“踢脚线”物体，选择一个示例球，改名为“红榉”，进行图 8-78 所示的设置。在【漫反射颜色】贴图通道内贴入“A010.TIF”贴图，将此材质赋予所选物体。

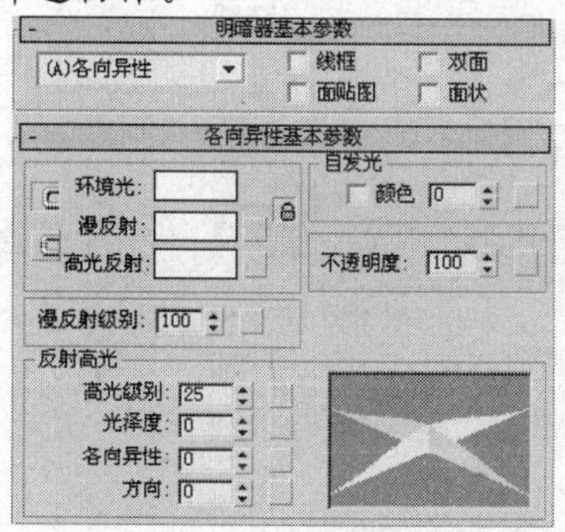

图8-77 “墙”的材质设置

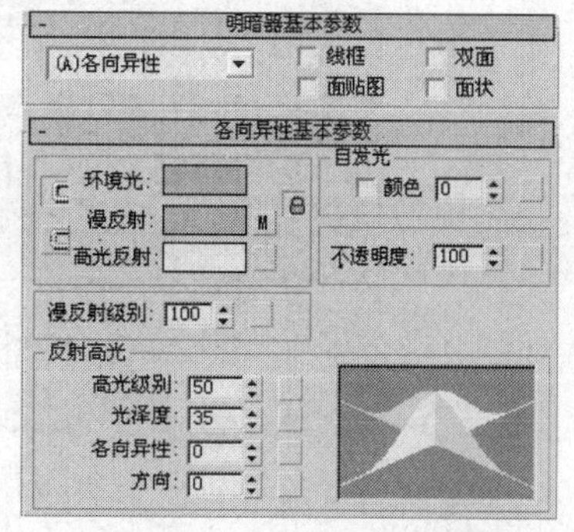

图8-78 “红榉”的材质设置

3. 选择“窗帘”和“窗帘 01”物体，选择一个示例球，改名为“窗帘”，其材质设置如图 8-79 所示。

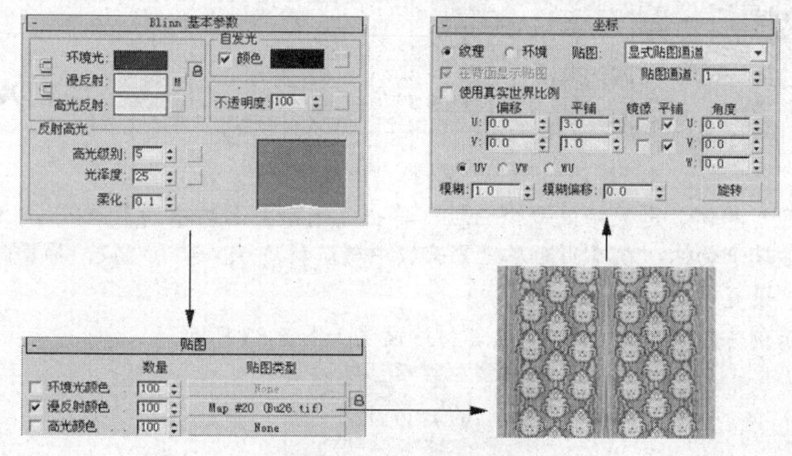

图8-79 “窗帘”的材质设置

4. 选择“窗纱”物体，选择一个示例球，改名为“窗纱”，其材质设置如图 8-80 左图所示，透视图的渲染效果如图 8-80 右图所示。

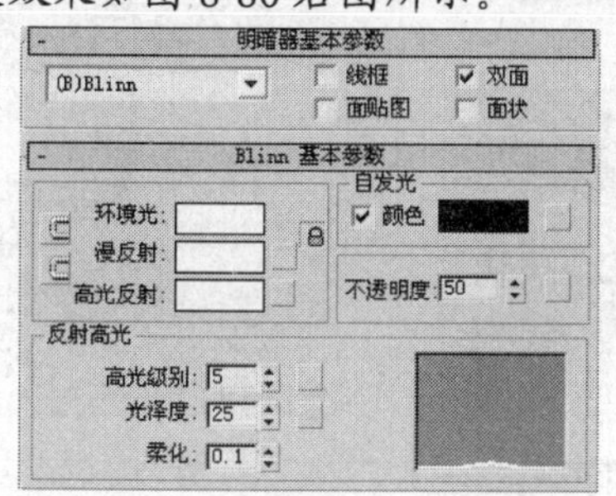

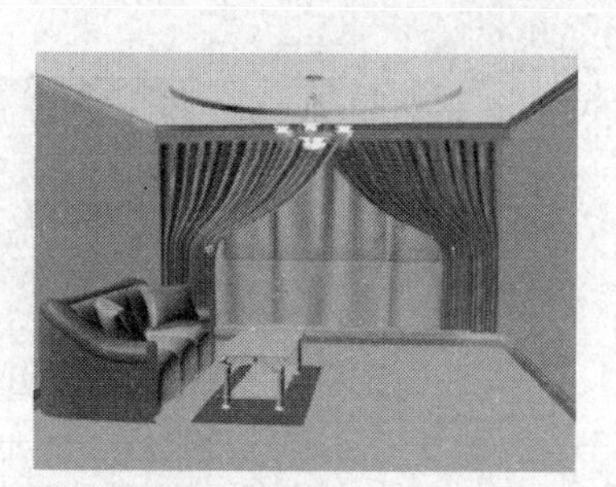

图8-80 “窗纱”物体的材质设置及场景渲染效果

5. 选择“沙发”物体，选择一个示例球，改名为“沙发”，其材质设置如图 8-81 所示。

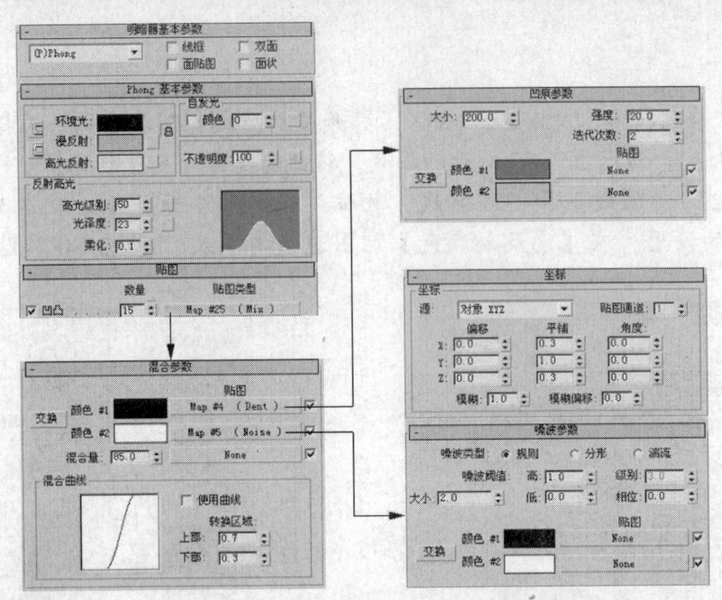
图8-81 “沙发”物体的材质参数设置

6. 选择两个“沙发垫”物体，选择一个示例球，改名为“沙发垫”，其材质设置如图 8-82 所示。

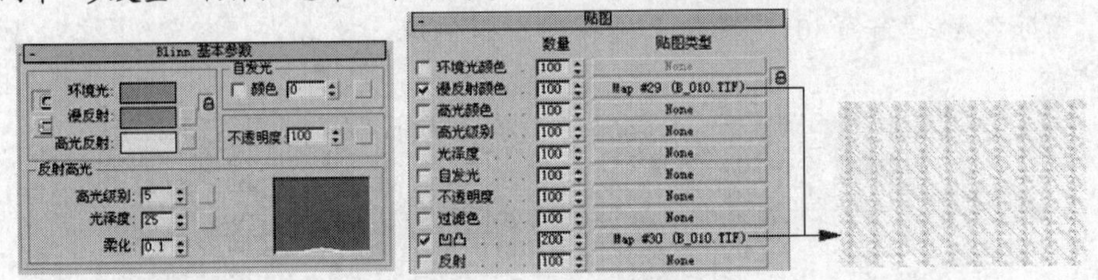
图8-82 “沙发垫”的材质参数设置

7. 选择“茶几”物体，进入修改命令面板，单击【选择】面板中的按钮，在前视图中选择上下两层玻璃子物体，在【曲面属性】面板中确认材质 ID 号为“1”，再反向选择，选择其他子物体，设置材质 ID 号为“2”。
8. 选择一个示例球，改名为“茶几”，其材质设置如图 8-83 所示。

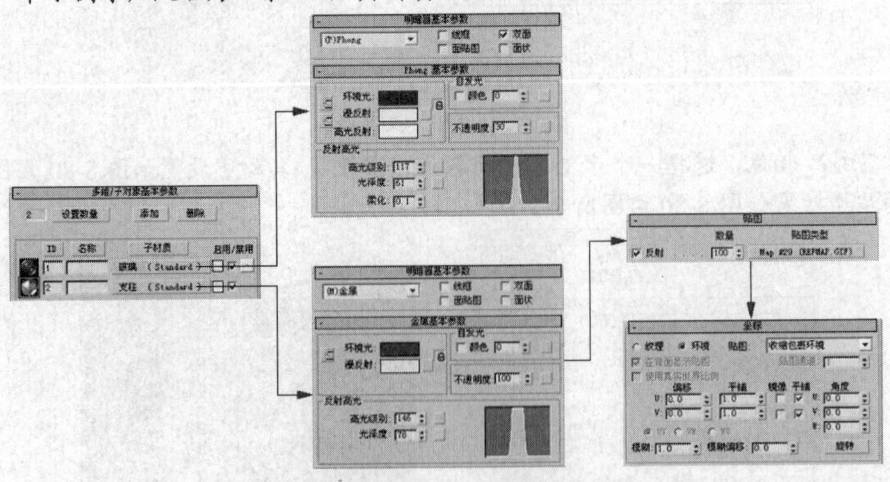
图8-83 “茶几”的材质参数设置

9. 选择“地垫”物体，选择一个示例球，改名为“地垫”，其材质设置如图 8-84 所示。

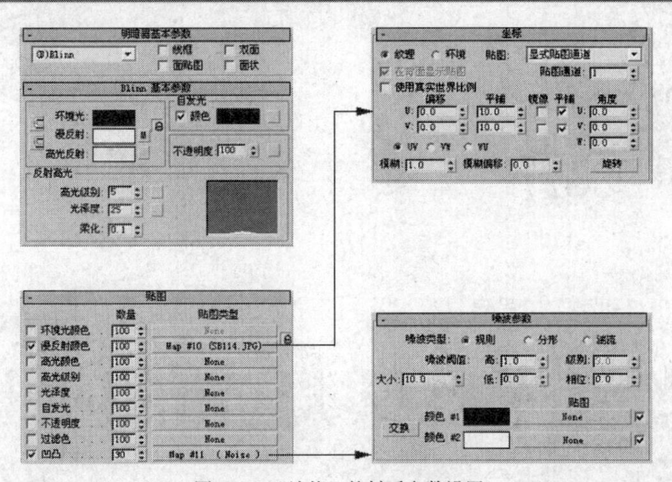

图8-84 “地垫”的材质参数设置

10. 选择“地板”物体，选择一个示例球，改名为“地板”，其材质设置如图 8-85 所示。

图8-85 “地板”的材质参数设置

11. 选择菜单栏中的【文件】/【另存为】命令，将场景另存为“08_11_ok.max”文件。

8.6 课后作业

一、操作题

1. 利用材质库中的金属材质和平面镜材质，制作图 8-86 所示的茶壶与桌面场景。此文件为教学资源中的“LxScenes\08_01.max”文件。
2. 打开“LxScenes\08_02.max”文件，利用光线跟踪贴图方式，制作图 8-87 所示的水杯效果。此文件为教学资源中的“LxScenes\08_02_ok.max”文件。

图8-86 茶壶与桌面场景

图8-87 水杯效果

二、思考题

1. 【Blinn】、【金属】和【各向异性】材质属性的含义分别是什么？
2. UVW 贴图坐标的含义是什么？

第 9 讲

标准灯光与光度学灯光的应用

【学习目标】

• 为室外建筑设置灯光。	
	• 光跟踪器效果。
• 为室内场景布光。	
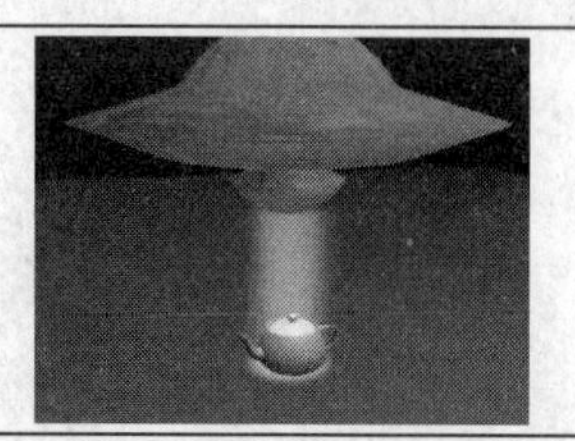	• 体积光特效。
• 镜头光斑特效。	

9.1 常用标准灯光

标准灯光提供的是一个简单的光源发射点，投射方向可分为定向投射与全向散射。定向投射类光源包括聚光灯和平行光，光线由光源点向外投射，沿目标点方向持续延伸，在投射过程中会照亮与投射方向相交的物体表面。全向散射灯包括泛光灯等，它们是由一个光源点向四周球形散射光线，照亮覆盖范围内的所有物体。

9.1.1 知识点讲解

- 目标聚光灯：产生一个锥形的照射区域，可影响光束内被照射的物体，产生一种逼真的投影阴影，效果如图 9-1 所示。
- 泛光灯：是一种可以向四面八方均匀照射的点光源，它的照射范围可以任意调整，在场景中表现为一个正八面体的图标，效果如图 9-2 所示。

图9-1 目标聚光灯在顶、透视图中的效果

图9-2 泛光灯在顶、透视图中的效果

- 日光：是由目标平行光灯、天光以及指南针等辅助物体共同构成的日光模拟系统，可根据系统提供的地图定位城市、时区等地理信息，还可以设置具体的年月日及时间，日光模拟系统可以通过这些信息来确定此建筑物的日照效果。

9.1.2 范例解析（一）——定向投射类灯光

本节以一个室外建筑场景为例，详细介绍定向投射类灯光的使用方法，结果如图 9-3 所示。

图9-3 室外建筑的灯光效果

范例操作

1. 选择菜单栏中的【文件】/【打开】命令，打开教学资源中“Scenes”目录下的“09_01.max”场景文件。
2. 单击 / / 平面 按钮，在顶视图中创建一个【长度】值为“2 700”，【宽度】值为“4 000”的平面物体，作为地面。
3. 单击 / / 目标聚光灯 按钮，在前视图中创建一个目标聚光灯，作为主光源，位置如图 9-4 所示。

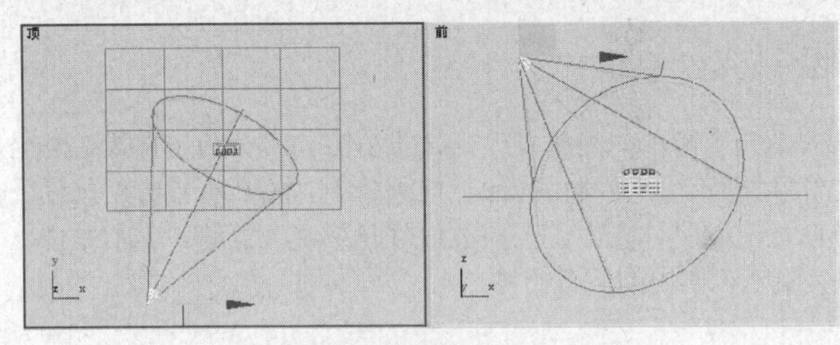

图9-4 目标聚光灯在顶、前视图中的位置

4. 单击按钮进入修改命令面板，在【强度/颜色/衰减】面板中将灯光色调为红为 248，绿为 233，蓝为 192 的黄色，其他面板中的参数设置如图 9-5 所示。渲染透视图，效果如图 9-6 所示。

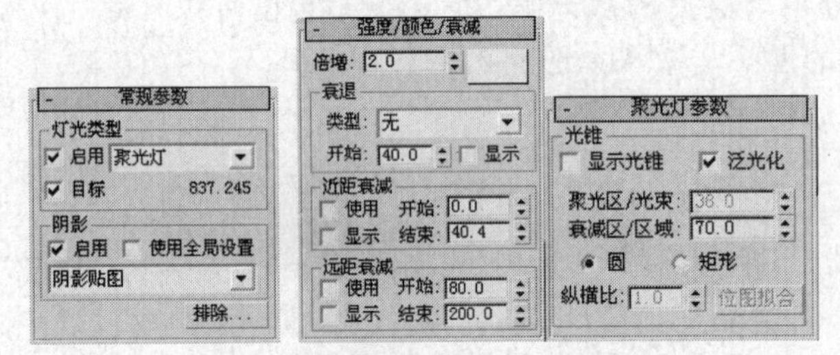

图9-5 目标聚光灯各面板中的参数设置

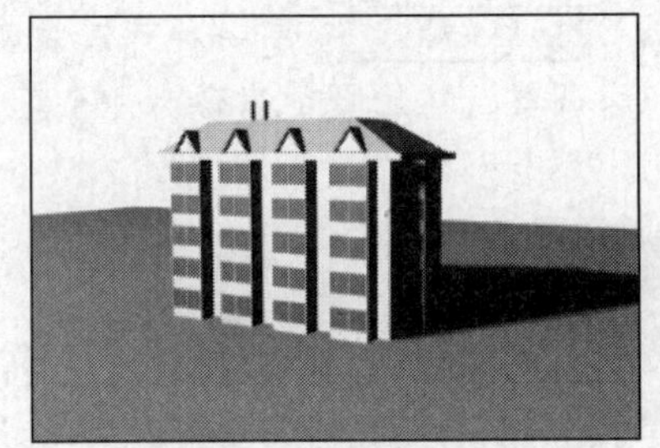

图9-6 主光源的灯光效果

5. 单击 / / 泛光灯 按钮，在顶视图中创建一盏泛光灯，作为主光源的补光，照亮建筑的正面，位置如图 9-7 所示。

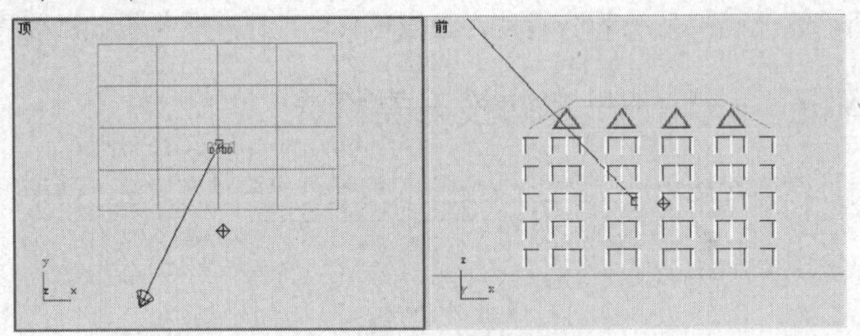

图9-7 泛光灯在顶、前视图中的位置

6. 单击按钮进入修改命令面板，在【强度/颜色/衰减】面板中将灯光色设为白色，【倍增】值设为“0.3”，渲染透视图，效果如图 9-8 所示。

图9-8 正面补光效果

7. 在前视图中建筑物的右侧再创建一盏泛光灯，作为侧面的补光，位置如图 9-9 所示。

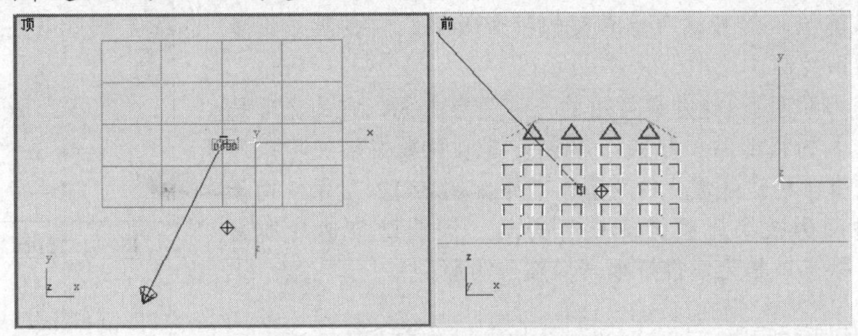

图9-9 侧面补光在顶、前视图中的位置

8. 单击按钮进入修改命令面板，在【强度/颜色/衰减】面板中将灯光色调为红为 159，绿为 209，蓝为 210 的蓝色，【倍增】值设为“0.7”，渲染透视图，效果如图 9-3 所示。

要点提示 由于主光源模拟的是阳光，因此需要用暖色，而补光模拟的是天空光，所以用偏蓝的冷色，这样可增强色彩对比，使画面生动。

9. 选择菜单栏中的【文件】/【另存为】命令，将此场景另存为“09_01_ok.max”文件。此场景的线架文件以相同的文件名保存在教学资源中的“Scenes”目录中。

【知识链接】

- 【倍增】: 控制灯光的照射强度，值越大，光照强度越大。
- 【聚光区/光束】: 用于设置光线完全照射的范围，在此范围内的物体受到全部光线的照射，默认值为“43”。
- 【衰减区/区域】: 用于设置光线完全不照射的范围，在此范围内的物体将不受任何光线的影响。与【聚光区/光束】配合使用，可产生光线由强向弱衰减变化的效果，默认值为“45”。

在 3ds Max 9 中有【区域阴影】、【高级光线跟踪】、【阴影贴图】、【光线跟踪阴影】和【mental ray 阴影贴图】5 种类型的阴影，每一种类型都有不同的特点和自己的控制面板。下面介绍几种阴影类型，其中【mental ray 阴影贴图】方式需要配合【mental ray】渲染器使用。

- 【区域阴影】: 利用虚拟灯光产生真实的区域阴影效果，越靠近物体的阴影边缘越清晰，越远离物体的阴影边缘越模糊，如图 9-10 所示。
- 【光线跟踪阴影】: 光线跟踪阴影是一种从早期版本延续下来的阴影方式，它生成的阴影边缘极为清晰，阴影效果强烈，但无半影效果且渲染速度非常缓慢。它也可以在透明物体后产生透明的阴影，效果如图 9-11 所示。

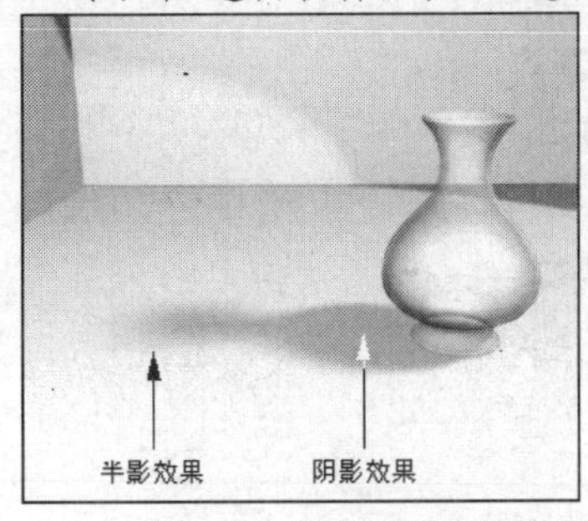

图9-10 【区域阴影】效果

图9-11 【光线跟踪阴影】效果

图9-12　【阴影贴图】效果

- 【高级光线跟踪】阴影：高级光线跟踪阴影与光线跟踪阴影类似，但可以产生真实的半影效果，它提供了更多的阴影控制。
- 【阴影贴图】：这是最常用的一种阴影方式，它的原理是在物体的根部贴一张图，用它来模拟阴影效果，可以产生较真实的边缘虚化的阴影，效果如图 9-12 所示。由于这种阴影效果无须计算就可得到，因此渲染速度非常快，缺点就是无法很好地表现细节阴影。

9.1.3　范例解析（二）——日光投射系统

下面通过一个仓库的室外场景，具体介绍日光投射系统的使用方法，效果如图 9-13 所示。

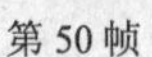

第 50 帧　　第 160 帧　　第 200 帧

图9-13　日光投射效果

范例操作

1. 选择菜单栏中的【文件】/【打开】命令，打开教学资源中“Scenes”目录下的“09_02.max”场景文件。
2. 单击 / / 日光 按钮，在顶视图中按住鼠标左键拖出一个指南针图标，然后松开鼠标左键，移动鼠标指针，拖出一个目标平行光灯图标，然后在合适位置单击鼠标左键，创建完毕。
3. 单击动画关键点控制区中的 自动关键点 按钮，在第 0 帧时将【控制参数】面板中的【时间】设为“5”时。
4. 单击 按钮，时间滑块自动跳到最后一帧，将【时间】设为“20”时。【控制参数】面板中的设置如图 9-14 所示。

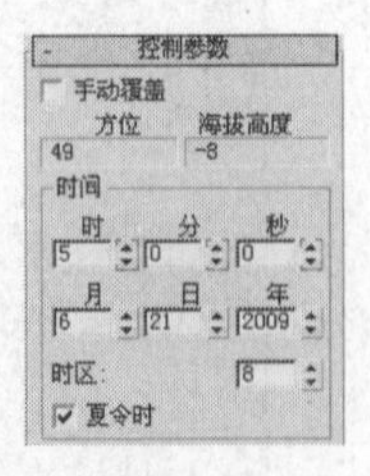

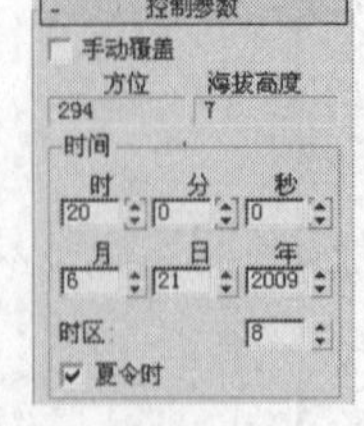

第 0 帧　　第 250 帧

图9-14　不同时间段的【控制参数】面板中的设置

5. 为场景添加“desert.jpg”背景图案。

下面制作背景动画。

6. 单击按钮，打开【材质编辑器】窗口，将背景图案以【实例】方式复制到示例球上，如图 9-15 所示。

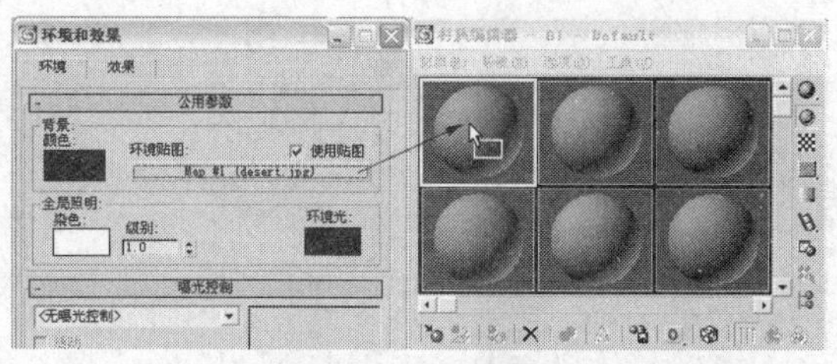

图9-15　复制环境贴图

7. 展开【输出】面板，单击动画关键点控制区中的自动关键点按钮，在第 0 帧处将【RGB 级别】值设为“0.7”；在第 30 帧时，将【RGB 级别】值设为“1.0”；在第 230 帧时，将【RGB 级别】值设为“0.99”；在第 250 帧时，将【RGB 级别】值设为“0.7”。
8. 激活透视图，将时间滑块拖到第 100 帧处，在【环境和效果】窗口中，选择【曝光控制】面板中的【对数曝光控制】选项，单击渲染预览按钮，观看渲染预览效果，如图 9-16 所示。
9. 在【对数曝光控制参数】面板中勾选【室外日光】复选框，此时渲染预览效果如图 9-17 所示。

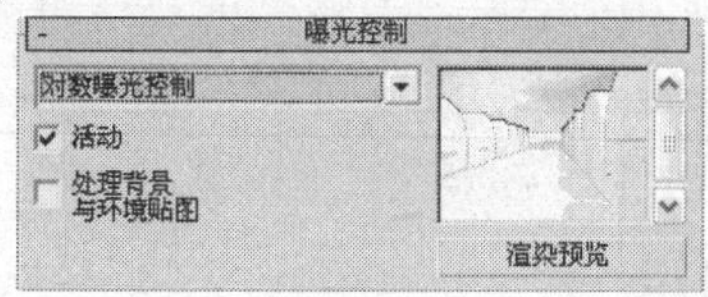

图9-16　【曝光控制】面板

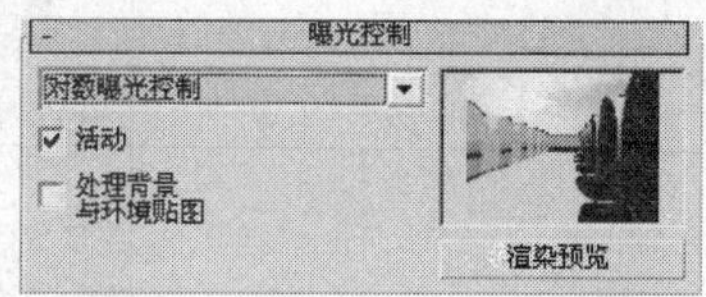

图9-17　【室外日光】渲染预览效果

10. 选择菜单栏中的【文件】/【另存为】命令，将此场景另存为“09_02_ok.max”文件。此场景的线架文件以相同的文件名保存在教学资源中的“Scenes”目录中。
11. 单击主工具栏中的按钮，打开【渲染场景】窗口，选择【时间输出】选项栏内的【活动时间段】选项。
12. 单击【渲染输出】选项栏内的文件...按钮，在弹出的【渲染输出文件】对话框中选择保存的目录，将文件名设为“日光.avi”（此文件保存在教学资源中的“Scenes”目录中），单击保存(S)按钮，最后渲染输出动画文件。

【知识链接】

【室外日光】：如果单纯使用日光照明，会产生曝光过度效果，勾选此选项，可以校正曝光过度，如图 9-18 所示。

曝光过度

勾选【室外日光】

图9-18　【室外日光】选项校正曝光过度效果

在制作日光投射效果时，还可以利用【光跟踪器】模块进行渲染，产生光线反弹效果，使画面中的光影效果更加丰富，效果如图 9-19 所示。

图9-19　光跟踪器渲染效果

9.1.4　课堂练习——室外场景布光

打开教学资源中“Scenes”目录下的“08_07.max”文件，为室外场景设置灯光效果，如图 9-20 所示。

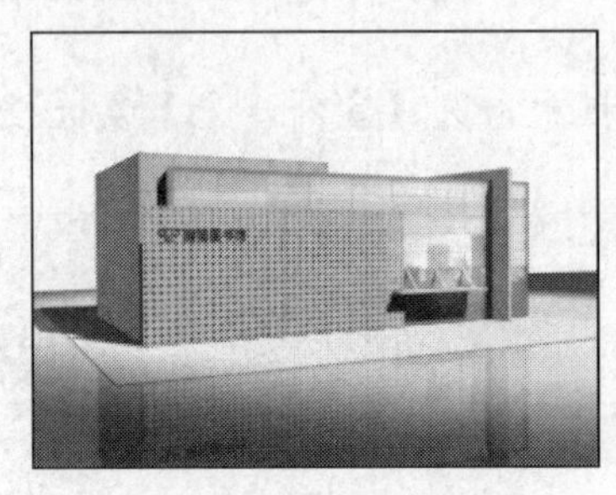

图9-20　室外场景布光效果

操作提示

1. 利用目标平行光灯来模拟日光效果，并利用泛光灯进行补光，各灯光在视图中的位置如图 9-21 所示。

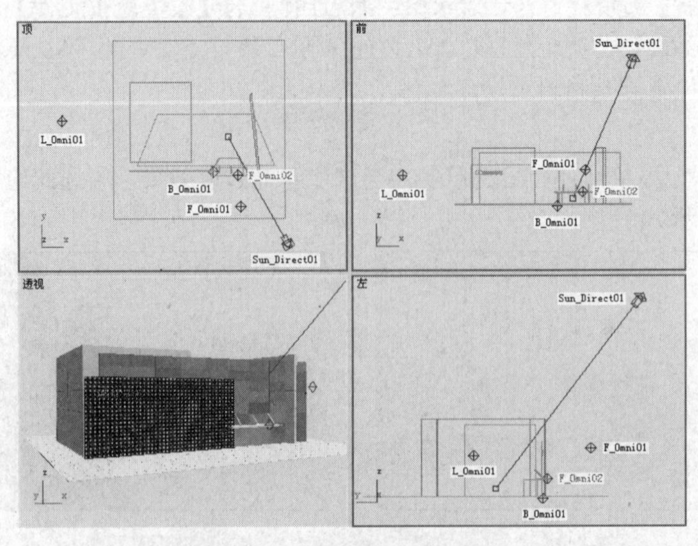

图9-21　灯光在各视图中的位置

2. 灯光色均设为白色，调节各灯光的参数设置，如表 9-1 所示。

表 9-1　　场景中各灯光的参数设置

名称	倍增器	【平行光参数】面板	其他
Sun_Direct01	1.3	【聚光区/光束】为 5 175, 【衰减区/区域】为 6 900	① 启用阴影，选择【区域阴影】方式； ② 将【区域阴影】面板中的【阴影偏移】选项的值设置为“0.5”
L_Omni01	0.4	—	—
F_Omni01	0.1	—	① 排除“铺装”物体； ② 在【远距衰减】选项栏中勾选【使用】选项，将【开始】选项设置为“1 500”，将【结束】选项设置为“3 480”
F_Omni02	0.3	—	① 排除“铺装”物体； ② 在【远距衰减】选项栏中勾选【使用】选项，将【开始】选项设置为“510”，将【结束】选项设置为“1 235”
B_Omni01	0.4	—	在【远距衰减】选项栏中勾选【使用】选项，将【开始】选项设置为“330”，将【结束】选项设置为“925”

3. 选择菜单栏中的【文件】/【另存为】命令，将场景另存为“09_03.max”。此文件以相同的文件名保存在教学资源中的“Scenes”目录中。

9.2 高级照明系统

高级灯光照明模块是支持 3ds Max 9 默认扫描线渲染器的全局照明系统，它可以表现出真实的全局照明效果。在早期版本中，3ds Max 的标准灯光只能表现直接光的照射效果，如果想得到经过某些物体表面反射回来的间接光效果，则需要添加许多补光，而且补光效果的好坏完全依赖设计人员的经验，难度非常高。现在，高级照明系统只需要设计人员布置主光，间接光的分布完全由系统自动完成，从而可以轻松地得到细腻而真实的光照效果。

高级灯光照明系统包含【光能传递】和【光跟踪器】两个模块。其中【光能传递】适用于室内或半开放室内场景，【光跟踪器】适用于室外建筑物或产品展示。

9.2.1 知识点讲解

- 【光能传递】：是模拟真实灯光在场景中不断反射，并间接照亮此灯光无法直接照到的物体的光能分布技术，它需要考虑场景中已有灯光的形式、物体的尺寸及材质和环境特点等因素。光能传递求解完毕后，就可以从任意角度来渲染场景。
- 【光跟踪器】：是一种基于【光线跟踪】技术的全局照明系统，它通过在场景中进行点采样并计算光线的反射，从而创建出较为逼真的室外照明效果。

9.2.2 范例解析（一）——光能传递布光方法

由于光能传递算法使用的是相对于灯光的反比例平方（$1/R^2$）进行衰减处理，因此用户必须要保证场景中物体的尺寸与进行光能传递前的尺寸相同。

系统自动进行光能传递的过程如下。

① 将场景中的物体装载到光能传递渲染系统中。

② 根据【光能传递网格参数】面板中的全局细分设置，对每个物体进行细分。

③ 根据场景平均反射率和图形数量发射特定数量的光线，强光的光线数量要比弱光的多。

④ 光线在场景中进行随机反弹运算，并在物体表面上存积能量。

以上这些动作都是系统自动完成的，用户能看到的只是视图中的更新变化。下面利用展示厅场景来介绍【光能传递】的使用方法，效果如图 9-22 所示。

图9-22 展示厅场景效果

范例操作

1. 打开教学资源中“Scenes”目录下的“09_04.max”文件，采用场景自带的单位设置。
2. 选择菜单栏中的【渲染】/【环境】命令，打开【环境和效果】窗口，在【曝光控制】面板中的下拉列表框中选择【自动曝光控制】选项。
3. 关闭【环境和效果】窗口。
4. 单击主工具栏中的按钮，打开【渲染场景】窗口。
5. 单击【高级照明】选项卡，在【选择高级照明】面板中的下拉列表框中选择【光能传递】选项，如图 9-23 所示。

   此时会出现与【光能传递】有关的参数面板。
6. 在【光能传递处理参数】面板中单击 开始 按钮，开始光能传递求解，如图 9-24 左图所示。在最下方的【统计数据】面板中可看到当前求解状态，如图 9-24 右图所示。

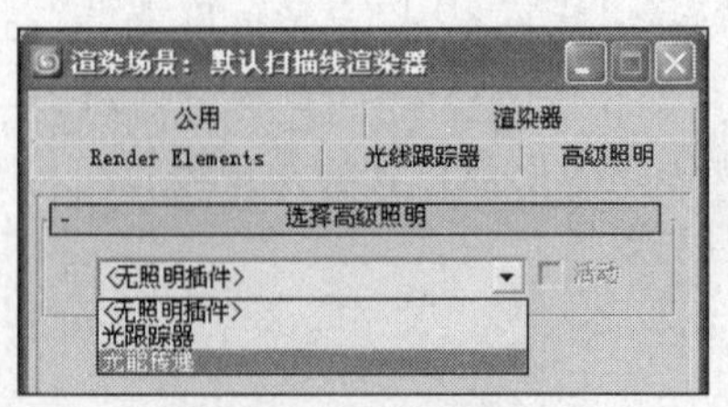

图9-23 【光能传递】选项

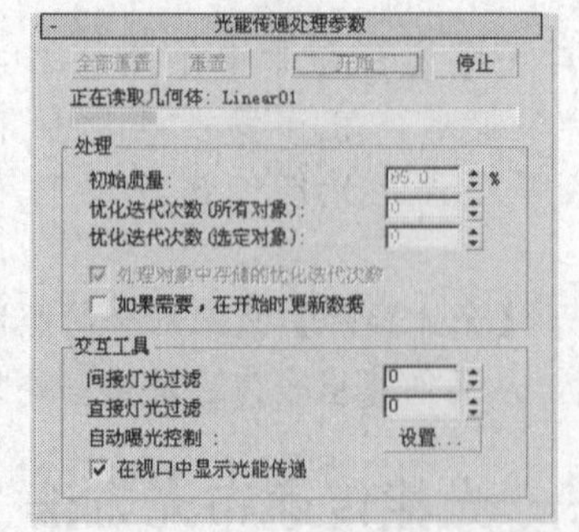

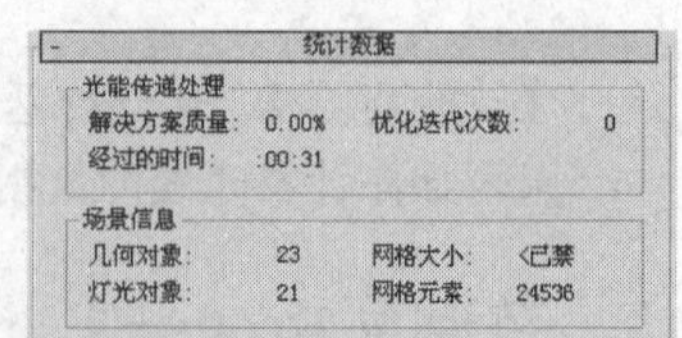

图9-24 【光能传递处理参数】面板及【统计数据】面板

7. 求解完毕后，摄影机视图形态如图 9-25 左图所示。单击按钮，渲染摄影机视图，效果如图 9-25 右图所示。

图9-25　求解后的摄影机视图及渲染效果

观察摄影机视图渲染效果，会发现球体上面有黑斑，这是由于物体的细化程度不够，使光能传递的能量在其表面分布不均造成的。

8. 在【光能传递处理参数】面板中将【优化迭代次数（所有对象）】的值设为“3”，单击全部重置按钮，弹出图 9-26 所示的【重置光能传递解决方案】对话框。

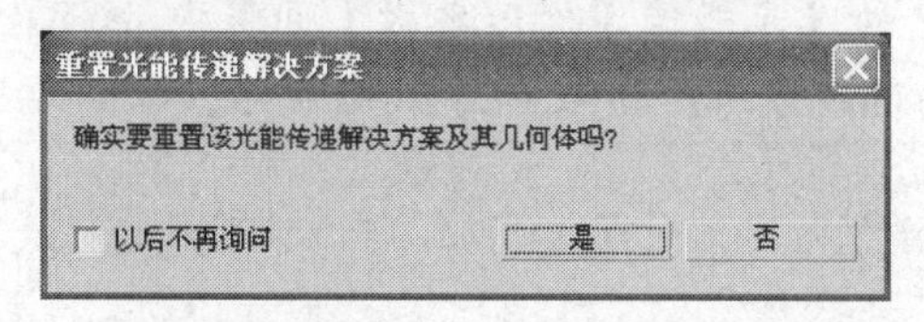

图9-26　【重置光能传递解决方案】对话框

9. 单击是按钮，再单击开始按钮，开始光能传递求解。
10. 求解完毕后，渲染摄影机视图，还是有少许黑斑。
11. 将【光能传递处理参数】面板中【交互工具】选项栏中的【间接灯光过滤】值设为“3”，对球体上的光能求解图像进行模糊处理。
12. 此时摄影机视图中会实时显示出修改结果，球体上的黑斑已消除，如图 9-27 左图所示。渲染摄影机视图，效果如图 9-27 右图所示。

图9-27　摄影机视图形态及渲染效果

为了使灯光更加细腻，下面将光能传递的网格细化。

13. 展开【光能传递网格参数】面板，勾选【启用】选项，再将【最大网格大小】值设为“0.25m”，如图 9-28 所示。
14. 单击全部重置按钮，在弹出的【重置光能传递解决方案】对话框中单击是按钮，此时场景中就没有光能传递信息了。

由于墙的表面积很大，所以不需要分得很细，可单独降低它的光能传递网格细化设置。

15. 利用按名选择功能选择场景中的“Box01”物体，即墙体，单击鼠标右键，在弹出的快捷菜单中选择【属性】命令，打开【对象属性】对话框。
16. 单击【高级照明】选项卡，取消选择【对象细分属性】选项栏内的【使用全局细分设置】选项，再将【最大网格大小】值设为“1.5m”，如图 9-29 所示。

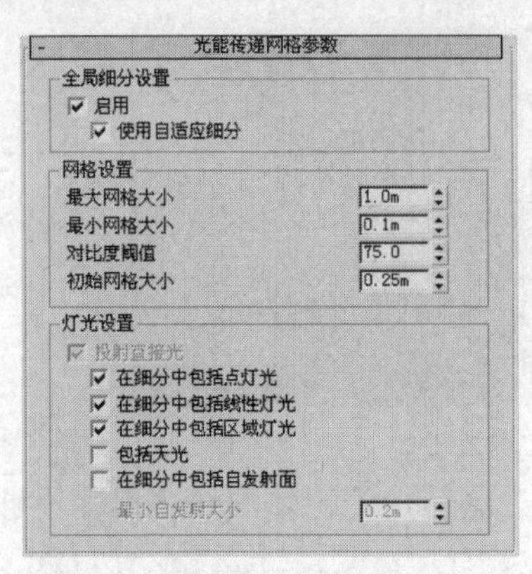

图9-28 【光能传递网格参数】面板

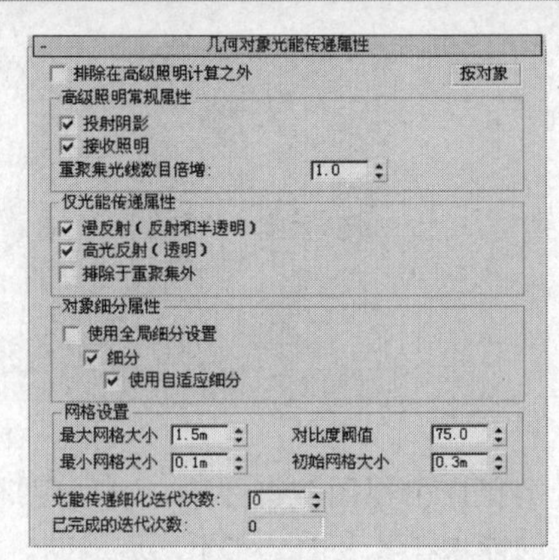

图9-29 【对象细分属性】选项栏内的设置

17. 单击【对象属性】对话框中的 确定 按钮，关闭此对话框。
18. 在【渲染场景】窗口中的【光能传递处理参数】面板内分别单击 全部重置 按钮和 开始 按钮，进行网格细化后的光能分布，结果如图 9-30 所示。

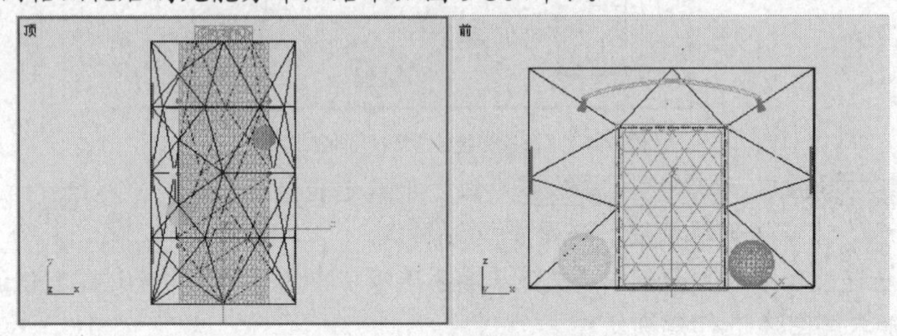

图9-30 光能传递的网格细化

在 3ds Max 9 中，系统可以将物体的原始面作为光能传递的网格进行细化，来计算环境中离散点的强度，如图 9-30 所示。这样做看上去似乎增加了物体的面数，但是通过【文件】/【摘要信息】命令，可以看到物体的实际面数并没有增加。

19. 单击 按钮，渲染摄影机视图，此时墙壁及天花板处的光线更加细腻，效果如图 9-31 所示。
20. 选择菜单栏中的【文件】/【另存为】命令，将场景另存为“09_04_ok.max”文件。此场景的线架文件以相同的名字保存在教学资源中的“Scenes”目录中。

图9-31 摄影机视图的渲染效果

【知识链接】

在 3ds Max 9 中，4 种曝光控制可产生不同的效果，下面介绍常用的方式。

(1) 自动曝光控制

自动曝光控制的工作原理是，对渲染的图像进行采样，创建一柱状图统计结果，然后依据采样统计的结果分别对不同的色彩进行曝光控制，它可以相对提高场景的光效亮度，效果如图 9-32 所示。如果灯光有衰减设置，使用自动曝光控制能产生较好的效果，常用来渲染静帧图像。

(2) 线性曝光控制

线性曝光控制首先会对渲染图像进行采样，计算出场景的平均亮度值并将它转换为 RGB 值，适合于低动态范围的场景，效果如图 9-33 所示。

图9-32　自动曝光控制渲染效果

图9-33　线性曝光控制效果

(3)　对数曝光控制

3ds Max 9 规定输出图像通常支持的颜色范围是 0～255，曝光控制的任务就是把那些不符合此范围的颜色值降低到输出格式支持的这个范围内。如果场景中使用的主光源是标准灯光类型，使用对数曝光控制能产生较好的效果，并且这种曝光方式最为常用。

9.2.3　范例解析（二）——光跟踪器布光方法

【光跟踪器】系统对模型没有过高的要求，在渲染时可以不考虑场景的尺寸，与【天光】灯光类型配合使用可以得到非常细腻的天空环境光照射效果，如图 9-34 所示。

图9-34　光跟踪器效果

范例操作

1. 选择菜单栏中的【文件】/【打开】命令，打开教学资源中“Scenes”目录下的“09_05.max”文件。
2. 单击 按钮，利用系统默认的灯光渲染摄影机视图，效果如图 9-35 左图所示。
3. 单击 / / 天光 按钮，在顶视图中单击鼠标左键，在任意位置上创建一盏天光，如图 9-35 右图所示。

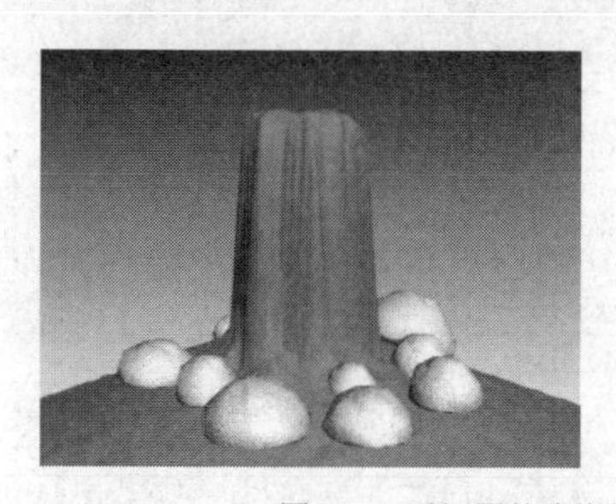

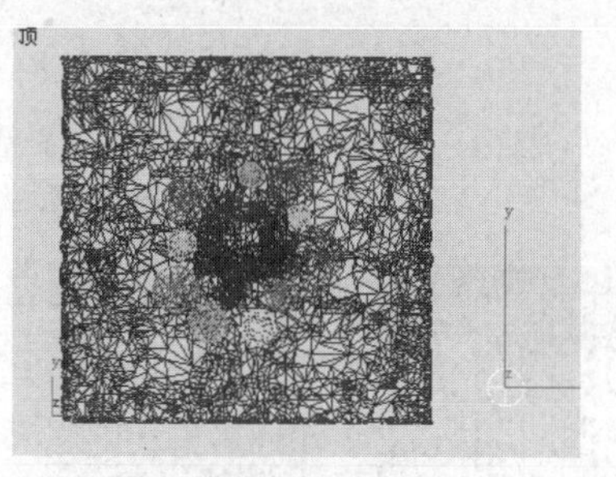

图9-35　透视图的渲染效果和天光在顶视图中的位置

由于天光模拟的是环境光，因此它在场景中的位置并不重要。

4. 单击主工具栏中的按钮，打开【渲染场景】窗口。
5. 单击【高级照明】选项卡，在【选择高级照明】面板中的下拉列表框中选择【光跟踪器】选项。
6. 单击【渲染场景】窗口右下角的 渲染 按钮，渲染透视图，观看天光的渲染效果，如图 9-36 所示。

图9-36　天光渲染效果

观察渲染图，天光效果的光线看上去非常均匀，但从整体来看，没有主次之分，下面就为其设置主光源。

7. 在【天光参数】面板中将【倍增】值设为“0.5”。
8. 单击 目标聚光灯 按钮，在视图中创建一盏目标聚光灯，作为场景的主光源，位置如图9-37 所示，其参数设置如图 9-38 所示。

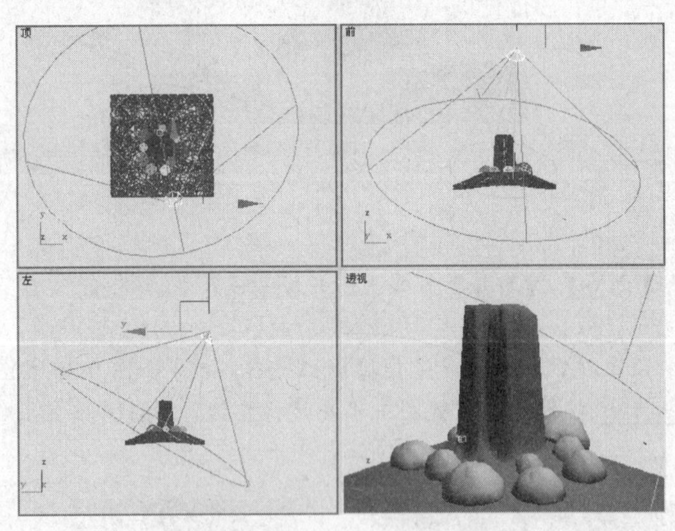

图9-37　目标聚光灯在视图中的位置

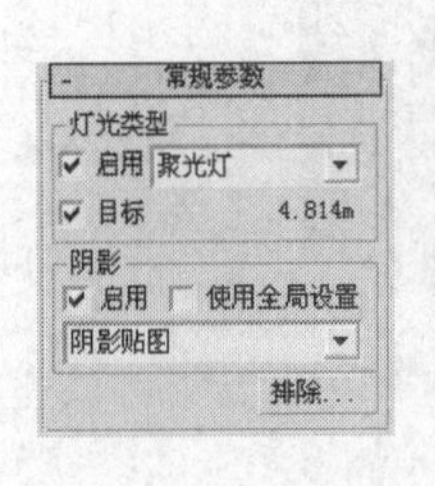

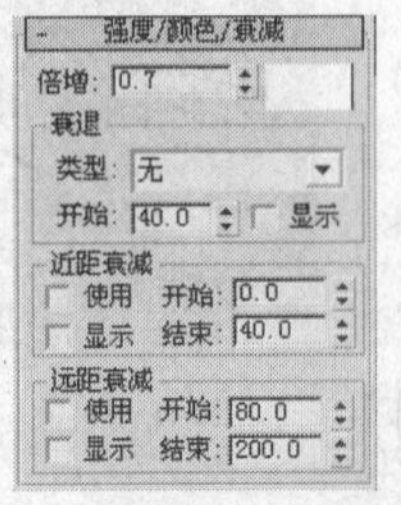

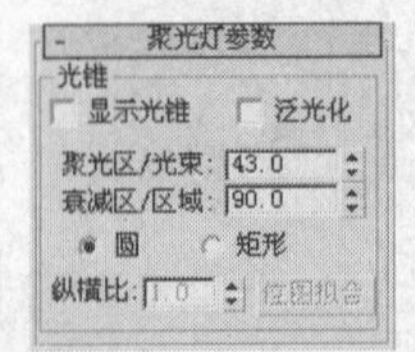

图9-38　聚光灯各面板中的参数设置

9. 渲染透视图，此时场景中的灯光层次分明，效果如图 9-39 所示。
10. 选择天光图标，将其删除，场景中只保留聚光灯。
11. 选择聚光灯的光源点，在修改命令面板中将其【倍增】值设为“1.0”，再渲染透视图。此时山体的正面光线充足，而侧面由于灯光照射不到，显得过暗，如图 9-40 所示。

图9-39　透视图的渲染效果

图9-40　一盏聚光灯的渲染效果

12. 在场景中的任意位置再创建一盏天光。
13. 在【渲染场景】窗口中的【参数】面板中，修改【反弹】值为“1”，使光线反弹一次。渲染透视图，此时渲染速度会比刚才的缓慢。

要点提示　由于设置了光线反弹次数，因此光线在投射到地面上以后，部分向外反弹的光线会再次投射到山体上。这样，虽然场景中只设了一盏聚光灯，但整体灯光效果却比图 9-40 所示的效果要亮，如图 9-41 所示。

下面修改山体及周围环境的颜色，观察在【光跟踪器】中颜色渗出的光线反弹效果。

14. 单击主工具栏中的按钮，打开【材质编辑器】窗口，选择“山体”材质，将其【漫反射】设为红为 230，绿为 180，蓝为 5 的深黄色。
15. 在【渲染场景】窗口中的【参数】面板中，修改【反弹】值为“2”，使光线反弹两次。渲染透视图，此时渲染速度会更慢，效果如图 9-42 所示。

图9-41　光线反弹一次的效果

图9-42　两次反弹光线的渲染效果

要点提示　由于设置了光线反弹两次，此时场景中的灯光效果显得非常细腻，而且在反弹过程中，光线会提取山体上的深黄色进行反弹，因此在石头上会明显地看到黄颜色的光。

16. 选择菜单栏中的【文件】/【另存为】命令，将场景另存为“09_05_ok.max”文件。此场景的线架文件以相同的名字保存在教学资源中的“Scenes”目录中。

9.2.4　课堂练习——室内场景布光

打开教学资源中“Scenes”目录下的“08_11_ok.max”文件，利用光能传递为室内场景布光，效果如图 9-43 所示。

图9-43 光能传递布光效果

操作提示

1. 进入灯光创建命令面板，在 标准 下拉列表框中选择 光度学 选项，单击 目标面光源 按钮，在前视图中创建一盏目标面光源，位置如图 9-44 所示。

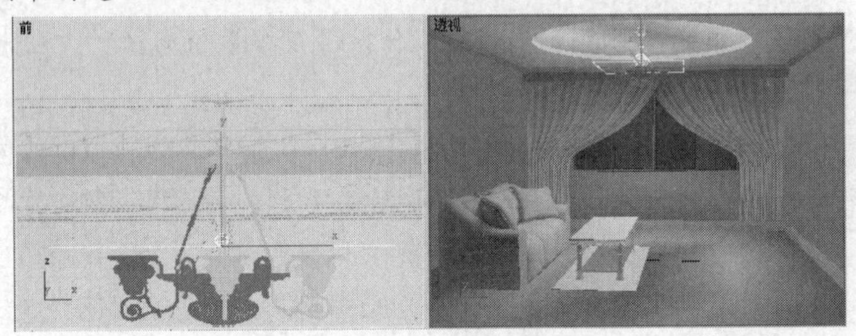

图9-44 目标面光源在视图中的位置

2. 选择菜单栏中的【渲染】/【高级照明】/【光能传递】选项，【光能传递处理参数】面板中的设置如图 9-45 左图所示，渲染结果如图 9-45 右图所示。

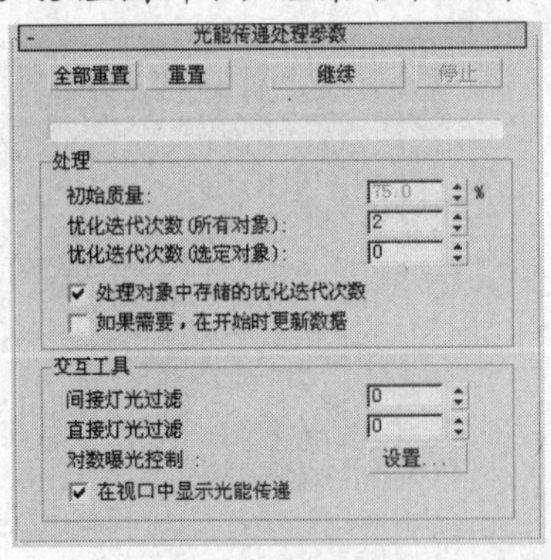

图9-45 光能传递渲染效果

3. 单击【光能传递处理参数】面板中的 设置... 按钮，打开【环境和效果】窗口，在【曝光控制】面板中选择【对数曝光控制】选项，如图 9-46 所示。
4. 【对数曝光控制参数】面板中的参数设置如图 9-47 所示。

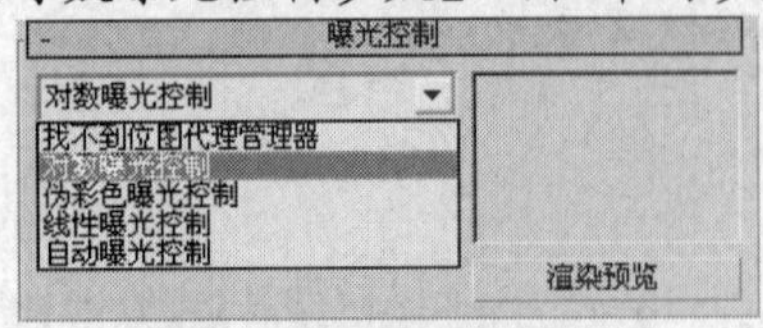

图9-46 【曝光控制】面板

图9-47 【对数曝光控制参数】面板中的参数设置

5. 在当前灯光的基础上，再创建一盏向下投射的目标面光源，位置如图 9-48 所示。

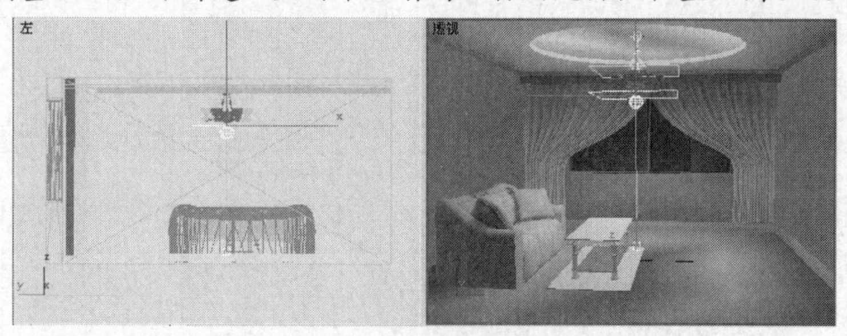

图9-48 创建向下照射的目标面光源

6. 在【光能传递处理参数】面板中单击 全部重置 按钮，再单击 开始 按钮，开始光能传递求解，适当调节灯光的【亮度】值，渲染透视图，效果如图 9-43 所示。
7. 选择菜单栏中的【文件】/【另存为】命令，将场景另存为“09_06.max”文件。此文件以相同的文件名保存在教学资源中的“Scenes”目录中。

9.3 灯光特效

3ds Max 9 提供了两种灯光特效，分别用来模拟体积光效果和镜头光斑效果。合理地为灯光添加特效可极大地增强视觉效果，丰富场景中的光感。

9.3.1 知识点讲解

- 体积光：光线具有能被物体阻挡的特性，形成光芒透射效果。利用体积光可以很好地模拟晨光透过玻璃窗的效果，还可以制作探照灯的光束效果等。它可以指定给除环境光之外的任何灯光类型。
- 镜头光斑特效：其来源是现实生活中的摄影机，由于镜头具有光学棱镜特性，因而形成了镜头光环和耀斑现象。镜头光斑的组成非常复杂，一个完整的镜头光斑是由光晕、光环、二级光斑、射线、星光、条纹光组成的。

9.3.2 范例解析（一）——体积光特效

下面利用一个飞碟场景来介绍体积光的使用方法，效果如图 9-49 所示。

图9-49 体积光效果

范例操作

1. 打开教学资源中“Scenes”目录下的“09_07.max”场景文件。
2. 单击 / /自由平行光按钮，在顶视图中飞碟的中央位置单击鼠标左键，创建一盏自由平行光灯，位置如图 9-50 所示。

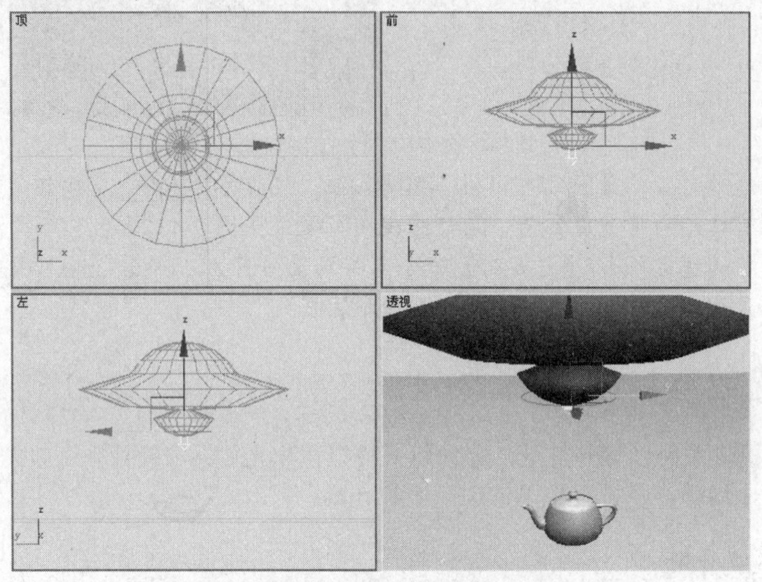

图9-50 自由平行光灯在视图中的位置

3. 单击 按钮，进入修改命令面板，各面板中的参数设置如图 9-51 所示。

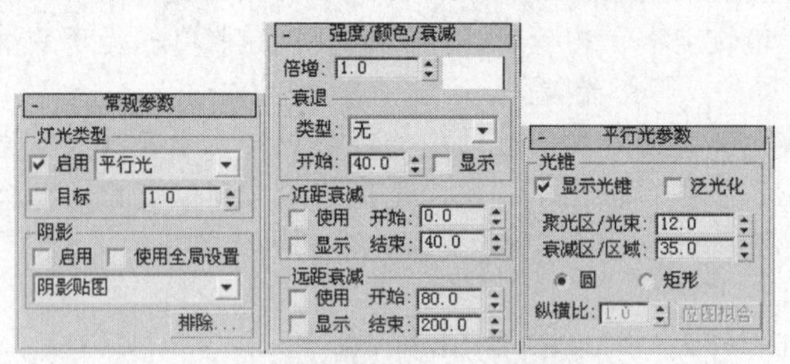

图9-51 各参数面板中的设置

4. 单击【大气和效果】面板中的添加...按钮，在弹出的【添加大气或效果】对话框中选择【体积光】选项，如图 9-52 左图所示，然后单击确定按钮，关闭【添加大气或效果】对话框。此时在【大气和效果】面板中便添加了一个【体积光】选项，如图 9-52 右图所示。

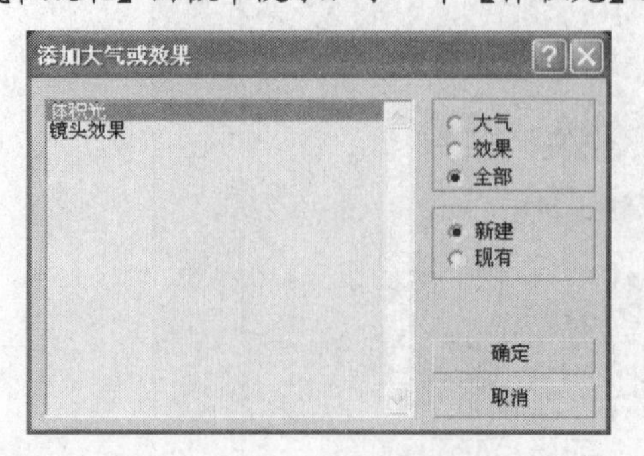

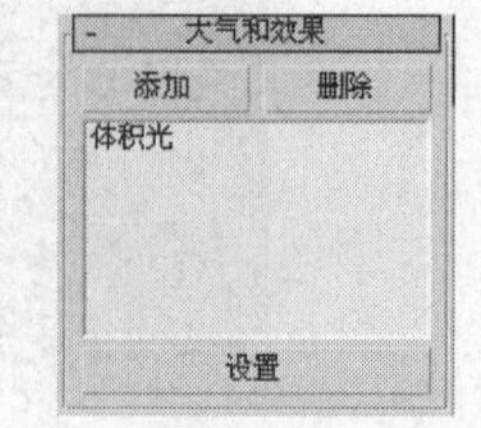

图9-52 添加体积光效果

5. 单击 按钮，以默认参数渲染摄影机视图，效果如图 9-49 所示。
6. 选择菜单栏中的【文件】/【另存为】命令，将此场景另存为“09_07_ok.max”文件。此场景的线架文件以相同的名字保存在教学资源中的“Scenes”目录中。

【知识链接】

在【大气和效果】面板中选择【体积光】选项，再单击 设置 按钮，可打开【环境和效果】窗口，其中的【体积光参数】面板形态如图 9-53 所示。

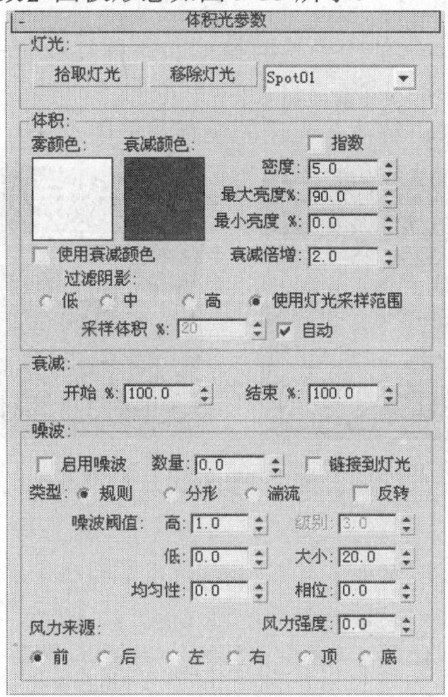

图9-53 【体积光参数】面板形态

下面对其中常用的一些参数进行解释。

(1) 【体积】选项栏

- 【雾颜色】: 设置形成灯光体积的雾的颜色。对于体积光，它的最终颜色是由灯光色与雾色共同决定的。
- 【衰减颜色】: 为灯光设置衰减后，此选项用于决定衰减区内雾的颜色。
- 【密度】: 设置雾的密度，值越大，体积感越强，内部不透明度越高，光线也越亮，效果如图 9-54 所示。

【密度】=2.0

【密度】=6.0

图9-54 不同的密度值效果比较

(2) 【噪波】选项栏

- 【启用噪波】：控制是否打开噪波影响，当勾选此选项时，【噪波】选项栏内的设置才有意义。
- 【数量】：设置噪波强度。值为“0”时，无噪波。值为“1”时，为完全噪波效果。

9.3.3 范例解析（二）——镜头光斑特效

在镜头光斑特效中，各种效果都由单独的参数面板进行控制，而且它们可以被任意组合，因此可以创建出千变万化的形态。

下面以一个太空场景为例来讲解镜头光斑的设置及使用方法，结果如图 9-55 所示。

图9-55 添加镜头光斑特效前后的效果比较

范例操作

1. 打开教学资源中“Scenes”目录下的“09_08.max”场景文件。这是一个飞船和地球场景。渲染透视图，效果如图 9-55 左图所示。
2. 激活透视图，选择菜单栏中的【渲染】/【效果】命令，打开【环境和效果】窗口。
3. 单击 添加... 按钮，打开【添加效果】对话框，选择【镜头效果】选项，如图 9-56 所示，单击 确定 按钮，关闭【添加效果】对话框。

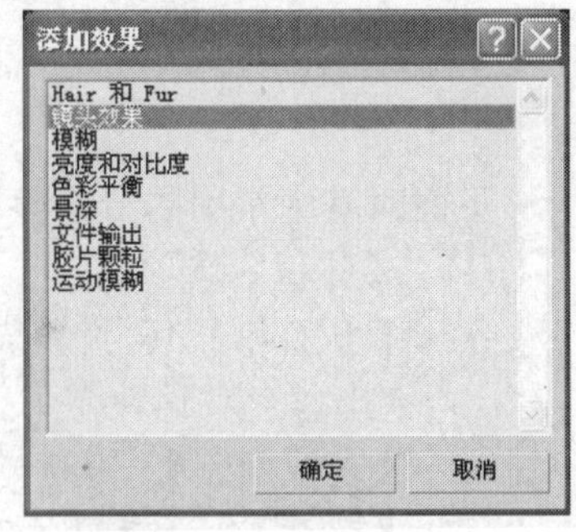

图9-56 【添加效果】对话框

4. 在【镜头效果全局】面板中，单击【灯光】选项栏里的 拾取灯光 按钮，拾取“Omni01”泛光灯，作为镜头光斑的载体。

要点提示 ① 以上操作步骤等同于先选择泛光灯，然后在修改命令面板中的【大气和效果】面板中为其添加【镜头效果】。

② 【灯光】选项栏中的下拉列表框中显示刚才选取的灯光名称，若发现选错，可单击 移除 按钮删除。

5. 在【效果】面板中，勾选【预览】/【交互】选项，系统自动打开渲染窗口，对当前帧进行渲染。
6. 在【镜头效果参数】面板中的左侧列表框中选择【Glow】（光晕）选项，单击 > 按钮，将它添加到右侧的列表框中。系统自动更新特效预览对话框。
7. 修改【镜头效果全局】和【光晕元素】面板中的参数设置，如图 9-57 所示。

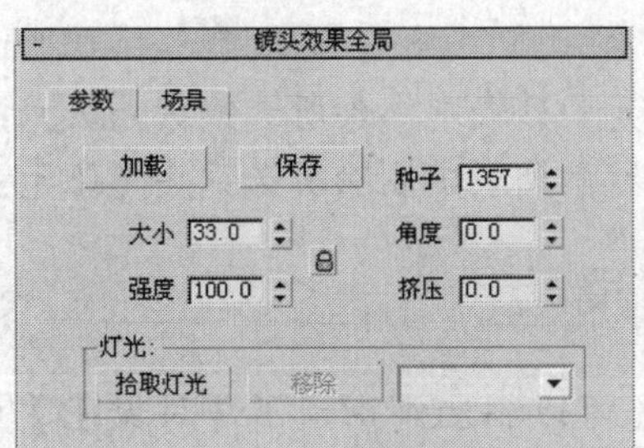

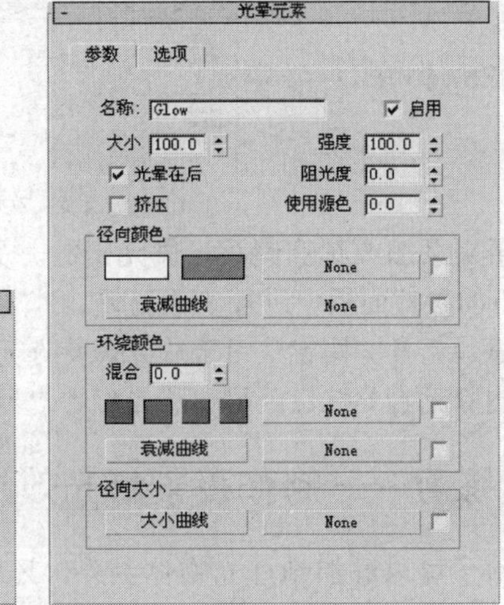

图9-57 【镜头效果全局】和【光晕元素】面板中的参数设置

此时“Omni01”所在的位置出现了一个光晕，效果如图 9-55 右图所示。

8. 选择菜单栏中的【文件】/【另存为】命令，将此场景另存为“09_08_ok.max”文件。此场景的线架文件以相同的名字保存在教学资源中的“Scenes”目录中。

【知识链接】

【镜头效果全局】参数面板形态如图 9-58 所示，此面板用来设置镜头特效的整体效果，参数变化将影响整个镜头光斑的形态及亮度。

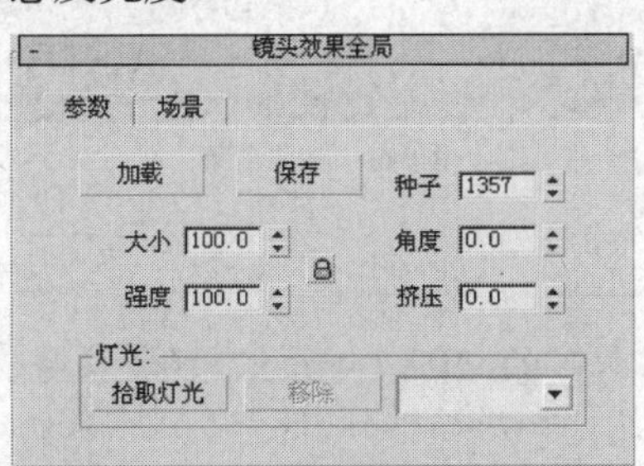

图9-58 【镜头效果全局】参数面板

- 加载: 如载镜头光斑参数文件，镜头光斑参数文件的格式为 LZV。
- 保存: 将当前调整好的参数保存为 LZV 磁盘文件，以便以后重复使用。
- 【大小】: 设置镜头光斑的整体尺寸。
- 【强度】: 设置镜头光斑的整体亮度。
- 【角度】: 用于调整镜头光斑的旋转角度。
- 【挤压】: 镜头光斑各元素的参数面板中都有一个【挤压】选项，勾选此选项的元素将受此面板中的【挤压】参数影响，产生挤压效果。
- 拾取灯光: 镜头光斑特效通常都是用灯光作为载体的，这个按钮就是用来拾取载体灯光的。
- 移除: 从右侧的下拉列表框中删除某一灯光，使其不再成为当前镜头光斑的载体。

【镜头效果参数】面板如图 9-59 所示。

图9-59 【镜头效果参数】面板

该面板是用来添加或删除镜头光斑元素的。另外，还可在光斑已选元素列表中选择需修改的元素，在其下的参数面板中进行参数调整。

- >（添加元素）按钮：用于从光斑待选元素列表中添加所选镜头光斑元素。
- <（删除元素）按钮：用于从光斑已选元素列表中删除所选镜头光斑元素。

9.3.4 课堂练习——制作夜景灯光效果

镜头光斑除了可以添加到灯光物体上外，还可以添加到指定了【对象ID】或【材质ID 通道】的三维物体上，用来模拟具有自发光特性的物体所呈现的光晕效果，如图 9-60 所示。

图9-60 夜景效果

操作提示

1. 打开教学资源中“Scenes”目录下的“09_09.max”场景文件。
2. 镜头特效的制作过程如图 9-61 所示。

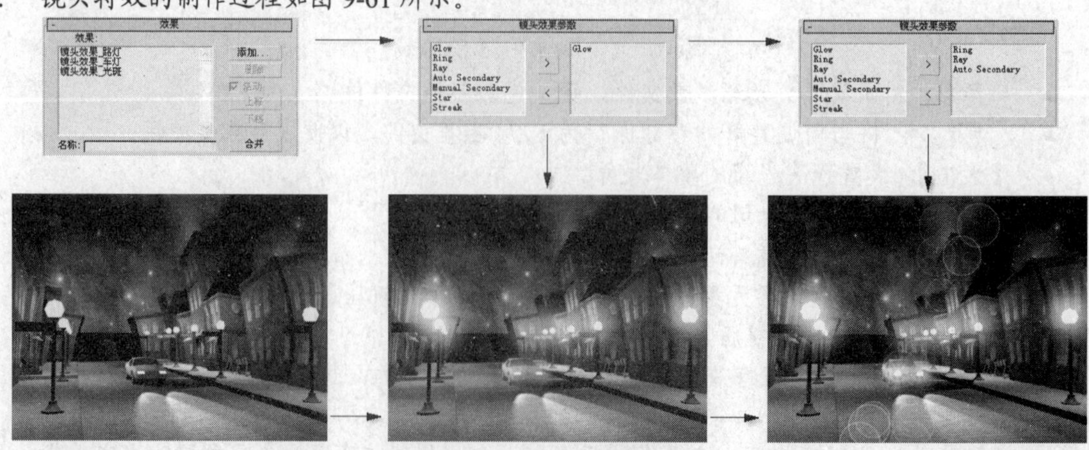

图9-61 镜头特效的制作过程

3. 选择菜单栏中的【文件】/【另存为】命令，将场景另存为“09_09_ok.max”文件。此场景文件以相同的名字保存在教学资源中的“Scenes”目录中。

9.4 课后作业

一、操作题

1. 打开“LxScenes\09_01.max”文件，为场景添加体积光效果，如图 9-62 所示。此场景的线架文件为“09_01_ok.max”。
2. 在场景中创建一盏泛光灯，然后为其添加镜头光斑特效，结果如图 9-63 所示。此场景的线架文件以“09_02.max”的名字保存在教学资源中的“LxScenes”目录中。

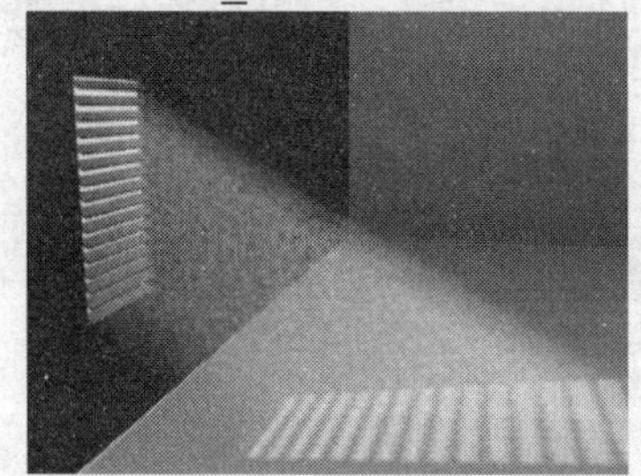

图9-62 体积光效果

图9-63 镜头特效

二、思考题

1. 体积光特效的含义是什么？
2. 什么是镜头光斑特效？

第10讲

材质与灯光综合应用

【学习目标】

• 为室内场景设置材质。	
	• 半开放空间中的光能传递。
• 【mental ray】特效渲染训练。	

10.1　综合应用（一）——为室内场景赋材质

结合前面所讲内容，利用多种制作材质的方法，为本例中的室内场景赋材质，效果如图 10-1 所示。

图10-1　室内场景赋材质前后的效果对比

范例操作

1. 打开教学资源中“Scenes”目录下的“10_01.max”文件。
2. 地板是一种有镜面反射效果的木纹材质，制作过程如图 10-2 所示。

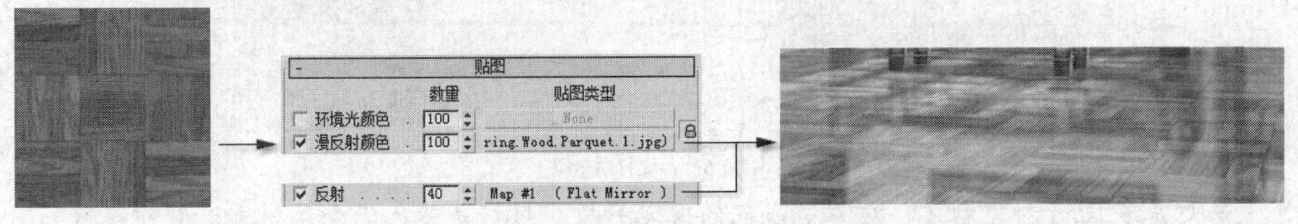

图10-2　镜面反射地板效果

3. 墙壁是一种壁纸材质，制作流程如图 10-3 所示。

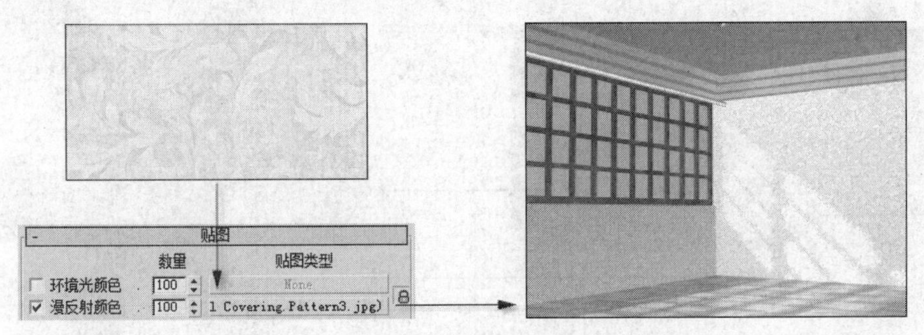

图10-3　墙壁的壁纸效果

4. 窗帘是一种布纹材质，制作流程如图 10-4 所示。

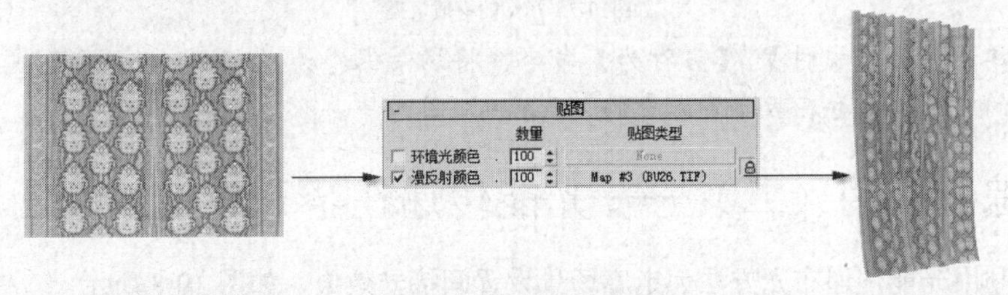

图10-4　窗帘的布纹材质效果

5. 沙发是一种皮革材质，制作流程如图 10-5 所示。

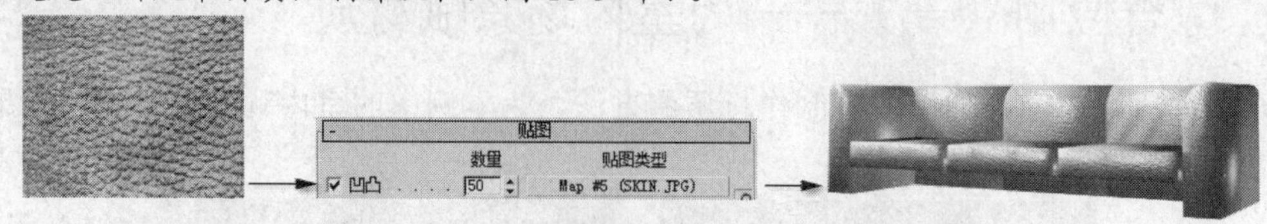

图10-5 沙发的皮革材质效果

6. 房间里的几个构件是木纹材质，制作流程如图 10-6 所示。

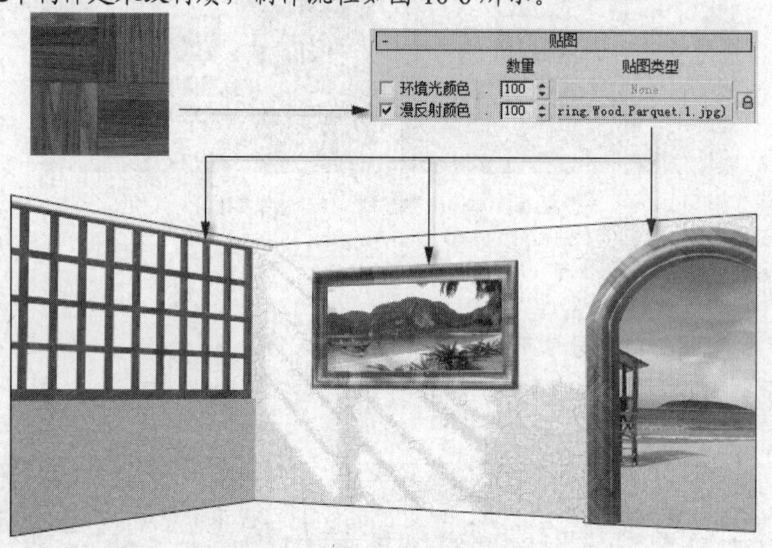

图10-6 木纹材质效果

7. 吊灯是多维/子对象材质，灯罩是浅色的玻璃材质，灯杆是黄色的金属材质，制作流程如图 10-7 所示。

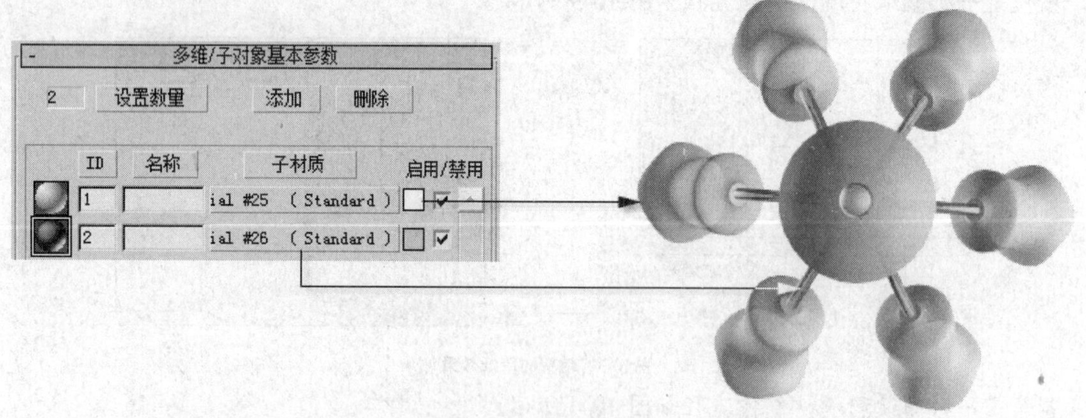

图10-7 吊灯的材质效果

8. 选择菜单栏中的【文件】/【另存为】命令，将场景保存为“10_01_ok.max”文件。此文件以相同的文件名保存在教学资源中的“Scenes”目录中。

10.2 综合应用（二）——光能传递在半开放空间中的应用

本节将利用光能传递布光方法为走廊场景设置间接光效果，如图 10-8 所示。

图10-8　半开放空间的光能传递

范例操作

1. 选择菜单栏中的【文件】/【打开】命令，打开教学资源中“Scenes”目录下的“10_02.max”文件。
2. 单击 / 日光 按钮，在顶视图中创建一个日光系统，将日期设为2005年9月10日，时间为15点30分，地理位置为巴黎，此时日光在视图中的位置如图10-9所示。

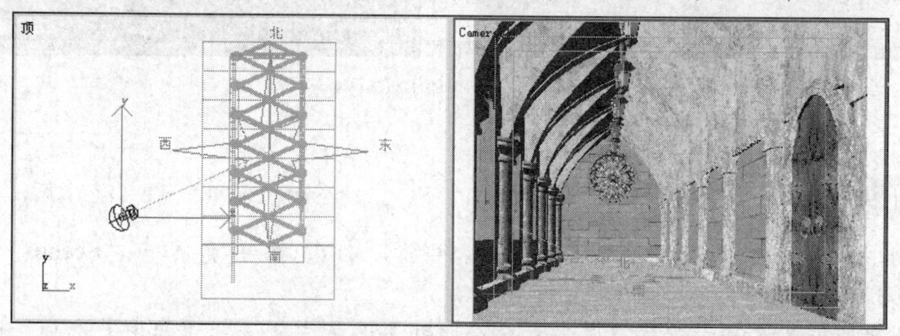

图10-9　日光系统在顶视图中的位置

3. 选择菜单栏中的【渲染】/【高级照明】/【光能传递】命令，在【渲染场景】窗口中修改各面板中的参数设置，如图10-10所示。

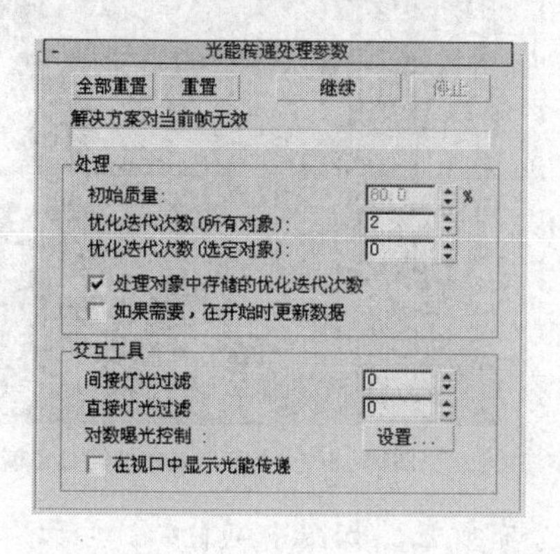

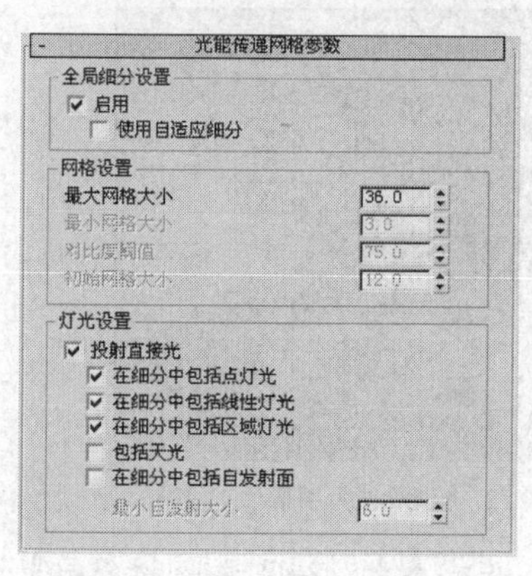

图10-10　各面板中的参数设置

4. 单击 开始 按钮，进行光能传递求解。
5. 单击【光能传递处理参数】面板中的 设置... 按钮，在【曝光控制】面板中选择【对数曝光控制】选项，再勾选【对数曝光控制参数】面板中的【室外日光】选项，将【亮度】值设为“85”。

6. 渲染摄影机视图，效果如图 10-8 所示。
7. 选择菜单栏中的【文件】/【另存为】命令，将场景另存为“10_02_ok.max”文件。此场景的线架文件以相同的名字保存在教学资源中的“Scenes”目录中。

10.3 综合应用（三）——【mental ray】特效渲染训练

利用【mental ray】渲染器的全局照明功能，将图 10-11 左图所示的场景渲染成图 10-11 右图所示的效果。

图10-11 全局照明渲染效果

范例操作

1. 选择菜单栏中的【文件】/【打开】命令，打开教学资源中“Scenes”目录下的“10_03.max”文件。
2. 在【间接照明】选项卡中的【焦散和全局照明】面板中，选择【启用】选项，适当修改全局灯光下的属性参数，再进行渲染，效果如图 10-12 所示。
3. 修改全局光子的各项参数，观察光子在场景中的能量分布，效果如图 10-13 所示。

图10-12 初始全局照明效果

图10-13 光子在场景中的能量分布

4. 通过调节各采样参数，得到细腻的全局光子分布效果，如图 10-11 右图所示。
5. 选择菜单栏中的【文件】/【另存为】命令，将场景另存为“10_03_ok.max”文件。此场景的线架文件以相同的名字保存在教学资源中的“Scenes”目录中。

第11讲

摄影机与环境特效

【学习目标】

• 摄影机与构图。	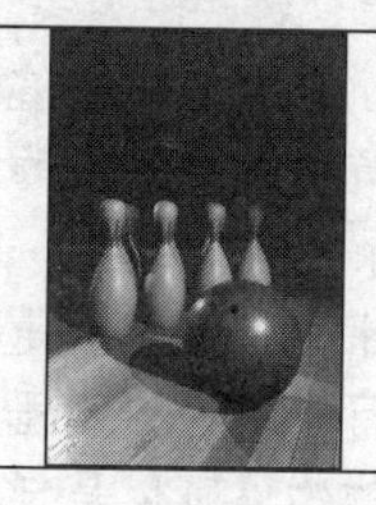
	• 利用标准雾制作海面场景。
• 利用雪花粒子制作飘洒的花片场景。	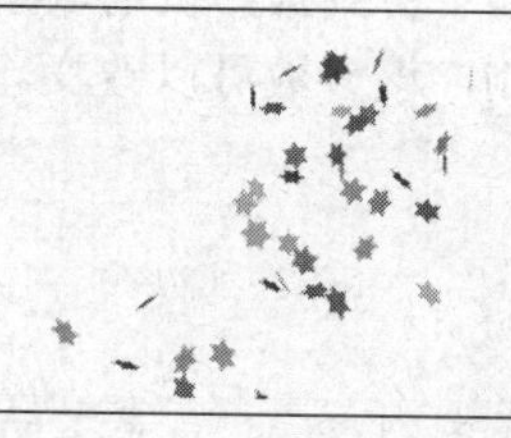
	• 利用粒子阵列制作机械人爆炸效果。
• 利用粒子系统和重力系统制作喷泉效果。	

11.1 摄影机构图与动画

本节将介绍利用摄影机输出静态平面图像和动态视频动画的方法。在输出静态平面图像时，需要注意透视校正问题。在输出动态视频动画时，摄影机的推、拉、摇、移等动作是非常重要的镜头语言表现手段。在制作摄影机动画时，需要注意摄影机在移动的同时，要随时调整好画面的构图。

11.1.1 知识点讲解

- 目标摄影机：将目标摄影机的目标点链接到运动的物体上，用来表现目光跟随的效果。
- 自由摄影机：它可以绑定到运动目标上，随目标在运动轨迹上一同运动，同时进行跟随和倾斜。
- 【Video Post】视频合成器：主要用于视频后处理，可以将场景、图片、动画等素材进行组合连接，并对动画影片进行剪辑处理，还可以为图像增加特效处理，如星空、光晕、镜头特效等。
- 景深特效：是由多通道渲染效果生成的。所谓多通道渲染效果是指多次渲染相同帧，每次渲染都有细小的差别，最终合成一幅图像，它模拟了电影特定环境中的摄影机记录方法。
- 【路径约束】控制器：是限制一个物体沿一个样条曲线进行运动，或者沿多个样条曲线进行运动的控制器。目标路径可以在使用变动修改命令时设置动画，作为目标路径的物体可以是任何一种样条曲线，这条曲线用来定义被限制物体的运动路径。

11.1.2 范例解析（一）——摄影机与构图

画面的构图除了受到摄影机的取景角度及方向的影响之外，还受到渲染设置中的【图像纵横比】参数的控制，该参数可以改变输出图像的长宽比例，既可以输出横向图像，也可以输出纵向图像。

范例操作

1. 打开教学资源中“Scenes”目录下的“11_01.max”场景文件。这是一个保龄球场景。
2. 单击 /目标按钮，在前视图中创建一个目标摄影机，激活透视图，按键盘上的C键，将透视图转换为摄影机视图。此时，视图控制区内的按钮也发生了变化，如图 11-1 所示。

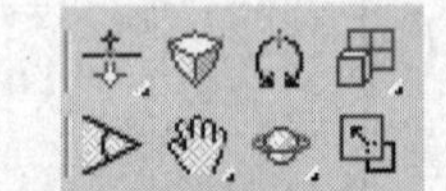

图11-1 视图控制区中的按钮组

要点提示 单击其中的按钮，可在摄影机视图中调节透视角度，它们的作用等同于移动摄影机点和目标点。

3. 调整摄影机视图的透视角度，如图 11-2 所示。

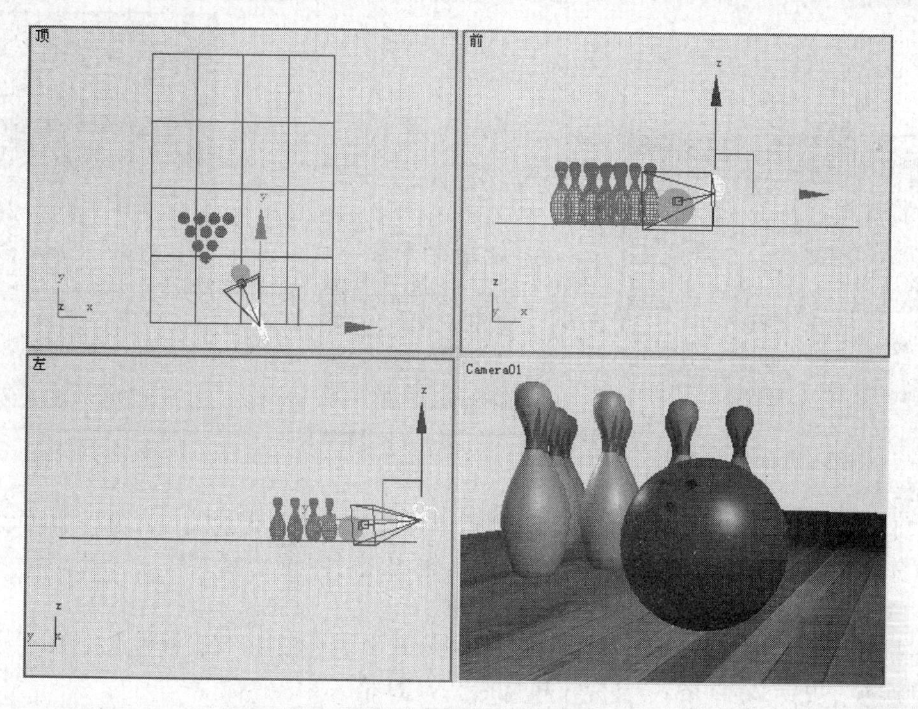

图11-2　摄影机在视图中的位置及透视角度

4. 在摄影机视图的标识上单击鼠标右键，在弹出的快捷菜单中选择【显示安全框】命令，摄影机视图中出现安全框，形态如图 11-3 所示。

图11-3　安全框形态

要点提示　安全框用来控制渲染输出视图的纵横比，中间的蓝色框用于控制视频裁剪的尺寸，外面的黄色框用于将背景图像与场景对齐。如果输出静帧图像，超出最外围黄色框的部分将被裁掉。

5. 单击主工具栏中的按钮，打开【渲染场景】窗口，在【输出大小】选项栏内将【图像纵横比】值设为“0.7”，如图 11-4 左图所示，此时安全框的比例跟着改变。
6. 单击视图控制区中的按钮，适当调整摄影机视图的显示范围，形态如图 11-4 中图所示，渲染效果如图 11-4 右图所示。
7. 选择菜单栏中的【文件】/【另存为】命令，将此场景保存为“11_01_ok.max”文件。此文件以相同的名字保存在教学资源中的“Scenes”目录中。

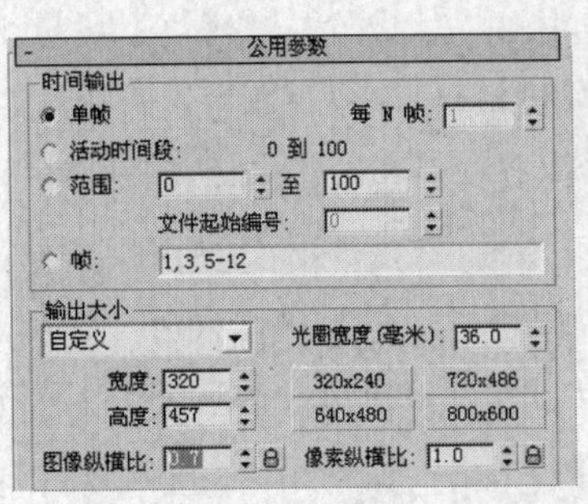

图11-4　安全框比例形态及渲染效果

【知识链接】

在图 11-4 左图所示的【输出大小】选项栏内可选择系统自带的输出尺寸，也可以自定义输出图像的宽度和高度。如果输出的是动画文件，输出尺寸不能选择太高，一般 320x240 即可，最多选择 640x480 ，这样播放动画时会比较流畅。

如果要输出成 VCD 或 DVD 文件，应在 自定义 下拉列表框中选择 PAL（视频） 选项。 768x576 用于 DVD 格式， 480x360 用于 VCD 格式。

11.1.3　范例解析（二）——景深特效

下面以一个保龄球瓶场景为例，介绍摄影机景深特效的使用方法，结果如图 11-5 所示。

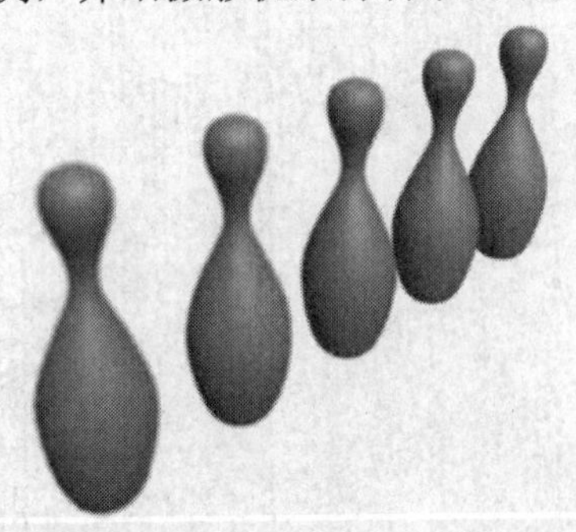

图11-5　景深特效

范例操作

1. 选择菜单栏中的【文件】/【打开】命令，打开教学资源中“Scenes”目录下的“03_03_ok.max”场景文件。渲染摄影机视图，场景中没有任何景深设置，最前面的球与最后面的球同样清楚。
2. 激活透视图，按键盘上的 Ctrl + C 快捷键，以当前视角将透视图转换为摄影机视图。渲染摄影机视图，场景中没有任何景深设置，最前面的瓶体与最后面的瓶体同样清楚。
3. 激活前视图，单击视图控制区中的按钮，将前视图中的物体全部显示出来。
4. 单击按钮进入修改命令面板，在【参数】面板中勾选【多过程效果】栏中的【启用】选项。
5. 将【目标距离】值设为“100”，使目标点设在第 1 个瓶体上，位置如图 11-6 所示。

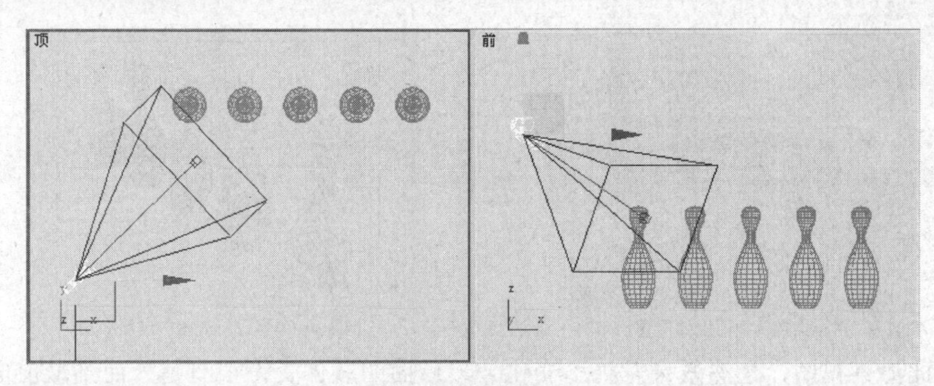

图11-6　摄影机的位置

6. 单击 预览 按钮，摄影机视图发生轻微抖动，停止后，就显示出景深预览效果。图 11-7 左图所示为预览前的摄影机视图，右图所示为预览后的摄影机视图效果。

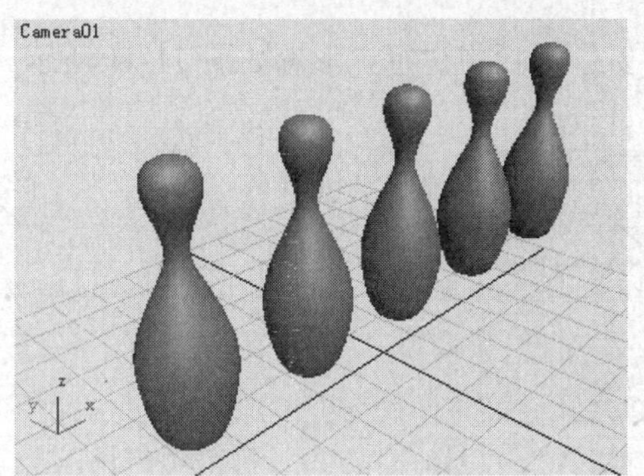

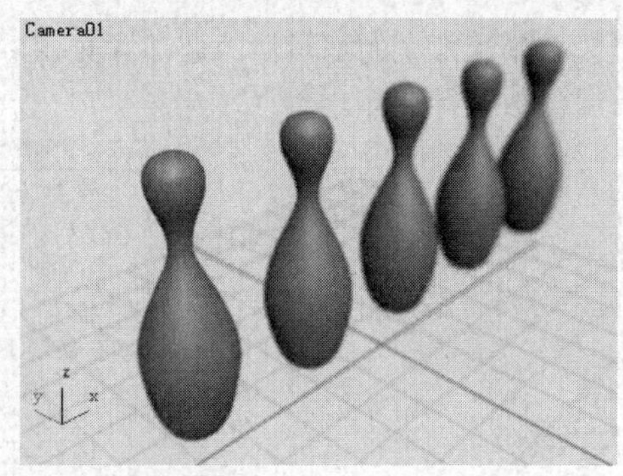

图11-7　摄影机视图预览前后的效果比较

7. 单击主工具栏中的按钮，渲染摄影机视图，效果如图 11-8 所示。

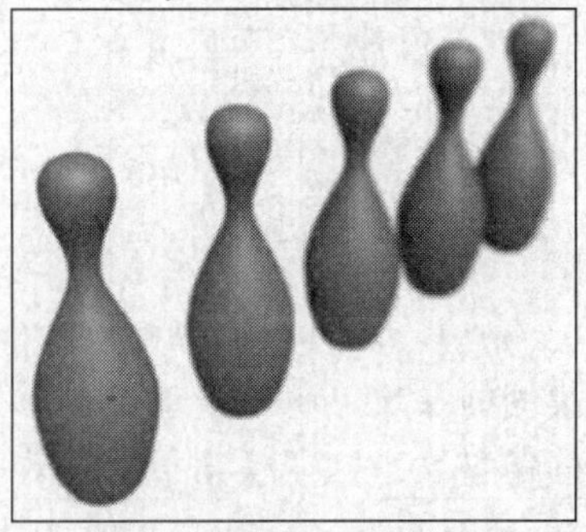

图11-8　摄影机视图的渲染效果

要点提示 在渲染过程中，图像是由暗变亮逐渐显示出来的。观察此渲染视图，已经具有了景深效果。最前面的瓶体仍然很清楚，但到最后一个瓶体之间产生了渐进模糊效果，这是因为摄影机的目标点正好落在最前面的瓶体上。

8. 将【目标距离】值设为“270”，使摄影机目标点移到最后一个瓶体上，位置如图 11-9 所示。
9. 单击主工具栏中的按钮，再次渲染摄影机视图，效果如图 11-10 所示。
10. 选择菜单栏中的【文件】/【另存为】命令，将此场景另存为“11_02.max”文件。此场景的线架文件以相同的名字保存在教学资源中的“Scenes”目录中。

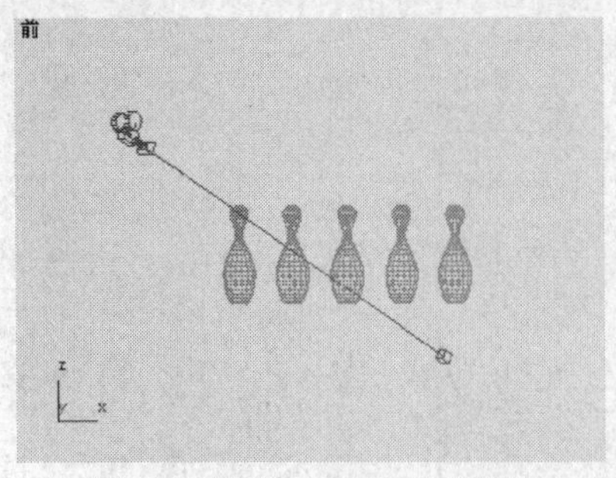

图11-9 目标点在前视图中的位置

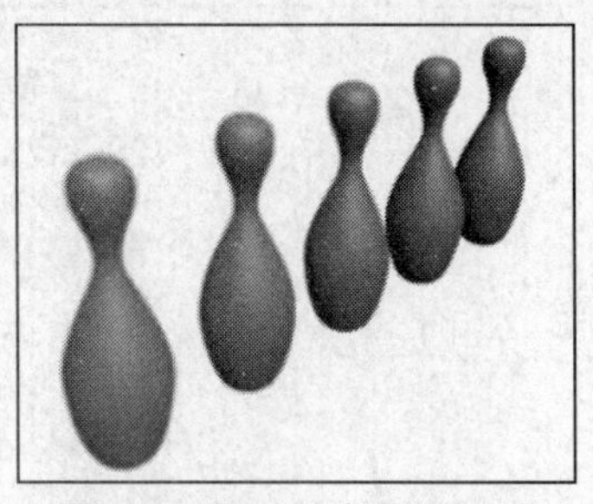

图11-10 摄影机视图的渲染效果

观察此渲染视图，景深效果发生了变化。最后面的瓶体变得很清楚，而到最前面的瓶体之间产生了渐进模糊效果。这说明摄影机的目标点所在处显示得最清楚，其余地方会产生渐进模糊。

【知识链接】

对摄影机景深效果的编辑修改要在【景深参数】面板中进行，形态如图 11-11 所示。下面对其中的常用参数进行解释。

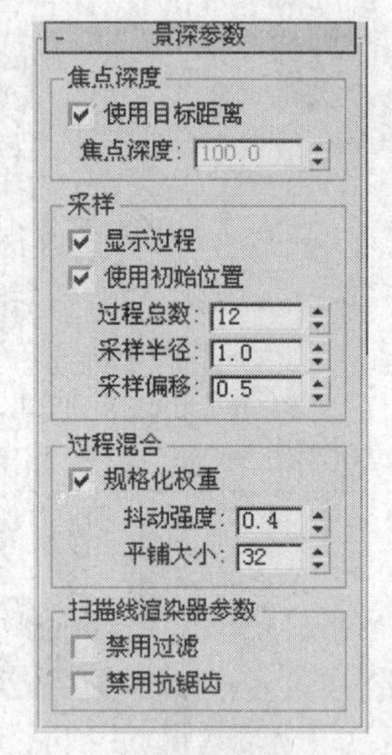

图11-11 【景深参数】面板形态

- 【过程总数】: 决定景深模糊的层次，也就是渲染景深模糊时的图像渲染次数。
- 【采样半径】: 决定模糊的偏移大小，即模糊程度，效果如图 11-12 所示。

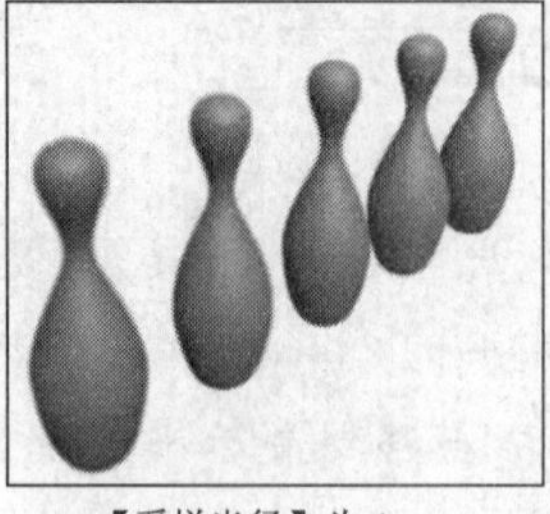

【采样半径】为 1

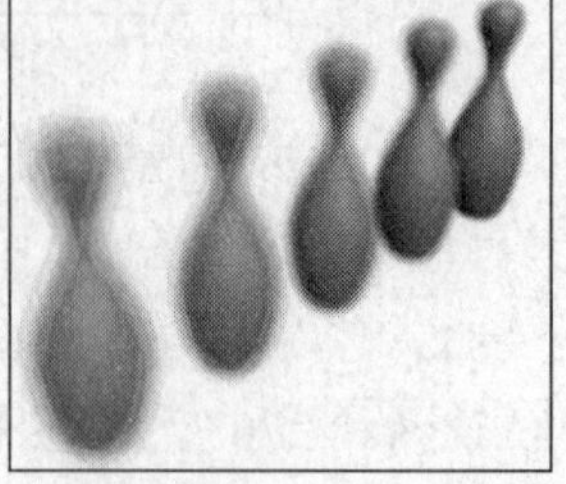

【采样半径】为 5

图11-12 不同模糊程度的渲染效果

在【参数】面板的【多过程效果】选项栏内选择【运动模糊】选项，可表现动态模糊效果，如图 11-13 所示。

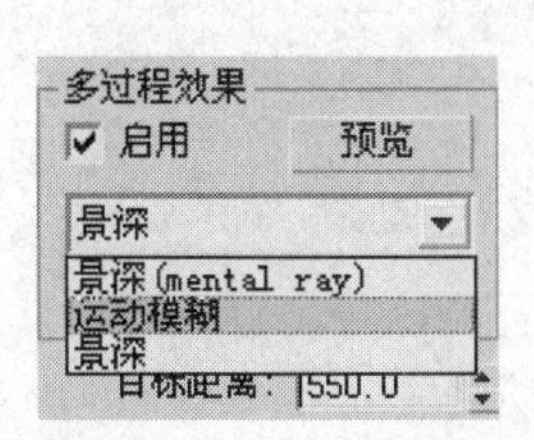

图11-13 【运动模糊】选项及效果

11.1.4 课堂练习——穿行浏览与路径约束

打开教学资源中“Scenes”目录下的“11_03.max”文件，利用【路径约束】控制器制作海面穿行动画，效果如图 11-14 所示。

图11-14 穿行动画效果

操作提示

1. 单击 / 线 按钮，在顶视图中绘制一条曲线，然后分别在前、左视图中调整它的位置，如图 11-15 所示。

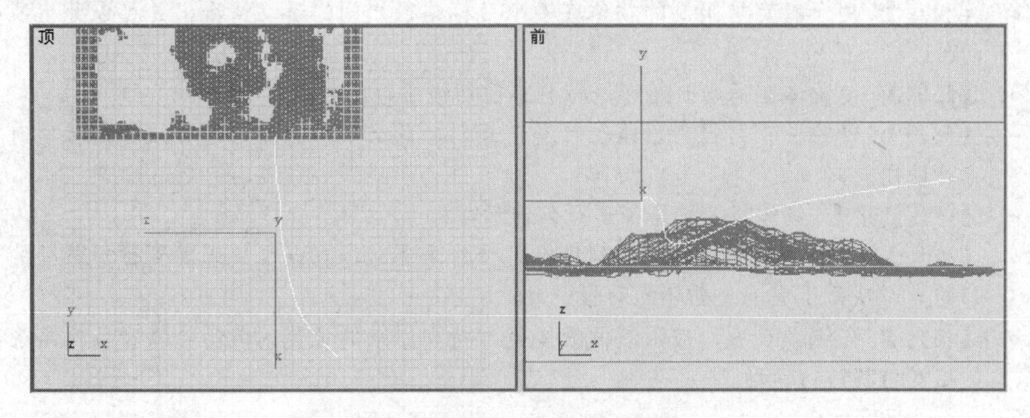

图11-15 曲线在顶、前视图中的位置

2. 激活透视图，按 Ctrl + C 快捷键，将透视图以当前视角转换为摄影机视图，并在视图中创建一个摄影机。
3. 选择菜单栏中的【动画】/【约束】/【路径约束】命令，将摄影机约束到曲线上。
4. 单击动画控制区中的 按钮，可以看到摄影机沿着曲线运动。
5. 修改【路径参数】面板中的各项设置，如图 11-16 所示。

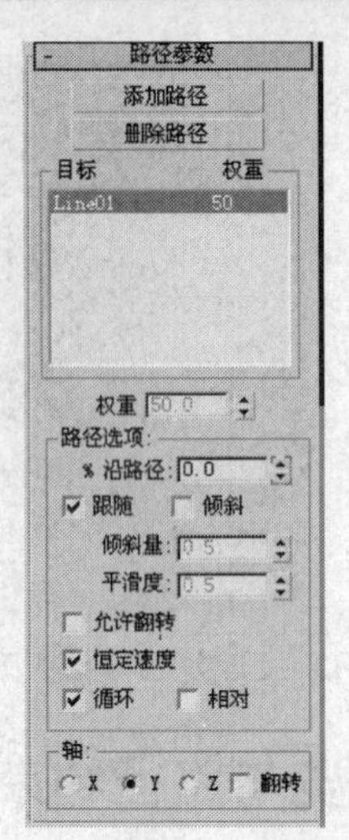

图11-16 【路径参数】面板中的设置

6. 激活摄影机视图，单击主工具栏中的按钮，打开【渲染场景】窗口。在【公用参数】面板中选择【活动时间段】选项，在【渲染输出】选项栏内单击 文件... 按钮，将渲染动画保存为"穿行浏览.avi"文件。此文件保存在教学资源中的"Scenes"目录中。
7. 选择菜单栏中的【文件】/【另存为】命令，将场景另存为"11_03_ok.max"文件。此场景的线架文件以相同的名字保存在教学资源中的"Scenes"目录中。

【知识链接】

路径约束的参数需要在运动命令面板中的【路径参数】面板中修改，该面板形态如图11-16 所示。

在【路径参数】面板中，常用参数的含义如下。

- 添加路径 按钮：添加目标路径。
- 删除路径 按钮：删除当前选择的目标路径。
- 【权重】：用于指定被限制的物体在多个目标路径之间的运动情况，并可以此生成动画。
- 【跟随】：使物体在运动时始终保持与路径切线平行的方向。
- 【倾斜】：使物体在路径上沿路径轴发生倾斜，此选项只有在勾选【跟随】选项时方可使用。
- 【恒定速度】：物体将沿着路径进行匀速运动。
- 【循环】：当被限制的物体运动到目标路径的尽头时，它会很快地回到目标路径的起始点，从而生成一个循环的动画。
- 【相对】：勾选此选项，被限制的物体会维持它原来的位置，但仍会随着目标路径的相对位移进行运动。

11.2 环境特效的创建方法

环境特效的创建方法比较特殊，它有别于三维物体或材质的创建，无法在视图中进行预览，只能通过对透视图或摄影机视图进行渲染才能看到。本节将介绍两种常用的环境特效的创建方法。

11.2.1 知识点讲解

- 【雾】：对整个场景空间进行设置，通过增加场景的不透明度，产生雾茫茫的大气效果。
- 【火效果】：用来产生火焰、烟雾和雾等特效，并通过【Gizmo】线框来确定形态。

11.2.2 范例解析——制作标准雾效果

下面为海面场景制作雾效果，结果如图 11-17 所示。

图11-17 标准雾效果

范例操作

1. 选择菜单栏中的【文件】/【打开】命令，打开教学资源中"Scenes"目录下的"11_04.max"场景文件，摄影机视图的渲染效果如图 11-18 所示。

图11-18 未添加标准雾效果

2. 选择场景中的摄影机点，进入修改命令面板，在【参数】面板中勾选【环境范围】选项栏中的【显示】选项，再将【远距范围】值设为"3 180"。
3. 选择菜单栏中的【渲染】/【环境】命令，打开【环境和效果】窗口。单击【大气】面板中的 添加... 按钮，在弹出的【添加大气效果】对话框中选择【雾】选项，如图 11-19 所示。
4. 单击 确定 按钮，关闭【添加大气效果】对话框，在其下的【雾参数】面板中修改各参数设置，如图 11-20 所示。

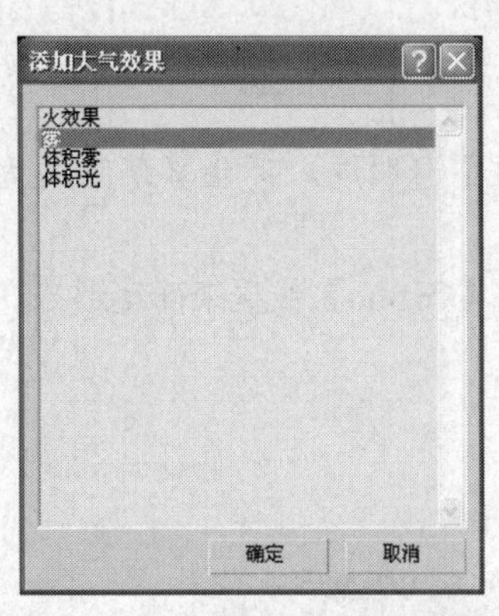

图11-19 【添加大气效果】对话框

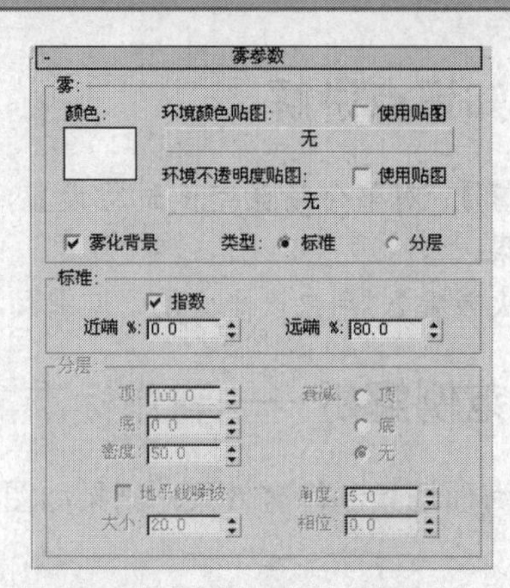

图11-20 【雾参数】面板中的各参数设置

5. 渲染摄影机视图，效果如图 11-17 所示。
6. 选择菜单栏中的【文件】/【另存为】命令，将此场景另存为“11_04_ok.max”文件。此场景的线架文件以相同的名字保存在教学资源中的“Scenes”目录中。

【知识链接】

【雾参数】面板中的常用参数解释如下。

(1) 【标准】选项栏用于设置标准类型的雾。
- 【近端】: 设置近距离范围内雾的浓度。
- 【远端】: 设置远距离范围内雾的浓度。

(2) 【分层】选项栏用于设置层状雾。
- 【顶】/【底】: 设置层雾的上限/下限。
- 【地平线噪波】: 在层雾与地平线交汇处加入噪波处理，增加真实感。
- 【大小】: 设置噪波的缩放系数，值越大，雾的碎块就越大。
- 【角度】: 设置受影响的地平线的角度。

11.2.3 课堂练习——制作篝火

在【辅助对象】面板中有一类大气装置物体，它们专门用来制作环境特效，可限定环境特效的产生范围。通过这些大气装置物体，用户可以自由地在场景中安排环境特效的位置。

下面利用大气装置物体制作篝火效果，结果如图 11-21 所示。

图11-21 篝火效果

操作提示

1. 选择菜单栏中的【文件】/【打开】命令，打开教学资源中“Scenes”目录下的“11_05.max”场景文件。这是一堆木柴的场景，摄影机视图的渲染效果如图 11-22 所示。

图11-22　摄影机视图的渲染效果

2. 单击创建命令面板中的按钮，在标准下拉列表框中选择大气装置选项。
3. 在【对象类型】面板中单击球体 Gizmo按钮，在顶视图中木柴的中心位置拖动鼠标指针，形成一个球形线框，这就是火焰的【Gizmo】线框。前视图中的形态如图 11-23 左图所示，其参数设置如图 11-23 中图所示。
4. 单击主工具栏中的按钮，在前视图中将其沿 y 轴向上进行二维拉伸，再将其沿 y 轴向上移动一段距离，结果如图 11-23 右图所示。

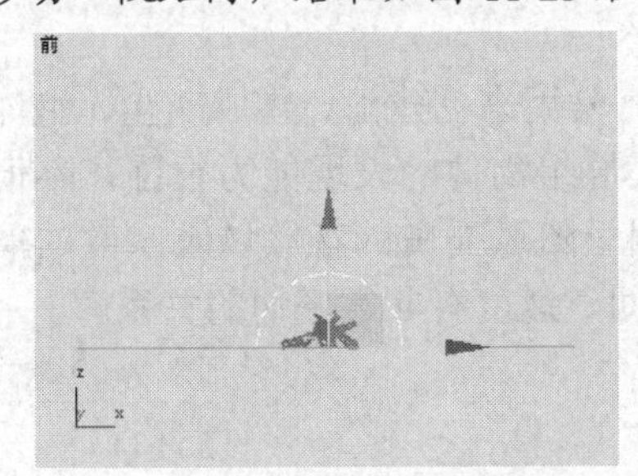

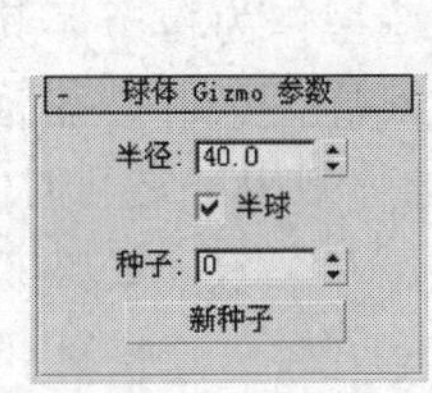

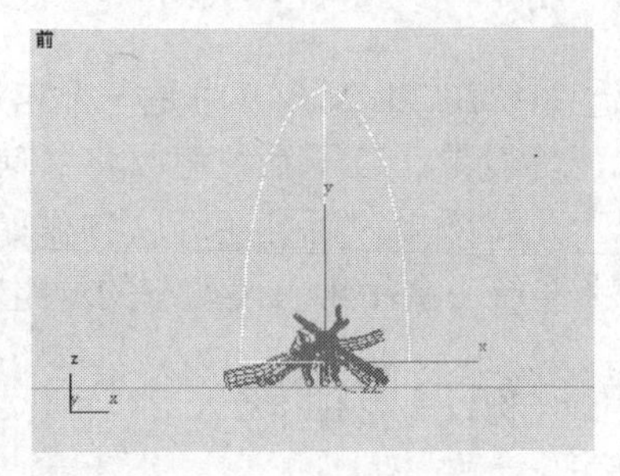

图11-23　球形线框在前视图中的位置及参数设置

5. 单击按钮进入修改命令面板，在最底部的【大气和效果】面板中单击添加按钮。
6. 在弹出的【添加大气】对话框中选择【火效果】选项，再单击确定按钮，如图 11-24 所示。
7. 在【大气和效果】面板中选择【火效果】选项，单击设置按钮，打开【环境和效果】窗口，修改火焰的参数设置，如图 11-25 所示。

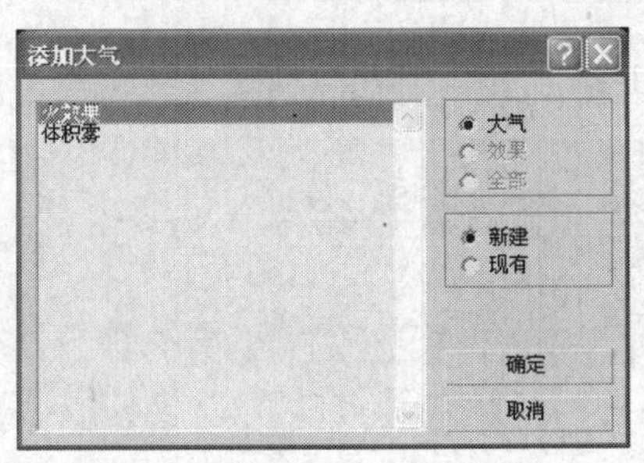

图11-24　【添加大气】对话框形态

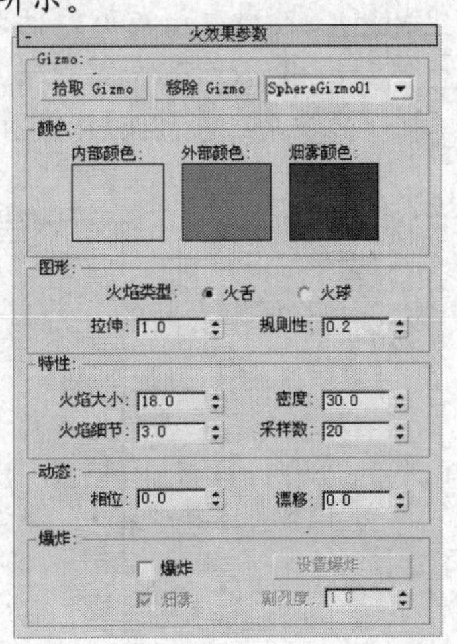

图11-25　【火效果参数】面板中的参数设置

8. 通过自动关键点记录方式，记录【动态】选项栏中的【相位】和【漂移】参数的动画，使其从第 0～第 100 帧的数值变化为 0～300。

9. 单击 按钮，渲染透视图。选择菜单栏中的【文件】/【另存为】命令，将场景另存为"11_05_ok.max"文件。此场景的线架文件以相同的名字保存在教学资源中的"Scenes"目录中。

【知识链接】

在【火效果参数】面板中，常用参数的含义如下。

- 【内部颜色】/【外部颜色】/【烟雾颜色】：分别设置火焰焰心的颜色、火苗外围的颜色和烟的颜色。
- 【火舌】：沿着套框的 z 轴方向创建带方向的火焰。
- 【火球】：创建圆形的爆炸火焰。
- 【规则性】：设置火焰在线框内部填充的情况，值域是 0~1。
- 【密度】：设置火焰的不透明度和光亮度，值越小，火焰越稀薄、透明。
- 【相位】：控制火焰变化的速度，通过对它进行设置，可以生成动态的火焰效果。

11.3 粒子系统动画

粒子系统在 3ds Max 9 中是一个相对独立的造型系统，常用来创建雨、雪、灰尘、泡沫、火花、气流等效果。粒子系统可以将任何造型作为粒子，其群组物体的表现能力很强，不但可以制作以上几种效果，而且还可以制作如人群、鱼群、花园里随风摇曳的花簇以及吹散的蒲公英等。粒子系统主要用于表现动态的群组物体效果，它与时间、速度有非常密切的关系。

11.3.1 知识点讲解

- 雪：用来模拟雪花效果，它的【翻滚】值可以控制每片雪花在落下的同时进行翻滚运动，也可以给它指定多维材质，产生五彩缤纷的碎片下落效果。
- 超级喷射：从一个点向外发射粒子流，且只能由一个出发点发射，产生线型或锥形的粒子群形态。
- 粒子阵列：以一个三维物体作为目标对象，从它的表面向外发射粒子阵列。
- 风：可沿着指定的方向吹动粒子，产生动态的风力和气流影响。
- 重力：模拟自然界地心引力的影响，对物体或粒子系统产生重力作用。
- 导向器：可以对粒子产生阻挡作用，当粒子碰到导向器时会沿着对角方向反弹出去。

11.3.2 范例解析（一）——雪花粒子与风力系统

下面利用雪花粒子制作吹散的花片场景，效果如图 11-26 所示。

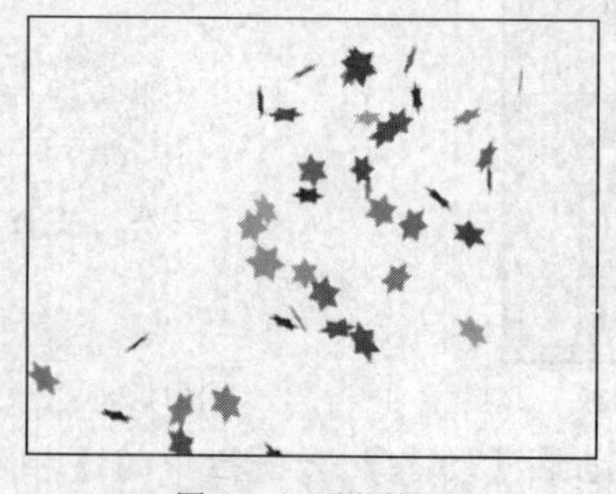

图11-26 雪花粒子

范例操作

1. 单击创建命令面板中的 / 按钮，在标准基本体下拉列表框中选择粒子系统选项。
2. 单击【对象类型】面板中的 雪 按钮，在透视图中按住鼠标左键拖出一个雪花粒子发生器图标，并在前视图中将其沿 y 轴向上移动一段距离，再调整粒子在透视图中的位置，如图 11-27 所示。

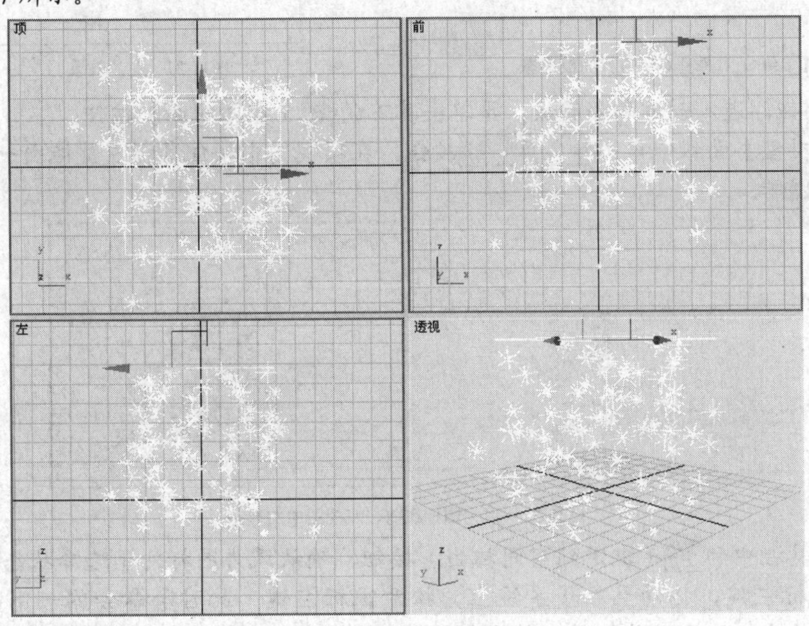

图11-27　雪花粒子发生器在各视图中的位置

3. 单击动画控制区中的按钮，可以看到雪花粒子飘洒时的动态效果。此时发现粒子的数量很少，需要进行修改。
4. 单击按钮，停止播放动画。
5. 单击按钮，进入修改命令面板，修改【参数】面板中的设置，如图 11-28 所示。
6. 渲染透视图，雪花粒子效果如图 11-29 所示。

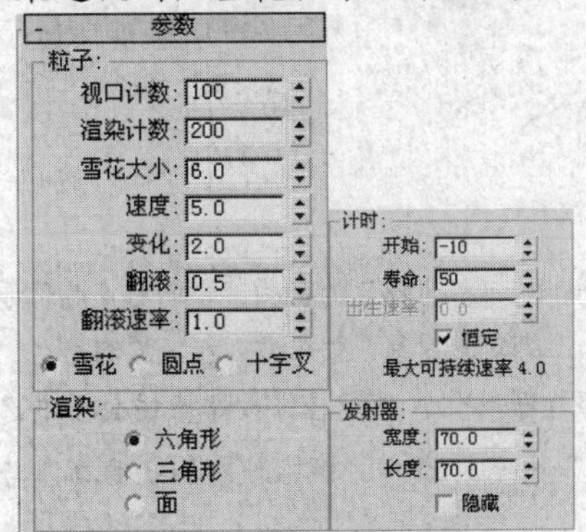

图11-28　【参数】面板中的设置

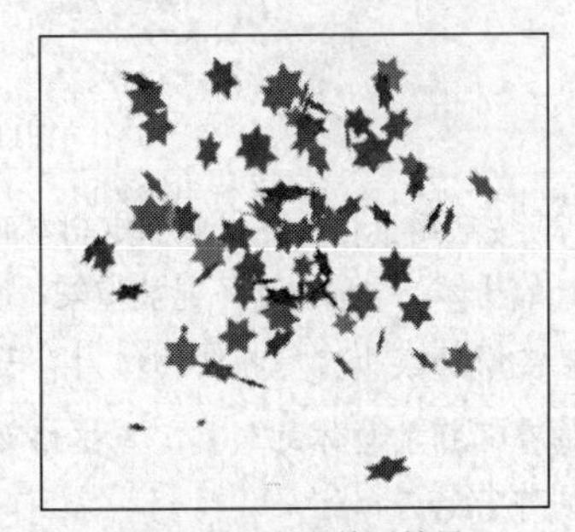

图11-29　雪花粒子效果

7. 单击按钮，打开【材质编辑器】窗口，选择一个示例球，为其赋【多维/子对象】材质，设置材质数量为“7”，只修改各示例球的颜色即可。【多维/子对象基本参数】面板形态如图 11-30 所示。
8. 此时再渲染透视图，雪花粒子出现五颜六色的花片效果，如图 11-31 所示。

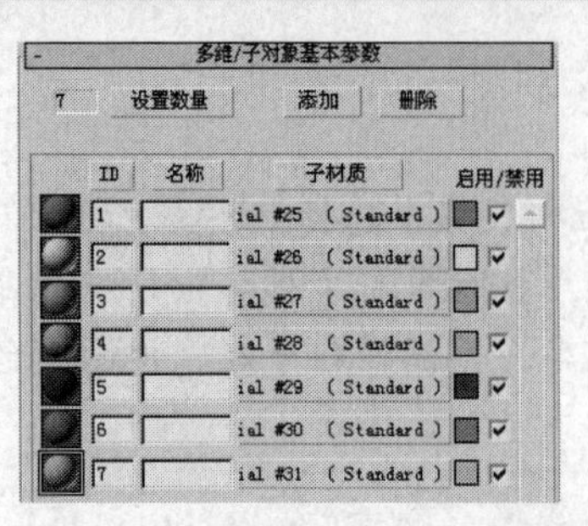

图11-30 【多维/子对象基本参数】面板形态

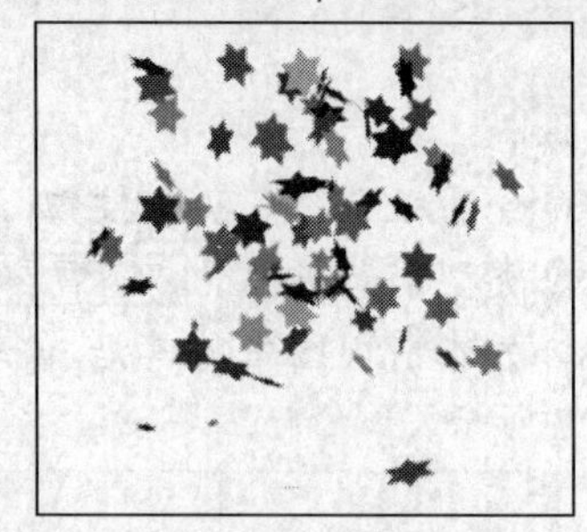

图11-31 花片效果

9. 单击按钮，进入创建命令面板，再单击其下的（空间扭曲）按钮。
10. 在【对象类型】面板中单击风按钮，在顶视图中按住鼠标左键拖出一个图 11-32 所示的风力图标。

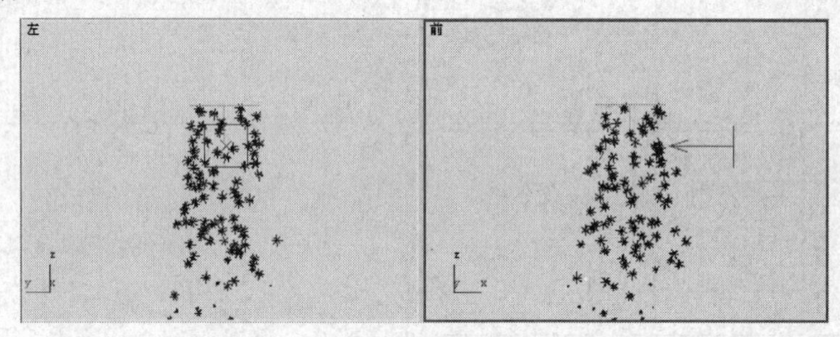

图11-32 风力图标在前、左视图中的形态

11. 单击主工具栏中的（绑定到空间扭曲）按钮，确认风力图标处于选择状态。在风力图标上按住鼠标左键，拖动至粒子系统上，松开鼠标左键。此时屏幕会闪一下，说明捆绑成功，也就是为粒子系统增加了一个风力影响。捆绑时鼠标指针的形态如图 11-33 左图所示，捆绑后的粒子效果如图 11-33 右图所示。

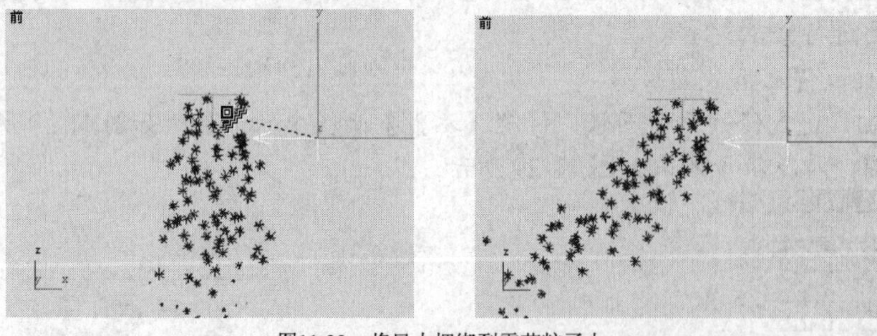

图11-33 将风力捆绑到雪花粒子上

按钮用于将选择对象绑定到空间扭曲物体上，使它受到空间扭曲物体的影响。空间扭曲物体是一类特殊的物体，它们本身不能被渲染，所起的作用是限制或加工绑定的对象，如风力、波浪影响等。

若要解除某个空间扭曲物体对粒子的影响，可以先选择粒子物体，然后在修改器堆栈面板中选择相应的空间扭曲物体的名称，单击修改器堆栈面板下方的按钮，就可以解除该空间扭曲物体与粒子之间的关联关系。

12. 单击按钮，进入修改命令面板，将【参数】面板中的【强度】值改为“1.5”。
13. 单击主工具栏中的按钮，渲染透视图，结果如图 11-26 所示。
14. 选择菜单栏中的【文件】/【另存为】命令，将场景另存为“11_06.max”文件，并渲染成动画文件“雪花粒子.avi”。

【知识链接】

在雪花粒子的【参数】面板中，常用参数的含义如下。

- 【视口计数】：视口中显示的最大粒子数，太少不易观察，太多则会降低显示速度。
- 【渲染计数】：设置渲染时，可以同时出现在一帧中的最大粒子数。
- 【雪花大小】：粒子的大小。
- 【变化】：指雪花下落时以下落直线为中轴位置发生飘移的范围。值越大，它的飘移范围就越大，整个雪花场景的扩散范围也越大。默认值为“0”，即雪花是按直线状态下落的。
- 【翻滚】：雪花粒子的随机旋转量。
- 【开始】：设置粒子从哪一帧开始出现在场景中。
- 【寿命】：设置每颗粒子从出现到消失所在的帧数。
- 【恒定】：勾选此选项，可使雪花连续不断地产生。
- 【宽度】和【长度】：是指雪花发散器的宽度和长度，这两个参数决定了场景中雪花散布的范围。

11.3.3 范例解析（二）——超级喷射与重力系统

下面利用超级喷射与重力系统制作一个喷水管动画，效果如图 11-34 所示。

图11-34　喷水管动画效果

范例操作

1. 选择菜单栏中的【文件】/【打开】命令，打开教学资源中“Scenes”目录下的“11_07.max”文件。
2. 单击创建命令面板中的 / 按钮，在标准基本体下拉列表框中选择粒子系统选项。
3. 单击【对象类型】面板中的超级喷射按钮，在透视图中按住鼠标左键拖出一个超级喷射图标，然后将其旋转并移动到水管口处，位置如图 11-35 所示。

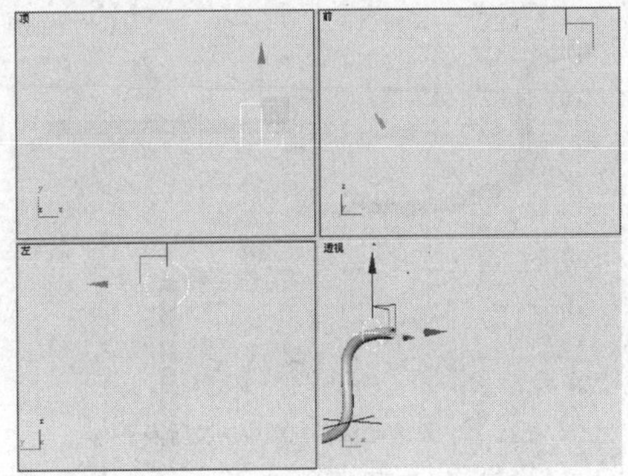

图11-35　超级喷射图标在各视图中的位置

4. 在修改命令面板中，修改超级喷射粒子各参数面板中的设置，如图 11-36 所示。

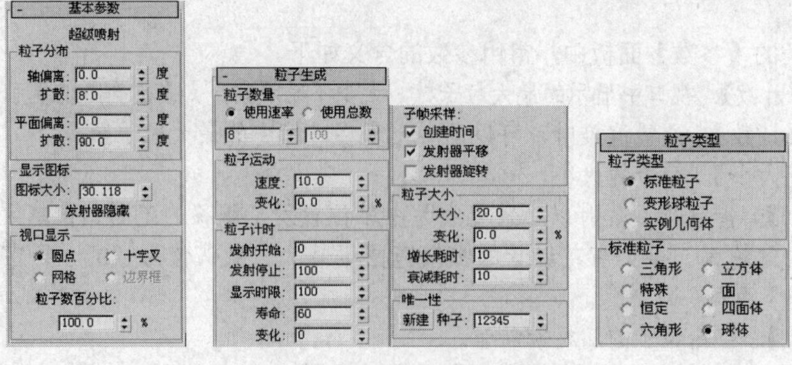

图11-36　超级喷射粒子各参数面板中的参数设置

5. 单击主工具栏中的按钮，将超级喷射粒子图标链接到水管物体上，使其跟随水管运动。
6. 选择水管物体，单击动画控制区中的设置关键点按钮，分别在第 0 点、第 25 点、第 50 点、第 75 点和第 100 点的位置将其沿 z 轴进行旋转，旋转角度不限。旋转完毕后，单击按钮分别在这些关键点上设置关键帧。
7. 单击动画控制区中的按钮，在透视图中播放动画，在水管旋转的同时，粒子系统也跟着旋转，结果如图 11-37 所示。

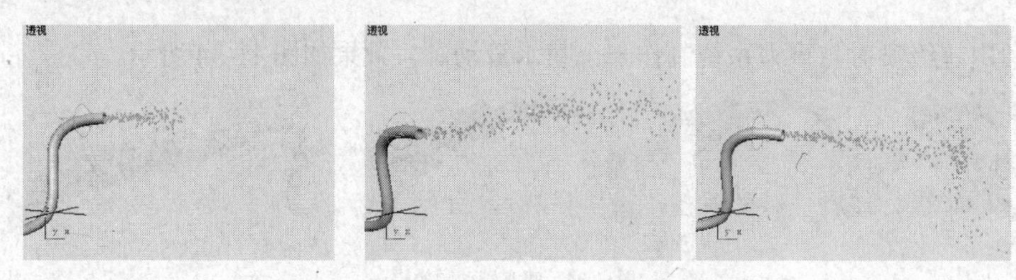

图11-37　水管和粒子动画效果

8. 单击按钮，停止播放动画。
9. 单击按钮，进入创建命令面板，再单击其下的按钮。
10. 在【对象类型】面板中单击重力按钮，在顶视图中按住鼠标左键拖出一个图 11-38 所示的重力图标。

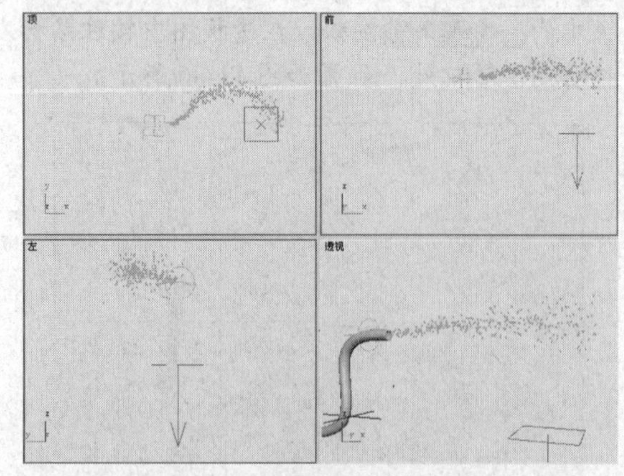

图11-38　重力图标在视图中的位置及形态

11. 单击主工具栏中的按钮，确认重力图标处于选择状态。在重力图标上单击，拖动鼠标指针至粒子系统上，松开鼠标左键。此时屏幕会闪一下，说明捆绑成功，也就是为粒子系统增加了一个重力影响，效果如图 11-39 所示。

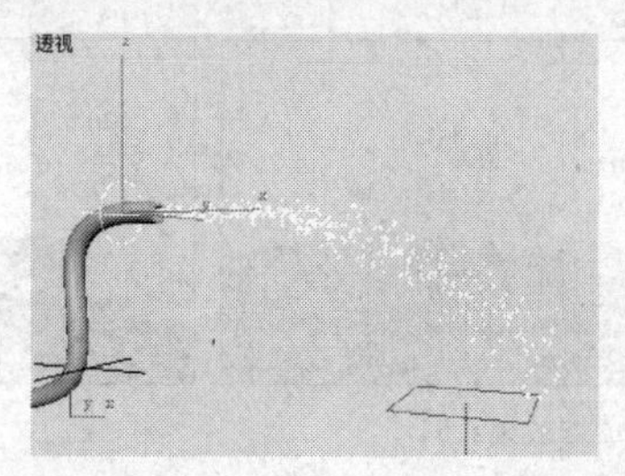

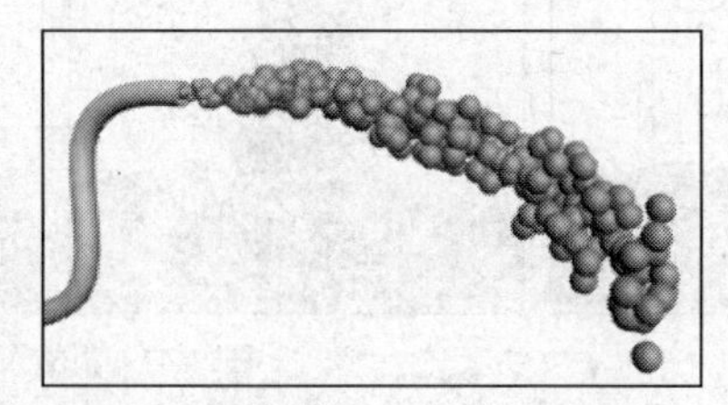

图11-39　为粒子系统添加重力影响的结果

在渲染图中，粒子是一个个非常清楚的颗粒，这不太真实，应该给它添加运动模糊效果。

12. 单击粒子使其处于选择状态，在粒子上单击鼠标右键，在弹出的快捷菜单中选择【对象属性】命令。
13. 在打开的【对象属性】对话框中，选择【运动模糊】选项栏中的【图像】选项，并将【倍增】值改为“2”，然后单击 确定 按钮。
14. 单击主工具栏中的 按钮，渲染透视图，此时粒子产生了动态模糊效果，如图 11-40 所示。

图11-40　运动模糊效果

15. 选择菜单栏中的【文件】/【另存为】命令，将场景另存为“11_07_ok.max”文件，渲染动画文件为“超级喷射.avi”。此线架文件保存在教学资源中的“Scenes”目录中。

【知识链接】

下面对超级喷射粒子的【基本参数】和【粒子生成】面板中的常用参数进行解释。

(1) 【基本参数】面板

- 【轴偏离】：设置粒子与发生器中心 *z* 轴的偏离角度，产生斜向的喷射效果。其下的【扩散】选项用于设置在 *z* 轴方向上，粒子发射后散开的角度。
- 【平面偏离】：设置粒子在发生器平面上的偏离角度。其下的【扩散】选项用于设置在发生器平面上，粒子发射后散开的角度。
- 【粒子数百分比】：设置视图中显示粒子的百分比，100%为全部显示。

(2) 【粒子生成】面板

- 【速度】：设置在生命周期内的粒子移动每一帧的距离。
- 【发射开始】：设置粒子从第几帧开始出现。如果将此值设为“－10”，表示粒子在第 0 帧以前就开始发射了，并且已经发射了 10 帧的距离。
- 【寿命】：设置每颗粒子从出现到消失要经历多少帧。如果将其设为“40”，表示在第 0 帧出现的粒子到第 40 帧就消失了。

11.3.4　范例解析（三）——实例物体粒子阵列

粒子阵列的创建方法与雪花粒子基本相同，只是它的参数较多，但其主要参数与雪花粒子的类似。下面使用粒子阵列配合导向板与重力系统制作一个机械人爆炸效果，结果如图 11-41 所示。

图11-41　机械人爆炸效果

范例操作

1. 选择菜单栏中的【文件】/【打开】命令，打开教学资源中“Scenes”目录下的“11_08.max”文件。
2. 单击创建命令面板中的 / 按钮，在标准基本体下拉列表框中选择粒子系统选项。
3. 单击【对象类型】面板中的粒子阵列按钮，在透视图中按住鼠标左键拖出一个粒子阵列图标，位置如图 11-42 所示。

图11-42　粒子阵列的位置

4. 将粒子阵列图标的颜色改为场景物体的颜色，这样粒子阵列出的碎片就会与原物体的颜色相近。
5. 单击【基本参数】面板中的拾取对象按钮，拾取场景中的机械人，并选择【视口显示】选项栏中的【网格】选项。
6. 修改粒子阵列其他面板中的参数设置，如图 11-43 所示。

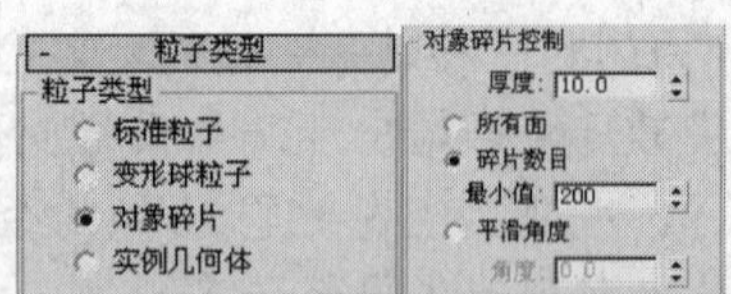

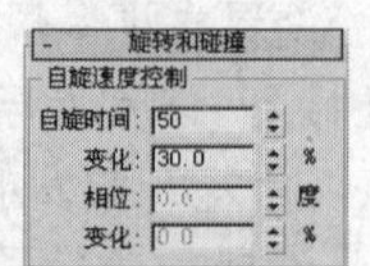

图11-43　粒子阵列各面板中的参数设置

【对象碎片】：使用目标物体的表面作为粒子形态，可模拟物体被炸的效果。

【厚度】：设置碎片的厚度。

【碎片数目】：设置碎片的块数，值越小，碎片越少。

【自旋时间】：控制粒子自身旋转的节拍，即粒子进行一次自旋需要的时间。值越大，自旋越慢，当值为“0”时，不发生自旋。

7. 单击动画控制区中的按钮，在弹出的【时间配置】对话框中取消选择【实时】选项，如图 11-44 所示。这样做的目的是为了在动画预览时能浏畅地播放动画。
8. 激活透视图，单击动画控制区中的按钮，在透视图中进行动画预览，效果如图 11-45 所示。

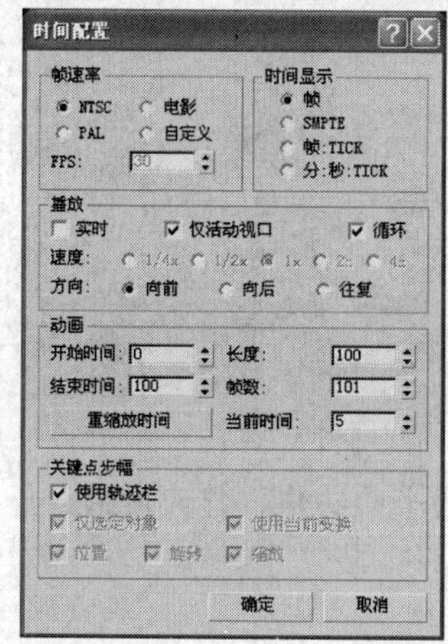

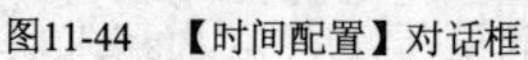
图11-44 【时间配置】对话框

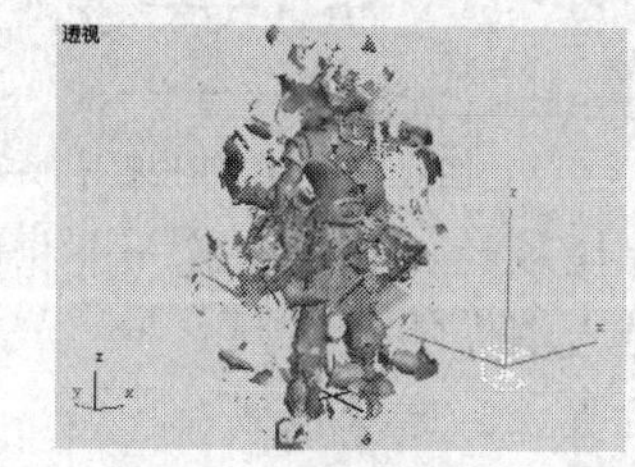

图11-45 透视图中的动画预览

下面为粒子添加重力系统，使其爆炸后的碎片向下坠落。

9. 单击按钮，进入创建命令面板，再单击其下的按钮。
10. 在【对象类型】面板中单击 重力 按钮，在顶视图中按住鼠标左键拖出一个重力图标。
11. 单击主工具栏中的按钮，确认重力图标处于选择状态。在重力图标上单击，将其拖动至粒子阵列图标上，为粒子系统增加一个重力影响，效果如图 11-46 所示。

图11-46 粒子受重力影响的效果

虽然此时粒子会受重力影响，但却是一直往下掉的，下面制作粒子掉下去后的反弹效果。

12. 在创建命令面板中的 力 下拉列表框中选择 导向器 选项，单击其下的 导向板 按钮，在顶视图中创建一个【宽度】为“1 450”，【长度】为“1 160”的导向板，位置如图 11-47 所示。

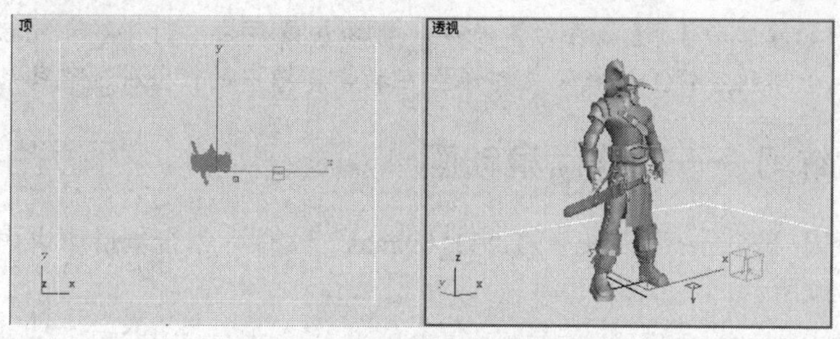

图11-47 导向板在顶、透视图中的位置

13. 单击主工具栏中的按钮，将导向板与粒子阵列发生器进行绑定，此时粒子出现反弹效果，如图 11-48 左图所示。修改导向板的【参数】面板中的参数设置，如图 11-48 中图所示，使粒子下落后出现稍微的反弹效果，如图 11-48 右图所示。

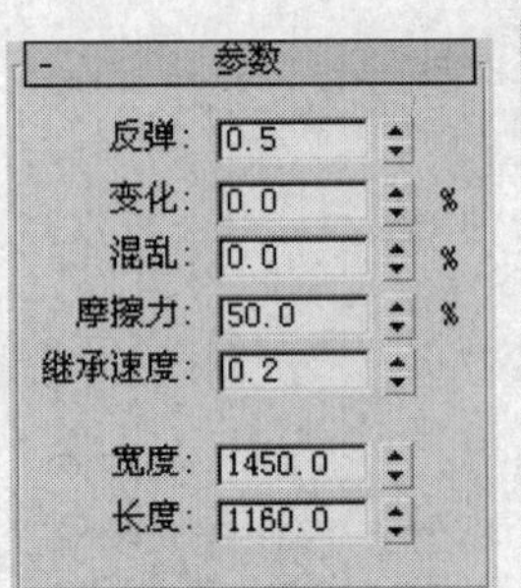

图11-48　为粒子设置导向板

14. 因为导向板不被渲染，在导向板的位置上创建一个相同大小的平面物体，作为地面。

下面制作在爆炸的同时机械人消失的效果。

15. 将时间滑块拖到第 0 点的位置上，选择机械人。
16. 单击动画控制区中的自动关键点按钮，将时间滑块拖到第 11 点的位置上，在机械人物体上单击鼠标右键，在弹出的快捷菜单中选择【对象属性】选项，打开【对象属性】对话框。设置【渲染控制】选项栏中的【可见性】的值为“0.0”，单击确定按钮，关闭【对象属性】对话框。
17. 单击自动关键点按钮，使其关闭。
18. 将第 0 点处的关键点拖到第 10 点处，如图 11-49 所示，使机械人从第 10 点起，也就是爆炸的同时到第 11 点的时间段内突然消失。

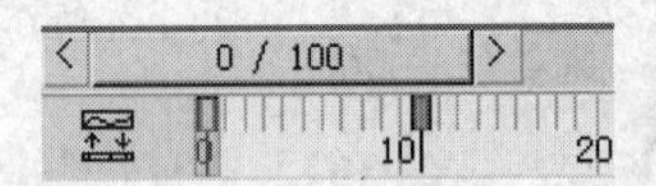

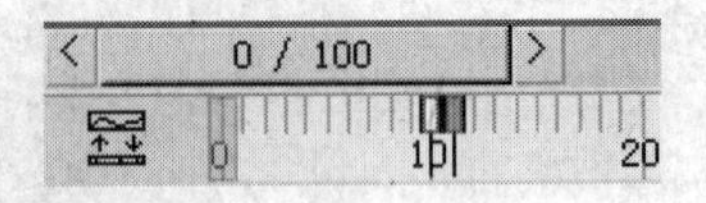

图11-49　将第 0 点处的关键点拖到第 10 点处

下面制作粒子爆炸后自转越来越慢的效果。

19. 选择粒子阵列发生器，单击动画控制区中的自动关键点按钮，将时间滑块拖到第 90 点的位置上，将【旋转和碰撞】面板中的【自旋时间】值设为“200”。
20. 单击自动关键点按钮，使其关闭。将第 0 点处的关键点拖到第 60 点处，从第 60 点开始碎片越转越慢。
21. 选择粒子碎片，单击鼠标右键，在弹出的快捷菜单中选择【对象属性】选项，打开【对象属性】对话框，选择【运动模糊】选项栏中的【图像】选项，为粒子制作运动模糊效果。
22. 选择菜单栏中的【文件】/【另存为】命令，将场景另存为“11_08_ok.max”文件。渲染动画文件为“粒子阵列.avi”。此线架文件保存在教学资源中的“Scenes”目录中。

11.3.5 课堂练习——制作喷泉动画

打开教学资源中“Scenes”目录下的“11_09.max”文件，结合本讲所讲内容，制作喷泉动画，效果如图 11-50 所示。

图11-50 喷泉效果

操作提示

1. 在喷泉四周设置喷射粒子，位置如图 11-51 所示。

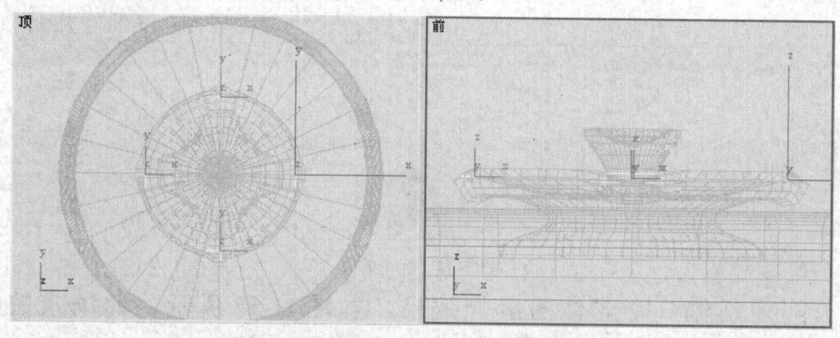

图11-51 喷射粒子在顶、前视图中的位置

2. 在喷泉中央创建一个超级喷射粒子，位置如图 11-52 所示。

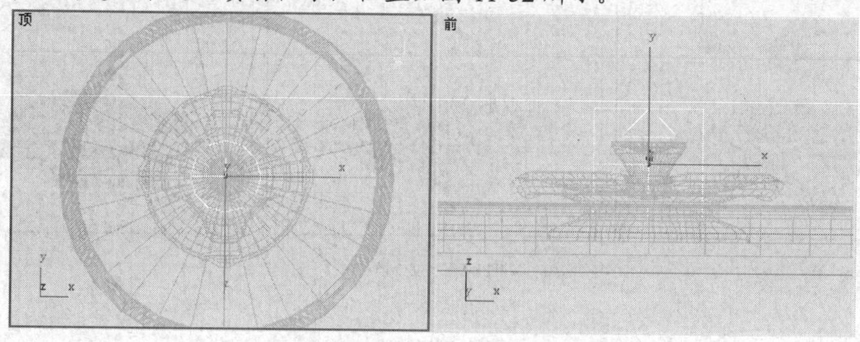

图11-52 超级喷射在顶、前视图中的位置

3. 创建两个重力图标，并分别绑定到喷泉四周的喷射粒子和中间的超级喷射粒子上，位置如图 11-53 所示。

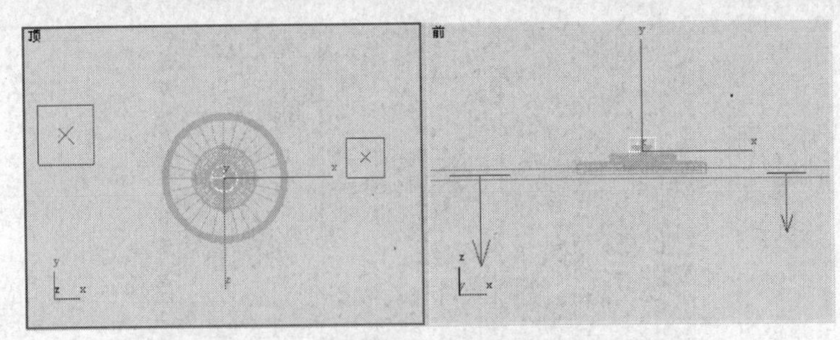

图11-53 重力图标在视图中的位置

4. 为粒子添加运动模糊效果。
5. 选择菜单栏中的【文件】/【另存为】命令，将场景另存为“11_09_ok.max”文件。渲染动画文件为“喷泉.avi”。此线架文件保存在教学资源中的“Scenes”目录中。

11.4 课后作业

一、操作题

1. 利用超级喷射粒子和重力系统制作图11-54所示的烟花效果。此场景的线架文件以“11_01.max”为名保存在教学资源中的“LxScenes”目录中。

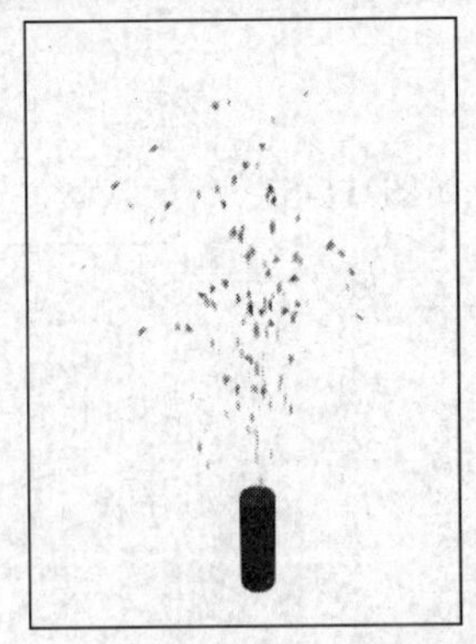

图11-54 烟花效果

2. 利用粒子阵列制作一个球体的爆炸效果，如图11-55所示。此场景的线架文件以“11_02.max”为名保存在教学资源中的“LxScenes”目录中。

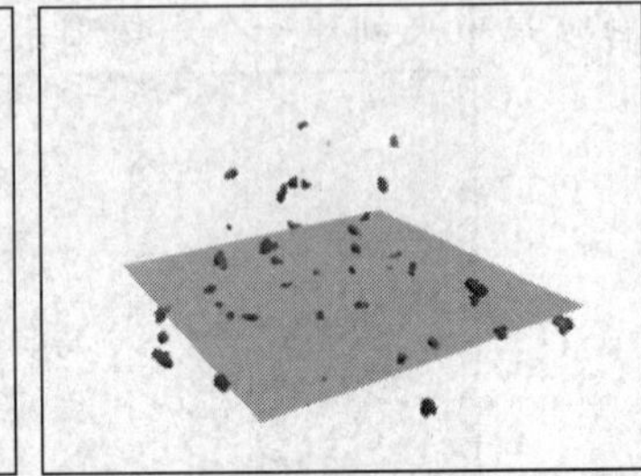

图11-55 粒子阵列

二、思考题

1. 重力系统和导向器的作用分别是什么？
2. 怎样解除某个空间扭曲物体对粒子的影响？

第12讲

动画综合应用

【学习目标】

● 利用轨迹调节方法制作飞舞的蝴蝶动画。	
	● 利用粒子系统和视频特效制作片头动画。
● 利用路径变形功能制作文字轨迹动画。	

12.1 综合应用（一）——飞舞的蝴蝶动画

结合前面所讲内容，制作蝴蝶飞舞的动画效果，效果如图 12-1 所示。

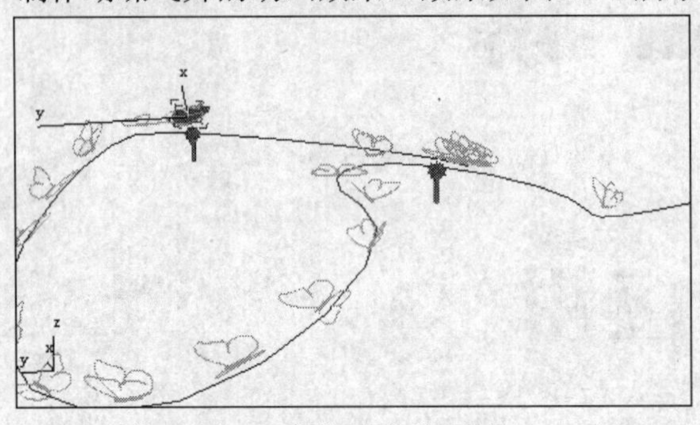

图12-1 蝴蝶飞舞的动画效果

范例操作

1. 打开教学资源中"Scenes"目录下的"12_01.max"文件，在【时间配置】对话框中将动画长度改为 300 帧，如图 12-2 所示。

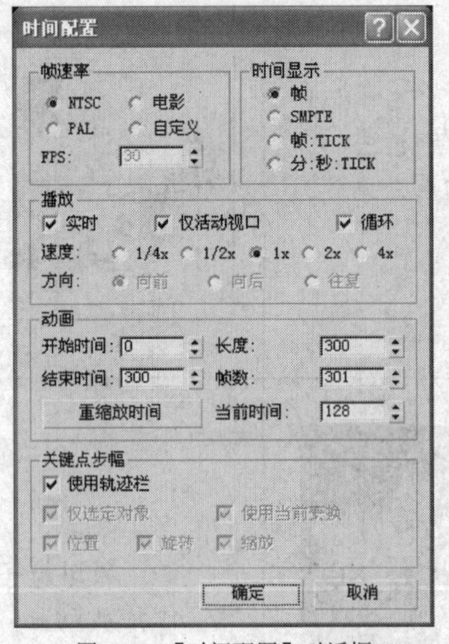

图12-2 【时间配置】对话框

2. 选择蝴蝶，将超出范围类型改为【循环】，这样蝴蝶就会不停地挥动翅膀了，如图 12-3 所示。

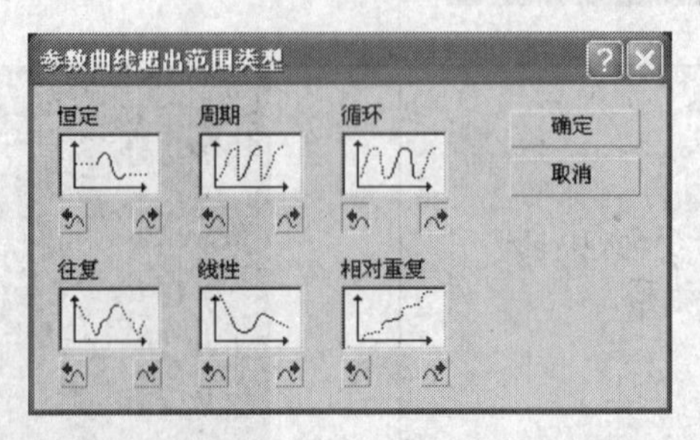

图12-3 【参数曲线超出范围类型】对话框

3. 利用二维画线功能绘制一条曲线，通过移动顶点，适当修改曲线形态，效果如图12-4所示。

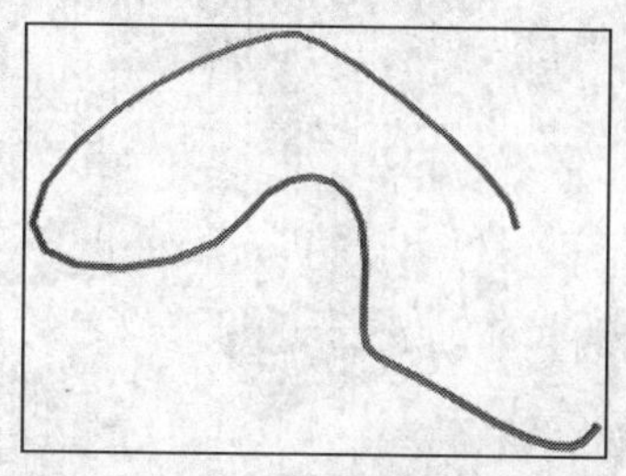

图12-4 曲线形态

4. 利用【路径约束】功能将蝴蝶约束到该路径上，并调整路径跟随参数，之后调整蝴蝶的运动曲线，改变蝴蝶的运动规律。修改后的运动曲线如图 12-5 所示。

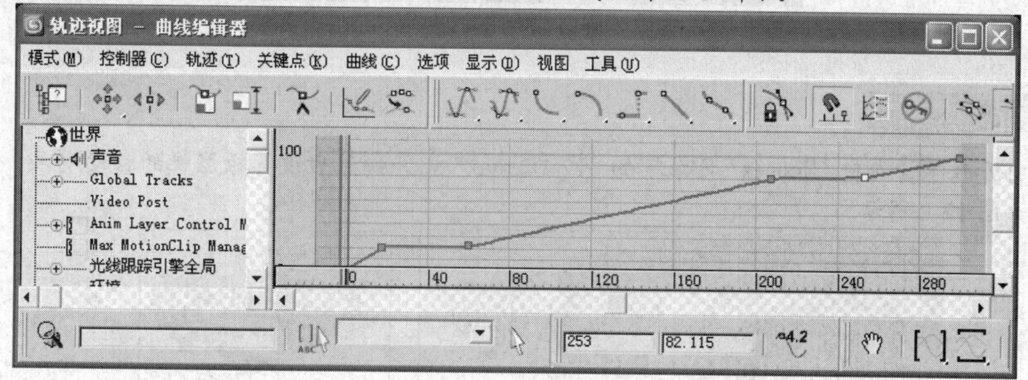

图12-5 修改后的运动轨迹

5. 在蝴蝶两次慢飞的位置摆放两个植物型物体，然后将二维路径隐藏起来。播放动画，蝴蝶的飞行效果如图 12-6 所示。

图12-6 蝴蝶的飞行效果

6. 选择菜单栏中的【文件】/【另存为】命令，将场景另存为“12_01_ok.max”文件。此文件以相同的文件名保存在教学资源中的“Scenes”目录中。

12.2 综合应用（二）——制作片头动画

本节将结合粒子系统和视频特效制作一段文字的片头动画，效果如图 12-7 所示。

图12-7　字幕片头效果

范例操作

1. 打开教学资源中“Scenes”目录下的“12_02.max”文件，然后设置摄影机的移动动画，效果如图 12-8 所示。

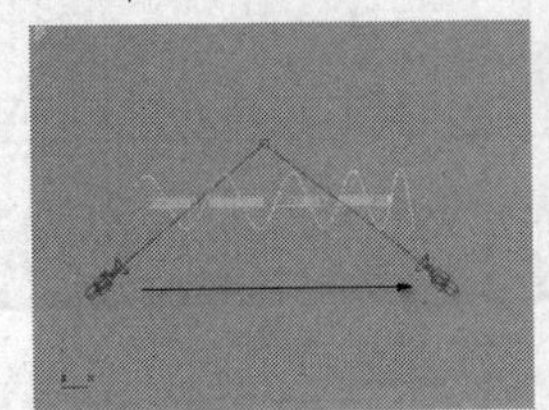

摄影机移动方向

第 1 帧

第 100 帧

图12-8　摄影机的移动位置

2. 创建超级喷射粒子系统，适当调整各参数，再将该粒子系统约束到螺旋线路径上，参数设置如图 12-9 所示。

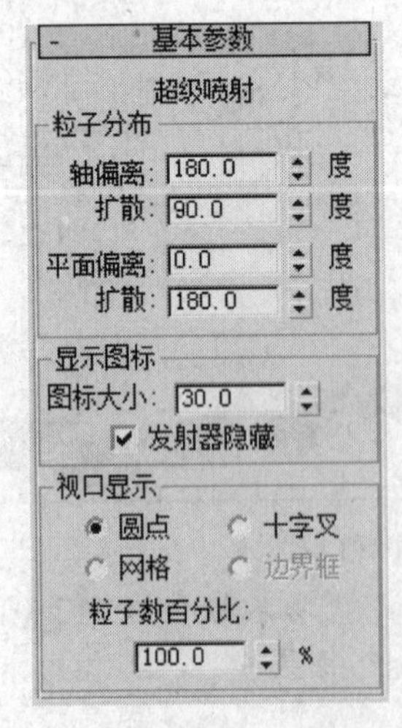

图12-9　超级喷射粒子的参数设置

3. 将动画时间长度改为 150 帧，将超级喷射粒子的动画关键帧调整一下位置，使粒子系统从第 50 帧开始移动到第 150 帧为止，参数设置如图 12-10 所示。

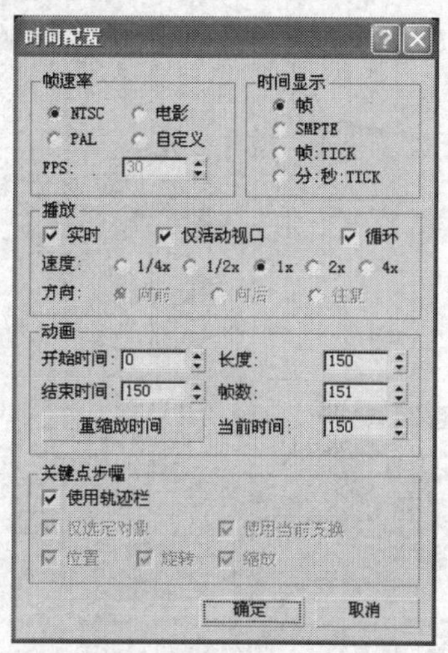

图12-10　设置动画长度参数

4. 在【对象属性】对话框中，将【对象 ID】设置为“1”。
5. 打开【Video Post】窗口，添加【镜头效果光晕】和【镜头效果高光】两个特效。该窗口中的设置如图 12-11 所示。

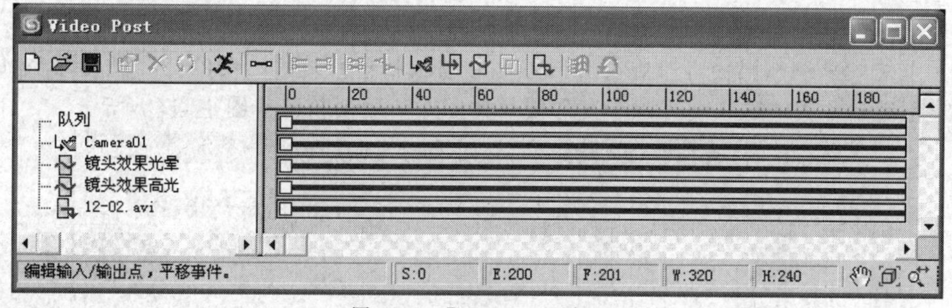

图12-11　【Video Post】窗口

6. 单击【执行序列】按钮进行渲染，生成动画文件。
7. 选择菜单栏中的【文件】/【另存为】命令，将场景另存为“12_02_ok.max”文件。此文件以相同的文件名保存在教学资源中的“Scenes”目录中。

12.3　综合应用（三）——生成文字轨迹动画

本节将利用路径变形功能制作一段文字轨迹动画，效果如图 12-12 所示。

 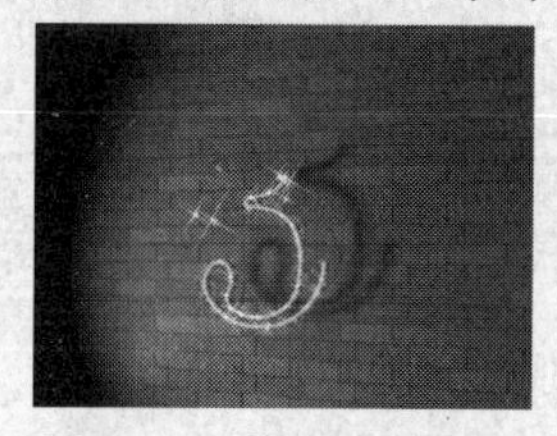 

图12-12　文字轨迹动画效果

范例操作

1. 打开教学资源中“Scenes”目录下的“12_03.max”文件，创建一个圆柱体，将高度段数设为 200，然后添加路径变形修改。

2. 打开自动关键帧记录方式，记录路径变形中的拉伸参数的动画，圆柱体沿着这个二维线型变形生长。
3. 创建一个超级喷射粒子，参数设置如图 12-13 所示。

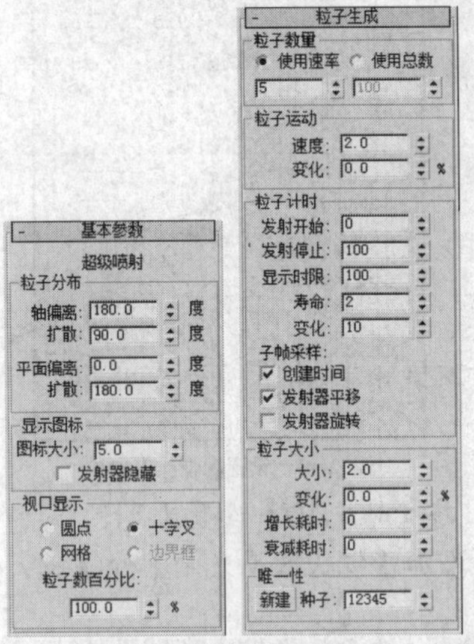

图12-13　粒子系统的参数设置

4. 将粒子系统约束到相同的二维线型上，然后修改该粒子系统的运动轨迹，使其运动轨迹的节点变为线型运动方式，这样就可以和变形圆柱体同步。运动轨迹如图 12-14 所示。

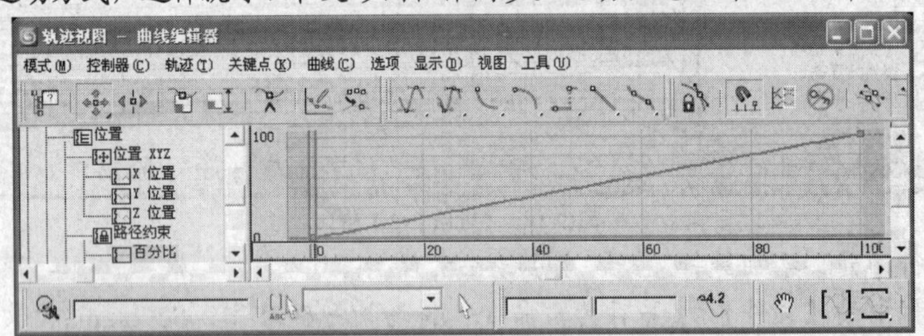

图12-14　粒子系统的运动轨迹

5. 将超级喷射粒子系统的对象 ID 设为“1”，圆柱体的对象 ID 设为“2”。
6. 打开【Video Post】窗口，为粒子系统添加【镜头效果高光】特效，为变形圆柱体添加【镜头效果光晕】特效，该窗口的设置如图 12-15 所示。

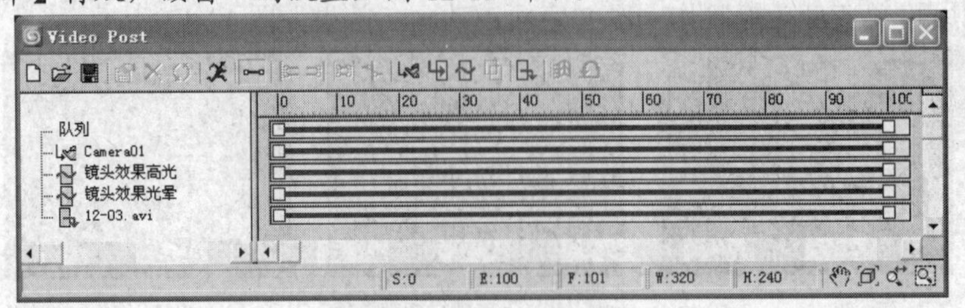

图12-15　【Video Post】窗口

7. 单击【执行序列】按钮进行渲染，生成动画文件。
8. 选择菜单栏中的【文件】/【另存为】命令，将场景另存为“12_03_ok.max”文件。此文件以相同的文件名保存在教学资源中的“Scenes”目录中。